集成电路系列丛书 ·集成电路设计·

国产EDA系列教材

集成电路版图设计

——基于华大九天集成电路版图设计与验证平台Aether

居水荣 黄 玮 王津飞 / 编著

電子工業出版社
Publishing House of Electronics Industry
北京·BEIJING

内 容 简 介

本书按照最新的职业教育教学改革要求，根据集成电路行业对版图设计岗位技能的实际需要，以“集成电路版图设计”这一工作任务为主线，结合编著者多年的企业实践经验与教学经验，以及本课程项目化教学改革成果进行编写。本书主要由集成电路版图设计基础知识、基于华大九天系统的集成电路版图设计流程和基于华大九天系统的集成电路版图设计案例三大模块组成。其中，集成电路版图设计基础知识模块包括集成电路版图设计基础、集成电路版图识别和集成电路版图设计系统；基于华大九天系统的集成电路版图设计流程模块包括基于华大九天系统的集成电路前端设计和后端设计，以及版图寄生参数提取及电路后仿真；基于华大九天系统的集成电路版图设计案例模块包括基于华大九天系统的版图设计基础案例、进阶案例和复杂案例。

本书可作为全国高职高专院校相应课程的教材，也可作为应用型本科、中职学校、成人教育、自学考试、开放大学及相关培训班的教材，还可作为集成电路工程技术人员的参考书。

图书在版编目（CIP）数据

集成电路版图设计 ： 基于华大九天集成电路版图设计与验证平台 Aether / 居水荣, 黄玮, 王津飞编著. 北京 : 电子工业出版社, 2024. 7. -- (集成电路系列丛书). -- ISBN 978-7-121-48334-9

Ⅰ. TN402

中国国家版本馆 CIP 数据核字第 2024NF1888 号

责任编辑：魏子钧（weizj@phei.com.cn）
印　　刷：三河市鑫金马印装有限公司
装　　订：三河市鑫金马印装有限公司
出版发行：电子工业出版社
　　　　　北京市海淀区万寿路 173 信箱　　邮编：100036
开　　本：787×1092　1/16　印张：13　字数：323 千字
版　　次：2024 年 7 月第 1 版
印　　次：2024 年 7 月第 1 次印刷
定　　价：49.00 元

凡所购买电子工业出版社图书有缺损问题，请向购买书店调换。若书店售缺，请与本社发行部联系，联系及邮购电话：（010）88254888，88258888。

质量投诉请发邮件至 zlts@phei.com.cn，盗版侵权举报请发邮件至 dbqq@phei.com.cn。

本书咨询联系方式：（010）88254613。

前　言

集成电路是“国之重器”，近年来国家对集成电路产业的重视程度不断提升，快速发展的集成电路产业对人才的需求也越来越迫切。集成电路设计是集成电路产业链中的重要环节，设计所采用的EDA软件的重要性不言而喻，基于国产EDA软件进行集成电路设计已经成为产业界的共识，同时也是高校进行集成电路设计相关人才培养的重要目标。

根据集成电路产业对设计人才的实际需求情况，同时按照最新的职业教育教学改革要求，本书将贯彻培养高素质技术技能型人才的高职教育理念，选择实践性强的内容，以项目化的形式把完成“集成电路版图设计”这一工作任务所需要的知识、素质和技能等完整地展示给读者。

本书结合编著者多年的集成电路设计企业实践经验和十余年的高职集成电路类专业教学经验，以及近十年使用华大九天系统EDA软件的经验，根据高职学生的学习成长规律，按照由浅入深、由易到难的思路进行编写。

本书主要由集成电路版图设计基础知识、基于华大九天系统的集成电路版图设计流程和基于华大九天系统的集成电路版图设计案例三大模块组成。其中，集成电路版图设计基础知识模块包括集成电路版图设计基础、集成电路版图识别和集成电路版图设计系统；基于华大九天系统的集成电路版图设计流程模块包括基于华大九天系统的集成电路前端设计和后端设计，以及版图寄生参数提取及电路后仿真；基于华大九天系统的集成电路版图设计案例模块包括基于华大九天系统的版图设计基础案例、进阶案例和复杂案例。

本书包含较多实例，这些实例来自行业企业中的典型集成电路版图设计工作，故本书非常适合正在学习集成电路版图设计的学生使用。通过使用本书，学生在学校就可以完成原本要到企业后才会进行的项目设计培训，并且可以和企业的版图设计岗位实现无缝对接。另外，本书对正在从事集成电路版图设计工作的工程师来说也非常实用。

本书第1章、第2章由居水荣编写，第3章、第6章由戈益坚编写，第4章、第5章由王津飞编写，第7章、第8章和第9章主要由黄玮编写，其中，第9章部分内容由刘锡锋编写。本书由居水荣负责统稿。

本书可作为全国高职高专院校相应课程的教材，也可作为应用型本科、中职学校、成人教育、自学考试、开放大学及相关培训班的教材，还可作为集成电路工程技术人员的参考书。

本书在编写过程中得到了电子工业出版社魏子钧编辑的大力支持，同时得到了成都华大九天科技有限公司梁艳经理等的热情帮助，在此一并表示感谢。

由于编著者水平有限，加上时间仓促，书中难免有不足之处，敬请读者批评指正。

目　录

第1章 集成电路版图设计基础

在正式开始集成电路版图设计工作前，本章先简单介绍一下集成电路版图设计基础知识，包括集成电路和集成电路设计、集成电路版图设计与验证、集成电路版图设计工具及集成电路版图设计工艺文件。

1.1 集成电路和集成电路设计

集成电路（Integrated Circuit，IC）是当今发展最迅速的技术领域之一，集成电路产业已经成为全球经济发展的重要支柱。在进入主题前非常有必要先了解一下什么是集成电路，以及集成电路设计要做什么工作。

1.1.1 集成电路及其发展

集成电路是一种高度集成的电子器件，它将许多电子元器件（如晶体管、电容、电阻等）及其他功能元器件（如逻辑门、存储单元等）集成到一块半导体芯片上，从而形成一个完整的电路系统。集成电路技术的发展使得在一块芯片上可以容纳数千个甚至更多的元器件，从而极大地提高了电子产品的性能、可靠性和成本效益。

图 1.1 所示为封装好的集成电路，这些集成电路会被用在印制电路板（PCB）上。一块 PCB 上一般会包含一个或多个集成电路，这些集成电路和其他分立元器件在一块 PCB 上一起工作，共同实现整体的电路功能。这些集成电路往往在整个电路中起到最主要、最关键的作用。随着集成电路规模的不断扩大和片上系统（SoC）的发展，集成电路逐渐成为各类电子产品的核心部件。

为什么小小的集成电路有这么重要的作用呢？集成电路的飞速发展主要得益于集成电路制造工艺的不断进步。这些制造工艺使得数以万计的元器件及其互连线可以被集成到一块微小的半导体晶片（通常是硅单晶片）上，极大地压缩了电子产品的体积，同时提高了电子产品的功能和性能。集成电路制造工艺的进步允许我们在极小的空间内设计复杂的电路，使设备连接更加紧凑。采用集成电路制造工艺做出的产品称为晶圆（Wafer），如图 1.2 所示。目前，晶圆的直径通常有 5in（1in=2.54cm）、6in、8in 和 12in 等规格。在每块晶圆上经过光刻、氧化、扩散、刻蚀、薄膜淀积等工序，最终做出各类元器件及其互连线，以实现一定的电路功能。这里要注意的是，一块晶圆上通常包含结构和功能相同的数百甚至数千个重复单元，其中每个重复单元所占的面积都不会太大，这些单元最终被分别切开并封装在陶瓷或塑料外壳中，从而形成如图 1.1 所示的产品。也就是说，在每块晶圆上最终可以生产出很多功能相同的集成电路。

图 1.1　封装好的集成电路

在晶圆上的每个单元中都包含许多电阻、电容、二极管、三极管、场效应管等基本元器件。由于这些元器件尺寸非常小，通常为微米甚至纳米级别，所以光凭肉眼是无法看清的，只有在高倍率显微镜下才能够看到这些元器件的“庐山真面目”。值得一提的是，随着制造工艺的不断发展，集成电路的特征尺寸在不断缩小，已经到了深亚微米甚至纳米级别，利用光学显微镜已经不足以看清这些微小的元器件，此时只有利用扫描隧道电子显微镜才能看清这些元器件的外貌。图 1.3 所示为扫描隧道电子显微镜下的单元芯片。

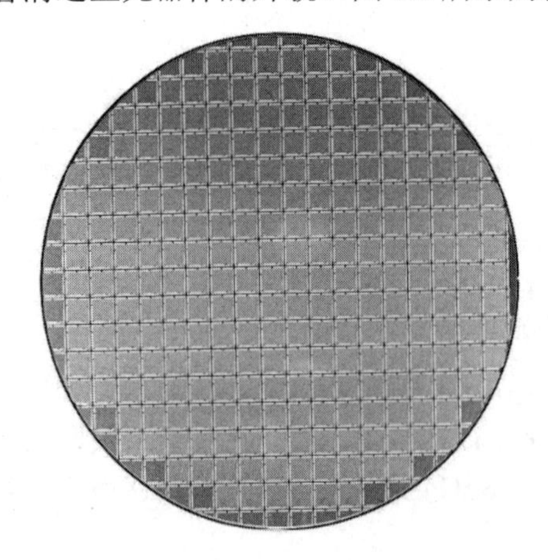

图 1.2　晶圆

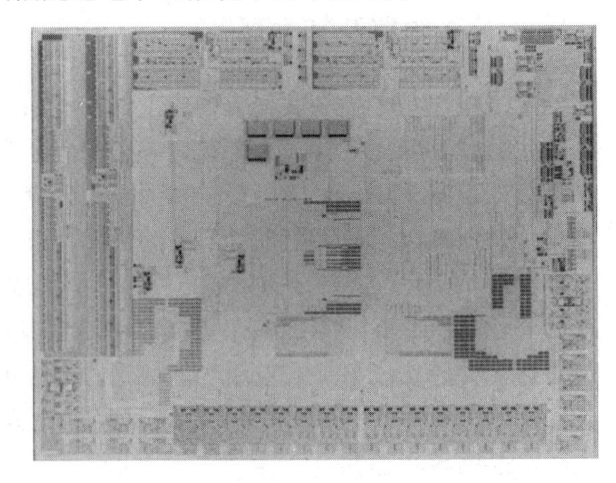

图 1.3　扫描隧道电子显微镜下的单元芯片

1.1.2　集成电路制造流程

一个集成电路具体是怎样制造出来的呢？集成电路制造流程如图 1.4 所示。

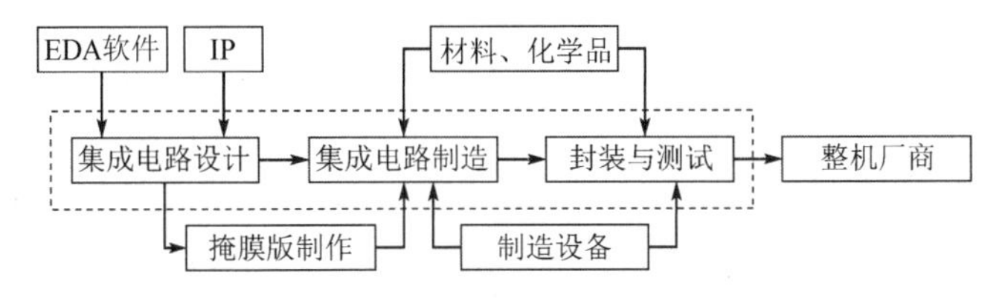

图 1.4　集成电路制造流程

与传统电路设计不同，集成电路设计是根据用户的需求来设计电路的，以使电路具备用户所要求的功能。除此之外，由于集成电路制造工艺与传统电路制造工艺不同，因此，为了将所有的元器件及其互连线都集成到一块半导体晶片上，完成电路设计后还需要根据设计原理图设计出集成电路版图。如果没有这个版图，那么后续的集成电路制造工作将无法进行。因此，集成电路设计通常包括两个主要阶段——电路设计和版图设计。在这两个阶段中，版图设计是集成电路设计与传统电路设计最显著的不同之处。因此，准确定义集成电路设计应涵盖以下方面：在符合一定约束条件的前提下，将具有一定的功能和性能要求的产品转化为特定元器件的组合，并最终在半导体晶片上实现。其中，约束条件包括速度、面积、功耗、可靠性及可测试性等方面的条件。早期的集成电路版图设计都是手工绘图完成的，但随着集成电路规模的不断扩大，百万门、千万门级集成电路越来越多，手工绘图费时费力，对于大规模集成电路设计来说已经不太现实了。如今集成电路设计基本上都引入了计算机辅助设计（Computer Aided Design，CAD），如图 1.5 所示，通过使用高性能的计算机及专门的电子设计自动化（Electronic Design Automation，EDA）软件，既大大提高了设计效率、缩短了设计时间，又提高了设计的精确度。此外，计算机辅助设计的引入使电子产品设计的检验和核对工作也变得更加简便、高效。

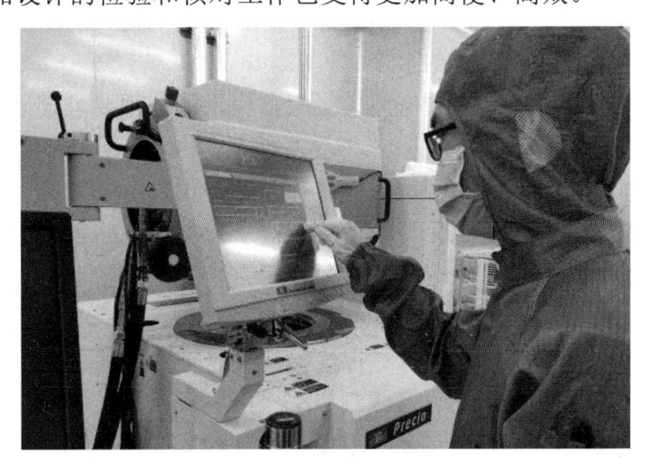

图 1.5　计算机辅助设计

掩膜版制作是指将设计好的版图制成每一步光刻所需要用到的掩膜版，这些掩膜版最后会被用于集成电路制造工艺中的光刻步骤。可以说“最后形成什么电路”“这些电路有什么功能及性能如何”在很大程度上是取决于光刻图形及其质量的，这些光刻图形就是在版图设计阶段设计出来的。

集成电路制造是指通过光刻、氧化、扩散、刻蚀、薄膜淀积等工序，按照预先设计的掩膜版对硅晶圆进行加工，从而将其转化为具备特定电路功能的实际的集成电路。

封装与测试是指先将由晶圆厂加工制造出来的集成电路通过划片切割、连接及粘贴塑料封装等工序进行封装保护，然后进行功能测试，以便于进行后续的电路或系统组装。

随着计算机科学的发展，现在的集成电路设计主要是在计算机上采用相关的计算机辅助设计软件来完成的。随着集成电路的规模越来越大、特征尺寸越来越小，一个集成电路中包含的元器件越来越多，集成电路设计也不是由一两个人就能完成的，为了缩短设计周期，集成电路设计趋于分工化。一般一个集成电路由一个团队来设计，团队中的成员只负责设计集成电路的一部分。

1.1.3 集成电路设计要求

集成电路设计是集成电路制造流程中的第一步，也是最关键的一步。集成电路的作用、功能等都取决于集成电路设计。集成电路具有什么样的作用、功能是在集成电路设计时就设定好的。在集成电路设计过程中，设计者一方面要通过工具验证不断地优化电路及版图，以使产品具有较好的性能；另一方面要根据用户的实际使用反馈来对产品做出优化，这也是最主要的任务。

集成电路设计综合了电路分析与设计、半导体物理与器件、半导体材料与工艺、半导体集成电路及计算机辅助设计软件等多门课程，是一个综合性的学科领域。这门学科对学习者有着严格的要求。学习者在着手学习集成电路设计之前，必须首先掌握电路分析与设计、半导体物理与器件、半导体材料与工艺、半导体集成电路等专业课程的知识。如果没有掌握这些基础知识，那么在进行集成电路设计时就会遇到很大的困难，即使能够进行一些设计工作，结果也难以达到合格的水平。

（1）电路分析与设计课程主要指导学习者根据用户的使用要求设计出能实现相关功能且满足性能要求的电路。

（2）半导体物理与器件课程主要介绍半导体内部的物理机制与特性，以及采用半导体材料制造的元器件的一些特性。这门课程的知识是学习集成电路和进行集成电路设计重要的理论基础，其中包括半导体中电子和空穴的作用、半导体能带理论、半导体掺杂、半导体电阻、PN 结、二极管、三极管、MOS 场效应管原理等。只有学好这门课程，才能在集成电路设计中对电路参数、版图尺寸等进行优化，从而获得较好的产品。

（3）半导体材料与工艺课程主要介绍制造集成电路所用的半导体材料，以及从硅的光片加工到测试阶段之间的所有制造工艺，主要有光刻、氧化、扩散、刻蚀、薄膜淀积等。集成电路设计不同于传统电路设计，在设计过程中设计者除了要关心电学方面的问题，还要熟练掌握相关半导体制造工艺知识，并根据制造工艺的特点对产品进行设计优化。否则很可能出现设计出的产品在电学方面没有问题，但在实际生产过程中却实现不了的状况。

（4）半导体集成电路课程主要介绍集成电路的概念和分类，以及各类集成电路的特点。只有学好这门课程，才能在进行集成电路设计时对整体设计有明确、清晰的思路，进而较好地把握设计要点。

集成电路规模的发展和集成电路本身精密的特点要求设计者在设计过程中进行大量细

致的绘图工作，光靠手工绘图是很难完成这项任务的。现在集成电路设计主要是在计算机上采用相关的计算机辅助设计软件来完成的。由计算机辅助完成设计任务，在保证工作效率的同时，又能保证图形的准确性和精确性，所以掌握一个或多个集成电路设计软件的用法对于设计者来说是非常必要的。目前，常用的集成电路设计软件主要有 Cadence、ChipLogic 系列、Synopsys、Mentor Graphics、Tanner 和华大九天软件等。其中，Cadence 和华大九天软件一般在工作站上使用，对应的操作系统为 UNIX 或 Linux；Tanner 在 PC 上就可使用，对应的操作系统为 Windows；ChipLogic 系列为反向设计的主要工具软件之一。Cadence 主要用于集成电路版图设计和验证，Synopsys 主要用于逻辑综合，Mentor Graphics 主要用于 PCB 设计和深亚微米集成电路设计、验证及测试等。

1.1.4　集成电路设计流程

集成电路设计流程如图 1.6 所示。

集成电路设计的核心内容可以分为两个主要部分：电路设计与仿真和版图设计与验证。在根据用户的产品需求提出功能要求后，设计者要根据用户需求设计电路，以实现所需功能。完成电路设计后，必须进行电路仿真，以验证设计的电路是否满足要求、设计是否存在问题、一切参数是否符合规范等。在此基础上，可以进行电路改进和优化，以确保达到设计目标。集成电路设计的显著特点在于，除需要进行电路设计之外，还需要进行版图设计，这是必要的阶段。一旦电路设计与仿真完成，就进入版图设计阶段。版图设计受到规范的严格约束，这些规范通常由集成电路制造商根据工厂的生产能力给出。在版图设计过程中，设计者必须严格遵循规范，否则设计的产品将无法进行批量生产。完成版图设计后，还需要进行后仿真，以验证设计的版图是否符合规范、是否能准确反映电路设计等。由于集成电路制造是一种平面工艺，集成电路中存在许多寄生元件，因此在完成电路设计和版图设计后，还需要进行寄生参数测试和优化，以完成整个集成电路设计任务。从电路到实物的过程示意图如图 1.7 所示。

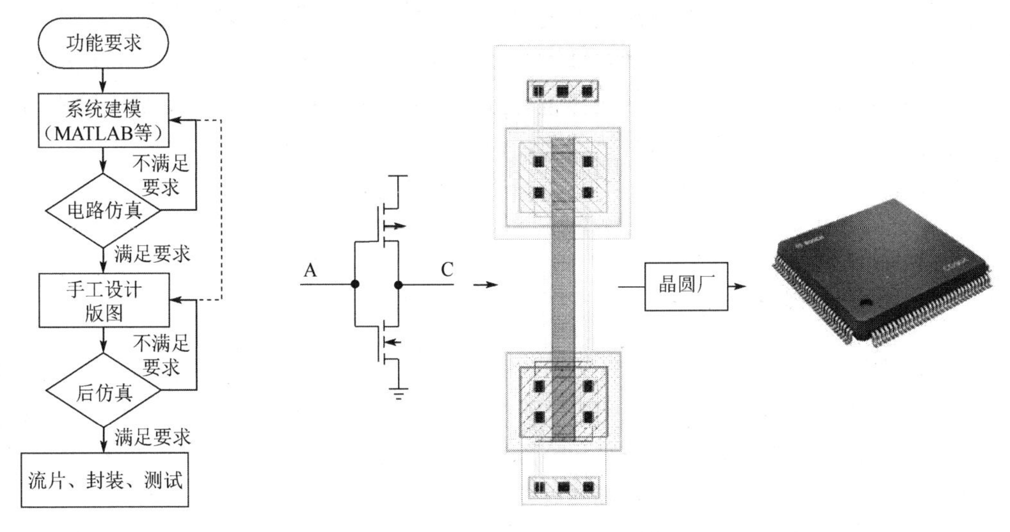

图 1.6　集成电路设计流程　　　　图 1.7　从电路到实物的过程示意图

1.1.5 集成电路设计分类

集成电路设计主要有以下几种分类方法。

（1）集成电路设计按设计方法可分为正向设计和反向设计。正向设计是指先根据用户需求基于已有的设计知识产权（IP）采用自顶向下（Top-Down）的方法设计出电路并通过集成电路实现，再进行实物测试并将结果反馈给设计者进行优化。反向设计是指先对实物进行拆解、照相，基于芯片背景图像提取出相应的逻辑和版图，再通过软件来验证所提取逻辑和版图的正确性，从而做出相应的优化和改善，即采用自底向上（Bottom-Up）的方法进行设计。

（2）集成电路设计按电路类型可分为数字集成电路设计、模拟集成电路设计和数模混合集成电路设计。

（3）集成电路设计按元器件结构可分为双极型集成电路设计、MOS 集成电路设计。

（4）集成电路设计按设计自动化程度可分为全定制集成电路设计、半定制集成电路设计。全定制集成电路设计是指按规定的功能、性能要求，对电路的结构、布局、布线进行专门的最优化设计，以实现集成电路的最佳利用。这样设计出来的集成电路称为全定制集成电路。半定制集成电路设计是指由厂家提供一定规格的功能块，如门阵列、标准单元、可编程门阵列（Programmable Gate Array）等，按用户要求利用专门的设计软件对其进行必要的连接，从而设计出所需要的专用集成电路。这样设计出来的集成电路称为半定制集成电路。

1.2 集成电路版图设计与验证

集成电路设计不同于传统电路设计的最大特点是有版图设计阶段。那么，什么是集成电路版图呢？版图就是一组相互套合的图形，各层版图对应于不同的工序，每层版图用不同的图形来表示。版图与所采用的集成电路制造工艺紧密相关。如果说集成电路制造工艺关心的是芯片纵向剖面结构，那么版图关注的则是芯片上的平面图形。

本节首先介绍版图设计概念，其次重点介绍版图设计方法，最后介绍版图验证及相关工具。

1.2.1 版图设计概念

所谓版图设计，是指把集成电路原理图（Schematic）或网表（Netlist）转化为集成电路版图的过程，或者说是按照一定的工艺规则和电路结构要求，将多个设计层次有序地排列、组合、叠加而构成完整版图数据的过程。版图是制造集成电路的基础，版图设计是否合理对成品率、电路性能影响很大。若版图设计错了，则电路无法实现；若版图设计不合理，则成品率和电路性能将受到很大影响。版图设计必须与电路设计、工艺设计、工艺水平相适应。设计者必须熟悉工艺条件、元器件物理特性、电路原理及测试方法。

由于半导体的精细加工特性，元器件和电路的功能及性能都严重依赖于版图的准确性。加工工艺为版图设计设定了一系列限制条件，以防止出现可能的加工错误。这些限制条件被称为设计规则。设计规则是设计者和工艺工程师进行交互的依据，以确保版图设计满足这些规则后，加工后的元器件能够达到工艺规则所要求的性能水平。

在进行集成电路版图设计时，需要遵循以下原则：在保证符合设计规则的前提下，考虑电路性能方面的要求，如功耗要求等，以最小的面积来进行版图设计。设计者需要具备电路系统原理和工艺制造方面的基础知识。虽然设计出符合设计规则的正确版图可能并不是难事，但是设计出满足高性能、低功耗、低成本及高可靠性要求的版图需要经过长期的学习和积累。

作为一位版图设计者，首先要熟悉工艺条件和元器件物理特性，这样才能确定相关的参数，如元器件的互连线宽度、间距及各次掩膜套刻精度等。虽然版图设计的基础是平面工艺，设计的图形也是二维的，但设计者必须处处从三维的角度考虑。其次要对电路原理有一定的了解，这样才能在版图设计中避免某些分布参数和寄生参数对电路产生影响。值得一提的是，在半导体工艺中考虑得更多的是元器件的剖面结构，也就是纵向结构，而在版图设计中需要更多地考虑平面结构，这一点贯穿整个版图设计过程的始终。最后要熟悉测试方法。设计者通过对样品性能进行测试和用显微镜观察，应能分析出工艺中的问题，并能通过工艺中的问题发现电路设计和版图设计的不合理之处，从而指导改版工作的进行。若在测试中发现某一参数不合理，则其往往与版图设计有关。

1.2.2　版图设计方法

版图设计是集成电路设计的一个重要环节，版图设计方法总体来说可以分为全定制版图设计和半定制版图设计两种。

所谓全定制版图设计，是指利用人机交互图形系统，由设计者根据逻辑电路从每个元器件的形状、尺寸开始设计，接着设计元器件的互连线，直至整个版图设计完成。针对一些模拟电路，通常从底层的元器件开始设计，先形成单元，再进行模块设计，逐步构建整个电路。通常采用全定制版图设计方法来设计模拟电路的版图。全定制版图设计方法的优点是可以缩小版图面积，逻辑设计灵活；缺点是设计周期长，开发阶段投资风险大。

在全定制版图设计过程中，设计者可以根据逻辑电路考虑版图中元器件的布局和布线，即正向设计版图，也可以基于芯片背景图像反向设计版图。反向设计版图需要用到后文将介绍的集成电路版图分析软件。本书第 4～8 章将详细介绍 CMOS 反相器等单元的全定制版图设计方法，包括正向设计版图和反向设计版图。图 1.8 所示为采用全定制版图设计方法设计的电阻等模拟元器件的版图。

半定制版图设计是指以预先设计并经过验证的单元为基础，进行具体电路的版图设计。半定制版图设计不必考虑单元电路内部元器件的互连，只需要对这些基本单元进行合理的布局和互连即可。半定制版图设计方法的优点是简化了设计，缩短了电路设计周期，降低了开发成本；缺点是版图面积利用率不高，电路无法获得最优性能。半定制版图设计方法中最常见的是基于标准单元的版图设计方法。对于大规模数字集成电路的版图设计，通常采用基于标准单元的版图设计方法。

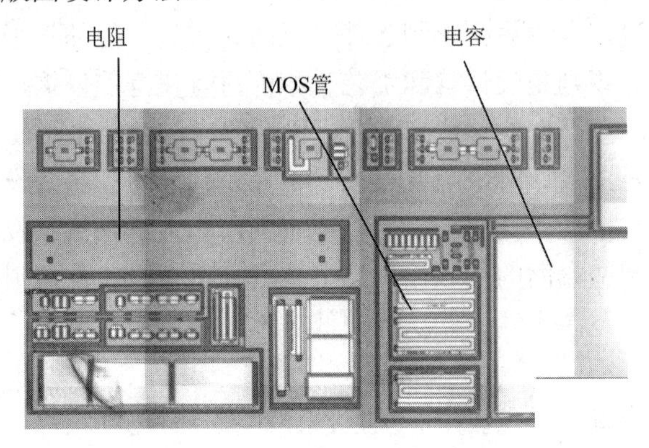

图 1.8 采用全定制版图设计方法设计的电阻等模拟元器件的版图

图 1.9 所示为采用基于标准单元的版图设计方法设计的版图。当然，除基于标准单元的版图设计方法以外，还有其他的半定制版图设计方法，如基于门阵列的版图设计方法等。

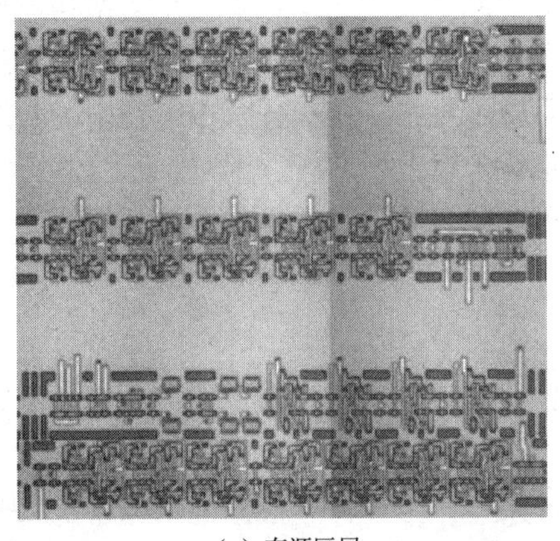

（a）有源区层

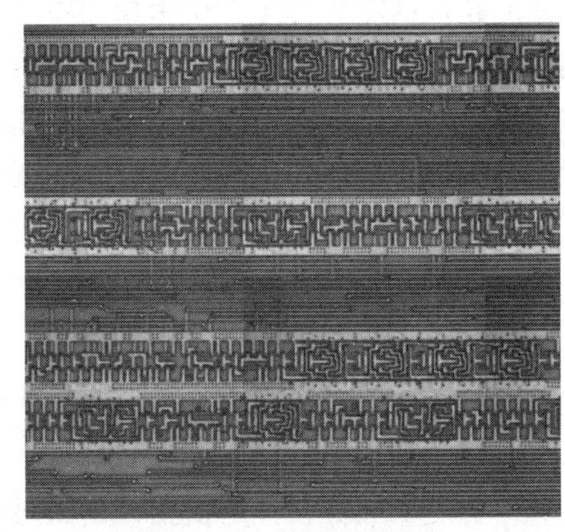

（b）一铝层

图 1.9 采用基于标准单元的版图设计方法设计的版图

对于数字集成电路的版图设计，通常采用半定制版图设计方法，通过逻辑设计辅以 FPGA（Field Programmable Gate Array，现场可编程门阵列）芯片，能够做到基本上不涉及单元电路内部元器的互连问题，所有元器件、布线都有固定标准并且是准备好的，最终只需要考虑版图中的布线问题。对于模拟电路的版图设计，通常采用全定制版图设计方法，需要考虑元器件的设计、放置，功能电路的布局，以及综合布线等诸多方面。

1.2.3 版图验证及相关工具

所谓集成电路的版图验证，是指采用专门的工具对版图进行验证，检查版图设计是否符合设计规则，与电路是否匹配，以及是否存在短路、断路及悬空节点等问题。版图设计要根据一定的设计规则来进行，也就是说，编辑好的版图一定要通过 DRC 验证。编辑好的版图通过 DRC 验证后可能还有错误，这些错误可能不是由违反了设计规则造成的，而是由版图和原理图不一致造成的。因为就算是版图中少连了一根铝线这样的小问题对整个集成电路来说都是致命的，所以编辑好的版图还要通过 LVS 验证。同时，编辑好的版图要通过寄生参数提取程序来提取出电路的寄生参数，电路仿真程序可以调用寄生参数来进行仿真。

版图验证项目包括以下 5 个。

（1）DRC（Design Rule Check）：设计规则检查。

（2）ERC（Electrical Rule Check）：电学规则检查。

（3）LVS（Layout Versus Schematic）：版图和原理图一致性比较。

（4）EXT（Layout Parameter Extraction）：版图参数提取。

（5）PRE（Parasitic Resistance Extraction）：寄生电阻提取。

其中，DRC 验证和 LVS 验证是必做的验证项目，其余的为可选项目。

进行版图验证需要使用专门的工具，目前主流的版图验证工具有 Cadence 公司的 DIVA、Dracula 和 Mentor Graphics 公司的 Calibre 等。这些版图验证工具有的简单易学、使用方便，有的功能强大，有的验证全面。

DIVA 是与版图编辑器完全集成的交互式验证工具集，被嵌入在 Cadence 软件的主体框架中，属于在线验证工具。它可以找出并纠正版图设计中的错误，除了可以处理物理版图和准备好的电气数据，进行 LVS 验证，还可以在版图设计的初期就进行版图检查，尽早发现错误并互动性地把错误显示出来，这有利于及时发现并纠正错误。在版图设计过程中能够随时迅速启动 DIVA 验证。DIVA 验证有速度较快、使用方便的特点，但在运行 DIVA 前，要事先准备好验证的规则文件。

Dracula 为离线式版图验证工具，基于命令行的方式进行验证，主要用于大规模集成电路的版图验证。

随着版图设计技术的发展，现在越来越多的版图使用 Mentor Graphics 公司的 Calibre 工具进行验证。Calibre 作为后端物理验证（Physical Verification）工具，提供了最有效的 DRC/LVS/ERC 验证方案，特别适用于超大规模集成电路的版图物理验证。它支持平坦化（Flat Mode）和层次化（Hierarchical Mode）的验证，大大缩短了验证时间。它凭借高效率和高可靠性已经被各大集成电路制造厂商认可，并且 Calibre 验证被作为版图数据制版之前的验证标准。它独有的 RVE 界面可以把验证错误反标到版图工具中，而且其良好的集成环境便于用户在版图和原理图之间轻松进行转换，大大提高了改错的效率。

近年来，国产 EDA 软件的开发也取得了一定的成就。例如，华大九天旗下的 Aether 软件集成了 Candence 软件中的大部分功能，其版图验证项目 DRC 验证、LVS 验证和 PRE 验证并没有采用 Calibre 工具，而是采用 Argus 工具进行查错和修正。在 DRC 验证、LVS 验证的过程中可以随时中断检查进行修改，修改完成后继续检查。在华大九天软件中，后仿真并不叫 PRE，而是在 Empyrean RCExplorer 界面下实现的，并且其后仿真的精度不低于 Calibre 工具。

1.3　集成电路版图设计工具

不同的版图设计方法所采用的设计工具也不同。目前集成电路设计行业内采用的版图设计工具分为全定制版图设计工具和标准单元版图设计工具两大类。

1.3.1 全定制版图设计工具

目前主流的全定制版图设计工具之一是 Cadence 公司开发的基于 UNIX/Linux 环境的系列软件。

Cadence 软件是美国 Cadence 公司所开发的集成电路设计软件的简称，它是一套大型的 EDA 综合开发工具软件，也是具有强大功能的大规模与超大规模集成电路计算机辅助设计软件。Cadence 软件在全定制版图设计方面常用的功能模块有：①Verilog HDL 仿真模块 Verilog-XL；②电路原理图绘制模块 Composer；③模拟电路仿真模块 Analog Artist；④版图设计模块 Virtuoso；⑤版图验证模块 Dracula 和 Diva；⑥版图自动布局、布线模块 Preview 和 Silicon Ensemble 等。

国产 EDA 软件在最近几年也有了里程碑式的发展，如华大九天在这方面就取得了一些成就，其模拟电路设计全流程 EDA 软件中包括原理图和版图编辑工具、电路仿真工具、异构仿真系统、物理验证工具、寄生参数提取工具、功率器件可靠性分析工具和晶体管级电源完整性分析工具等，其中常用的工具有如下几种。

（1）原理图和版图编辑工具：原理图和版图编辑工具为用户提供了丰富的原理图和版图编辑功能，以及高效的设计环境，支持用户根据不同电路类型的设计需求、不同加工工艺的设计规则设计原理图和版图，如进行电路元件符号生成、元件参数编辑和物理图形编辑等操作。同时，为了便于用户对原理图和版图进行追踪管理、分析优化，该工具在传统编辑环境的基础上增加了设计数据库管理模块、版本管理模块、仿真环境模块和外部接口模块等。该工具可集成华大九天电路仿真工具 Empyrean ALPS、物理验证工具 Empyrean Argus 和寄生参数提取工具 Empyrean RCExplorer 等，为用户提供完整、平滑、高效的一站式设计方案。

（2）电路仿真工具：随着工艺的发展和设计复杂度的提高，集成电路规模越来越大，SPICE 仿真工具遇到了前所未有的挑战。首先，仿真时间太长，许多设计要运行几天甚至几周的时间；其次，仿真容量巨大，已经超出了传统仿真工具的处理能力；最后，工艺角数目越来越多，无法得到全面、准确的验证，大大增加了设计风险。Empyrean ALPS 是华大九天新近推出的高速、高精度并行晶体管级电路仿真工具，支持数千万个元器件的电路仿真和数模混合信号仿真，通过创新的智能矩阵求解算法和高效的并行技术，突破了电路仿真的性能和容量瓶颈，仿真速度相比同类电路仿真工具显著提升。

（3）物理验证工具：随着设计规模的急剧增加和工艺复杂度的不断提高，物理验证所需时间也不断增加，高效的物理验证方案必不可少。Empyrean Argus 是针对模拟电路设计开发的层次化并行物理验证工具，主要用于 DRC 验证和 LVS 验证。针对模拟电路版图设计的特点，该工具开发了高效的扫描线技术和版图预处理技术等，显著提高了检查和分析版图设计错误的效率，缩短了产品的设计周期。

（4）寄生参数提取工具：寄生参数提取工具 Empyrean RCExplorer 支持晶体管级和单元级寄生参数提取，根据不同的精度要求，提供了三维高精度提取模式和准三维快速提取模式。同时该工具还提供了基于版图的点到点寄生参数计算和时延分析功能，为用户分析电路功能、性能提供了技术支撑。该工具可无缝集成到原理图和版图编辑工具中，与电路仿真工具协同为用户提供一站式设计仿真和验证方案。

1.3.2　标准单元版图设计工具

目前主流的标准单元版图设计工具之一是 Astro。Astro 是由美国 Synopsys 公司开发的一款基于标准单元的版图自动生成工具，通过调用标准单元库中的单元进行自动布局、布线，并完成版图设计。Astro 可以满足 5000 万门、兆赫级时钟频率、纳米级工艺线生产的 SoC 级芯片设计的工程和技术需求。

Astro 内置多种分析和验证工具，如静态时序分析工具，信号完整性分析工具，DRC 验证工具，LVS 验证工具，功耗、电压降和电迁移分析工具等，并且支持先进的工艺规则。因此，在超深亚微米集成电路版图设计中，它能够实现更复杂的设计，运行速度快，并且能完成时序和信号完整性收敛，提高成品率。

Astro 有以下特点。

（1）能够使设计更快收敛。

（2）强调设计过程中的超深亚微米特征，在整个设计过程中考虑了所有的物理效应。

（3）具有很好的时钟树综合机制，能够提高时钟频率，完成高性能电路设计。

（4）通过布局控制和早期对时序和拥塞的预估，可以提高成品率。

（5）遵循最新、最先进的工艺规则，设计的可靠性更高，能自动处理天线效应修复、孔优化、金属填充物添加、宽铝开槽等。

（6）具备高性能的算法及分布式的布线能力，可大大缩短设计周期。

一个好的版图设计要求在满足各项设计指标要求的条件下，实现版图面积最小、成品率最高。使用 Astro 的熟练程度和对各种库及设计的理解程度，对是否能完成一个好的版图设计是至关重要的。

1.4　集成电路版图设计工艺文件

集成电路版图设计中需要用到相应的工艺文件，具体包括以下几种。

（1）工艺相关文件，通常包括.drf 文件（显示资源文件）和.tf 文件（工艺文件）。

（2）Design Rule（设计规则文件）、ESD Protection Design Guideline（静电保护结构设计指导文件）。

（3）PDK（工艺设计包文件）。

（4）版图验证命令文件，如采用 Calibre 工艺，则应该提供 Calibre Command File。

（5）Mask Tooling（掩膜版制作接口文件）。

（6）Spice Model（电路仿真模型文件）。

（7）Process Device Characterization（元器件特征文件），包括 MOSFET、电阻和电容等元器件的特征文件。

（8）工艺应用说明文件，包括该工艺所提供的元器件类型、不同元器件所对应的版图层次、顶层厚铝选项、各层膜厚结构图、掩膜层次、光刻次数、PCM 参数、不同元器件的版图平面结构和纵向结构等内容。

（9）Process Outline（工艺概貌文件），包括掩膜版次序、关键设计规则和关键 PCM 参数等内容。

思考与操作练习

（1）集成电路设计有哪些具体要求？

（2）什么是集成电路版图设计？其主要方法有哪两种？

（3）集成电路版图验证主要包括哪些项目？

第 2 章 集成电路版图识别

在进行集成电路版图设计前，设计者要能够对组成集成电路版图的基本要素，即各种元器件的版图进行识别，并且能够根据设计要求进行版图设计。本章主要介绍如何识别和设计电阻、电容、二极管、三极管和 MOS 场效应管等元器件的版图。

2.1 集成电路版图识别方法和工具

集成电路版图识别有相应的方法，同时也需要用到类似北京芯愿景软件技术股份有限公司提供的 ChipLogic 系列软件工具，下面分别对其进行介绍。

2.1.1 集成电路版图识别方法

想要设计版图必须先学会识别版图。那么如何识别版图呢？这就需要设计者在电路原理、元器件物理特性、工艺条件等方面有扎实的基本功。下面举几个具体的例子，电阻、三极管版图与工艺剖面图的对比如图 2.1 所示，电路原理图与版图的对比如图 2.2 所示，通过计算机软件绘制的集成电路版图如图 2.3 所示，显微镜下的集成电路实物图如图 2.4 所示。

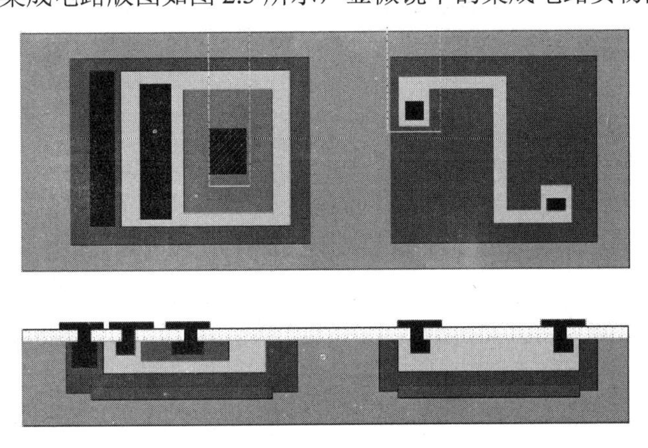

图 2.1 电阻、三极管版图与工艺剖面图的对比

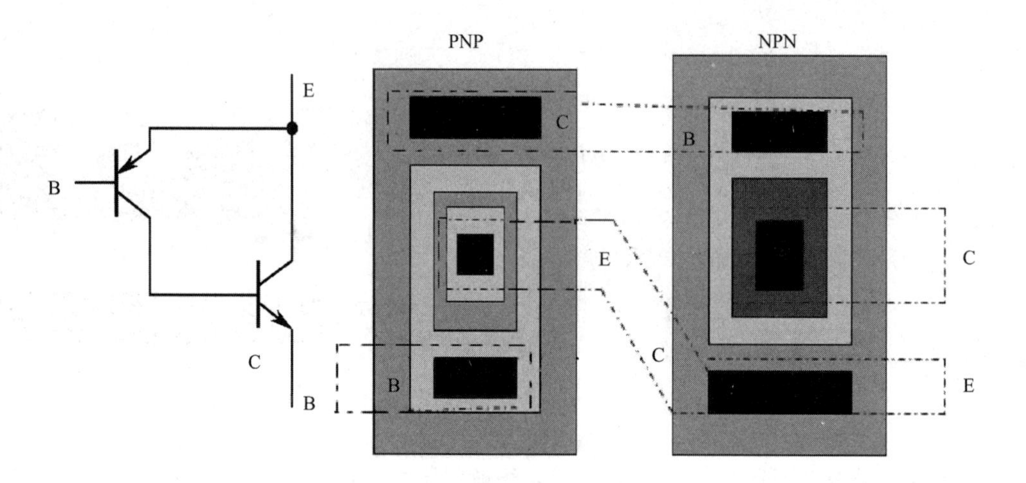

图 2.2　电路原理图与版图的对比

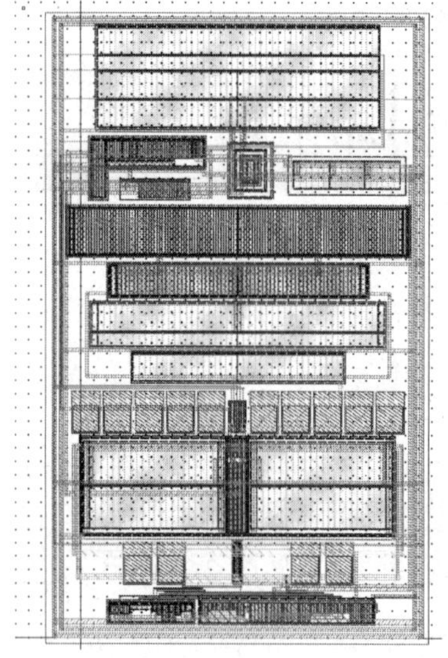

图 2.3　通过计算机软件绘制的集成电路版图

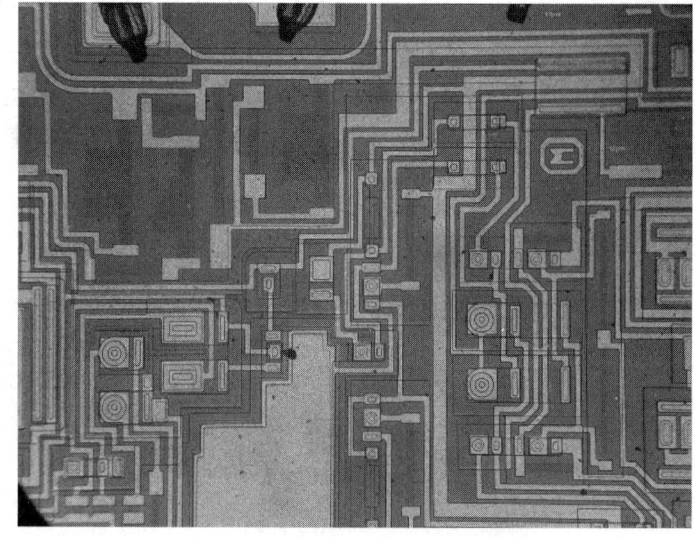

图 2.4　显微镜下的集成电路实物图

2.1.2　集成电路版图识别工具

在集成电路行业内有专门的软件用来对集成电路版图进行观察和识别，这些软件可以对集成电路进行图形放大、分区、逻辑提取、绘制和检查验证，还可以基于芯片背景图像提取电路网表数据。网表数据提取出来之后可以导出为指定格式的数据文件，并且可以导入 Cadence 等 EDA 软件进一步进行仿真等处理。当然，利用这些软件也可以对版图进行修改和绘制。在软件中对集成电路版图区块进行分析如图 2.5 所示。

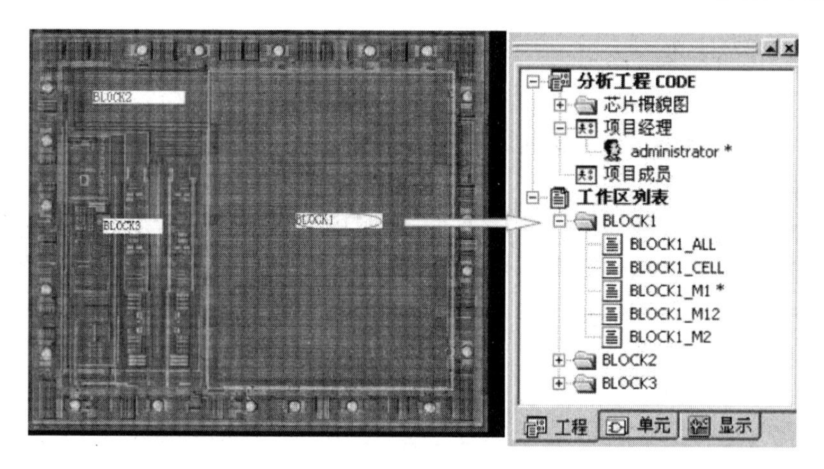

图 2.5　在软件中对集成电路版图区块进行分析

2.2　电阻版图的识别

集成电路是将各种元器件制作在一块半导体晶片上而形成的，因为所有的元器件及其互连线都做在一起，所以称为集成电路。集成电路包含各种各样的元器件，其中不乏常用的电阻、电容等。电阻是其中最常用的一种电子元器件，用来提供明确的或可控的电阻值，它在许多领域都有应用。集成电路中的电阻和普通的色环电阻不同，由于条件限制，集成电路中的电阻必须用集成电路制造工艺中所能使用的材料来制作。另外，出于诸多方面因素的考虑，实际制作的电阻也是多种多样的。

2.2.1　集成电路中电阻的计算与绘制

集成电路中的电阻主要是由薄膜材料经掺杂工艺制作而成的，在大部分集成电路制造工艺中有多种不同类型的电阻材料可供选择，某些材料适用于制作大阻值电阻，某些材料适用于制作小阻值电阻。但要注意的是，版图往往有相应的设计规则（根据加工工艺不同，这些规则通常是综合考虑工艺生产能力和产品的优良率而制定的），有时小阻值材料更适用于制作大阻值电阻，这要根据具体情况来确定。同时在设计时，不同材料的精度和温度特性会有较大差别，这一点也是要考虑的，设计者通常要为每个电阻选择合适的材料并据此标注其电路符号。

当电流流经导体时，会在导体两端产生电压降，其关系服从欧姆定律。一块材料的电阻值要根据电流的流向来判断。例如，在图 2.6 中，电流从左向右流经一块 P 型半导体材料，该材料的宽度为 W，长度为 L，厚度为 X。

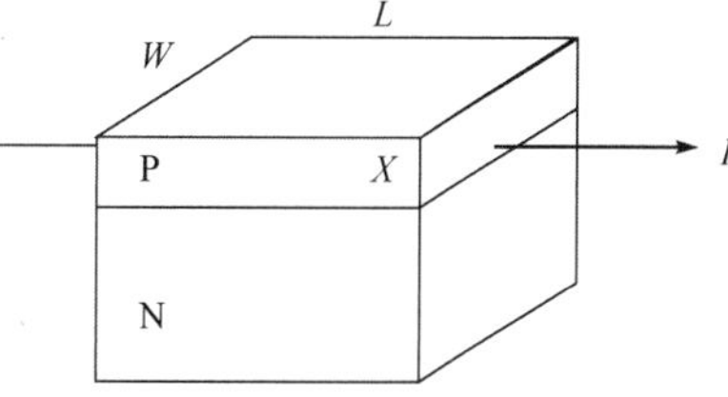

图 2.6　电流流经 P 型半导体材料

这块 P 型半导体材料的电阻值 R 为

$$R=\rho\frac{L}{WX} \tag{2.1}$$

式中，L——材料的长度；

W——材料的宽度；

X——材料的厚度（结深）；

ρ——材料的电阻率。

在式（2.1）中，W、L、X 与具体设计和工艺有关，ρ 与材料本身有关，它的常用单位是 Ω·cm。导体的电阻率很小；半导体的电阻率要大一些，其大小主要取决于掺杂浓度；绝缘体（如二氧化硅）的电阻率理论上是无穷大的。主要材料的电阻率如表 2.1 所示。

表 2.1　主要材料的电阻率

材料	电阻率（25℃）/（Ω·cm）
铜	1.7×10^{-6}
金	2.4×10^{-6}
铝	2.7×10^{-6}
N 型硅（$N_d=10^{18}cm^{-3}$）	0.25
N 型硅（$N_d=10^{15}cm^{-3}$）	48
本征硅	2.5×10^{5}
二氧化硅	10^{14}

如果材料的宽度 W 等于其长度 L，则式（2.1）可变为

$$R=\rho\frac{L}{LX}=\frac{\rho}{X} \tag{2.2}$$

此时的电阻有一个专门的名称，即方块电阻，用 $R_{\square}$或 R_S 来表示。方块电阻的意义在于，它只和材料的电阻率和厚度（结深）有关，而与材料的具体形状无关。这样在版图设计过程中如果知道了相应材料的方块电阻，设计者就可以很方便地设计出相应电阻的图形。例如，已知需要设计的电阻阻值为 1kΩ，而方块电阻 R_S 为 200Ω/□，那么在设计电阻版图时只要设计出 5 个方块拼接的图形就能够得到 1kΩ 的电阻。也就是说，只要画一个长度为宽度 5 倍的图形即可，如图 2.7 所示。

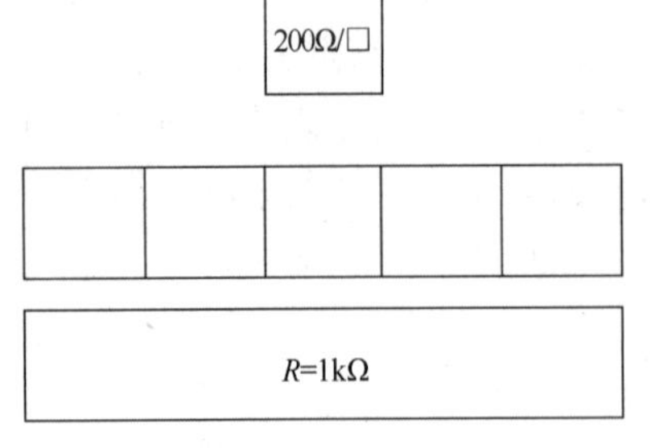

图 2.7　电阻版图示意图

虽然可以很容易地计算出均匀掺杂材料的方块电阻，但在大部分情况下，集成电路中的材料往往是非均匀掺杂的。也就是说，电阻率并非一个定值，是不能用式（2.2）来计算此类扩散层的方块电阻的。在这种情况下，扩散层的方块电阻通常通过反复测量获得。某工艺中不同材料的方块电阻如表 2.2 所示。

表 2.2　某工艺中不同材料的方块电阻

材料	方块电阻（25℃）/（Ω/□）
N 阱	1000
N+掺杂	65

续表

材料	方块电阻（25℃）/（Ω/□）
P+掺杂	170
多晶 1	19
多晶 2	55
金属铝	0.08

从表 2.2 中可知，不同材料的方块电阻存在很大的差异。其中，阱区、N+区、P+区都属于掺杂层，其方块电阻相对较大，因此在版图中如果要设计大阻值电阻，则可选用这些材料。如果要设计小阻值电阻，则可选用多晶材料。一般不选用金属材料来设计电阻，但金属的阻值在集成电路中是需要考虑的，因为金属会产生寄生效应，这一点在设计中应该充分考虑并设法消除。

2.2.2 集成电路版图中电阻的分类

集成电路版图中的电阻一般分为两大类：一类是无源电阻，另一类是有源电阻。其中，无源电阻根据所用膜层材料的不同又分为阱电阻、掺杂层电阻和多晶电阻。这里要注意的是，阱电阻和掺杂层电阻实际上都是单晶硅掺杂后形成的电阻，只不过掺杂量差别较大，从而导致其方块电阻相差较大。另外，多晶电阻材料是掺杂后的多晶硅（简称多晶），多晶本身是一种绝缘材料，它的电阻率非常大，但多晶在掺杂少量杂质后导电性能会急剧提升而接近金属，因此在集成电路制造工艺中常用掺杂后的多晶来替代金属作为 MOS 场效应管的栅极材料。在集成电路制造工艺中默认所有的多晶都是经过掺杂的，因此这里的多晶指的是掺杂的多晶，其具有较小的电阻率。

1. 阱电阻

阱电阻是使用阱区材料制成的电阻。阱电阻版图如图 2.8 所示，阱电阻版图实物图如图 2.9 所示。

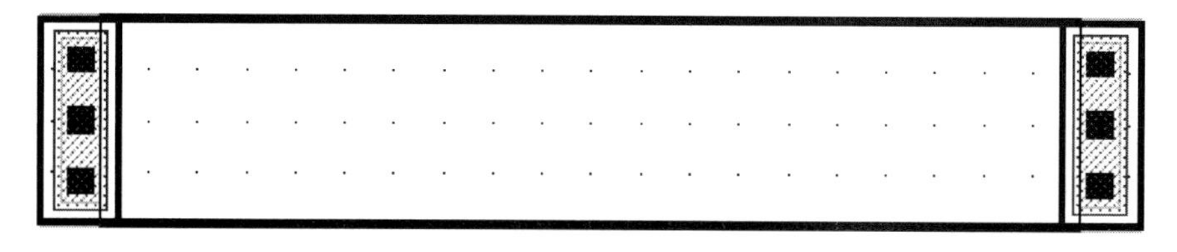

图 2.8 阱电阻版图

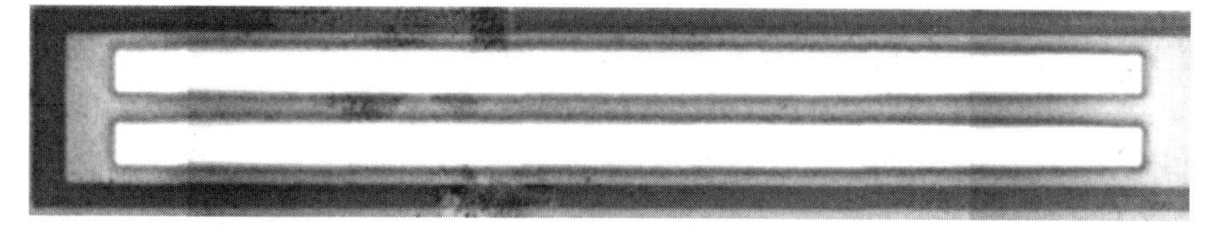

图 2.9 阱电阻版图实物图

（其中白色区域为阱区）

在这里要注意两点：第一，阱电阻的长度应该是两个接触孔之间的长度，而非整个阱区的长度，因为电流是经两个接触孔流经电阻体的；第二，电阻的计算宽度需要在设计宽度的基础上加以修正，因为在集成电路制造工艺中做阱区往往是最初的一道工序，之后还有许多高温工序，这些工序也会加深阱杂质的扩散，到完成成品时阱区的实际宽度一般会比设计宽度大 20%左右。扩散后的电阻率和方块电阻显然也会发生变化，那么需不需要对其进行修正呢？这是不需要考虑的，因为实际的方块电阻是根据成品实际测得的，工艺厂商给出的方块电阻就是成品的方块电阻，不用再加以修正。

2. 掺杂层电阻

掺杂层电阻又叫扩散电阻，扩散电阻是通过在半导体晶片上进行离子注入或扩散制造而成的。扩散电阻的阻值与半导体材料的导电性能有关，通过控制扩散过程中的掺杂浓度和深度可以调节阻值。扩散电阻主要应用在以下场景中。

（1）电流限制和分压：扩散电阻可以被设置为电路中的电流限制器或分压器，通过控制扩散过程中的掺杂浓度和深度可以调节阻值，以适应特定的电流限制要求或电压分压比例。

（2）测量环境温度的变化：扩散电阻的阻值随温度变化而变化，这种特性使其可以用于制造温度传感器，其阻值的变化可用于反映环境温度的变化。

（3）电阻网络：扩散电阻可以用于构成复杂的电阻网络，如电阻分压、电流限制和信号传输等网络。这些网络在模拟电路和数字电路中都有应用。

（4）模拟电路：扩散电阻可以在模拟电路中作为电阻元件使用，用于调节电压和电流，实现信号处理和放大。

（5）电流源和电流镜电路：扩散电阻可用于构建电流源和电流镜电路，这些电路在模拟电路和放大器设计中具有重要作用。图 2.10 所示为做在 N 阱中的 P+掺杂电阻版图。

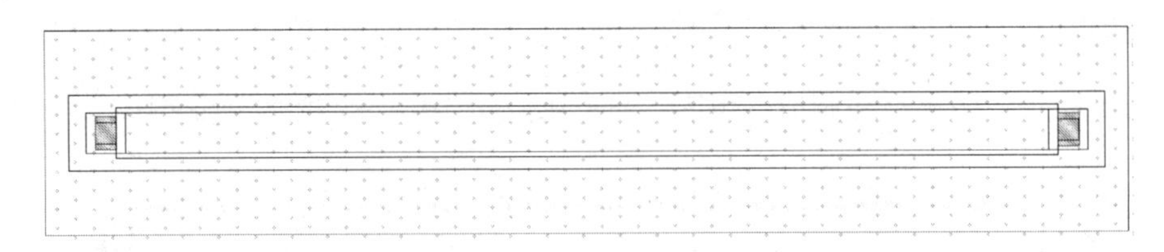

图 2.10　做在 N 阱中的 P+掺杂电阻版图

3. 多晶电阻

多晶电阻由多晶层构成。这里要注意的是，有的工艺中有两个以上多晶层，这些多晶层的方块电阻是不同的，在设计时要注意区分。多晶电阻的阻值计算和阱电阻一样，长度需要从开孔处开始计算，宽度不需要修正，因为多晶层不会发生扩散。多晶电阻版图如图 2.11 所示，多晶电阻版图实物图如图 2.12 所示。

从前面所述几种电阻的版图和实物图来看，几种电阻版图的形状都为矩形，这主要是因为受到工艺条件的限制，在工艺中对各个层次都有最大和最小尺寸的限制。如果已经到了最大尺寸还不满足设计要求怎么办？此时可以对电阻进行一定的变形处理以满足设计要求，主要有以下两种方法。

图 2.11　多晶电阻版图

图 2.12　多晶电阻版图实物图

一种方法是通过金属导线对最大尺寸的电阻进行串联，从而增大阻值，如图 2.13 所示。

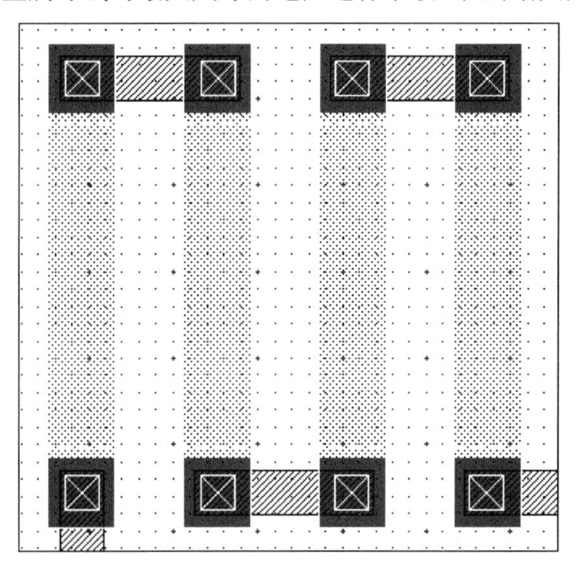

图 2.13　多个阱电阻串联

另一种方法是绘制弯曲版图，如图 2.14 所示。对于弯曲版图，在计算方块电阻时要注意考虑方块的个数。

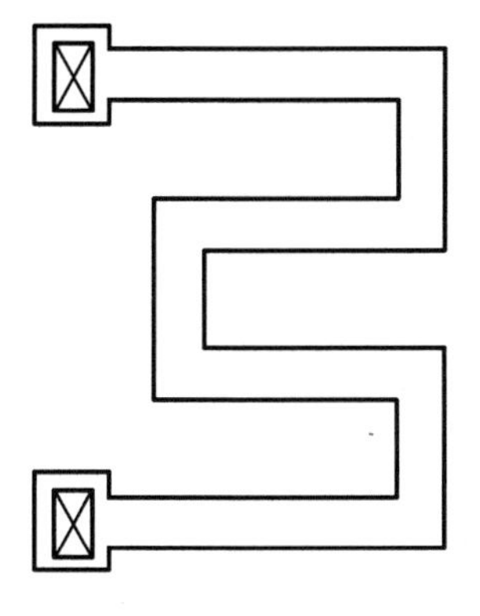

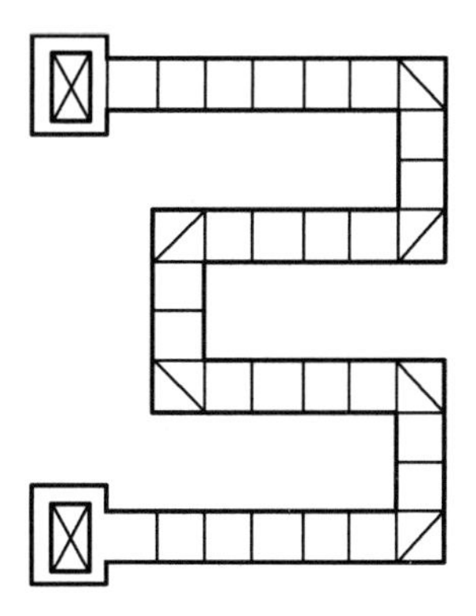

图 2.14　弯曲的长电阻版图

4. 有源电阻

在集成电路设计中，还有一种用 MOS 场效应管来替代电阻而制成的有源电阻。通常电阻元件都是无源元件，也就是说，其阻值的大小和电源是没有关系的。但有源电阻的阻值是会随着电压变化而变化的，因此称为有源电阻。有源电阻通常是将 MOS 场效应管的栅极和源极短接连到电路中构成的，其电路参数需要满足一定的条件，此时 MOS 场效应管可以当作固定电阻来使用。之所以要采用有源电阻，主要是因为这样可以大大缩小版图面积，相比采用无源电阻，版图面积有时能缩小 80%以上。有源电阻也因此在集成电路设计中广受青睐。但有源电阻的缺点也是显而易见的，它的阻值会受到电压波动的影响，严重时会导致电路功能失效，因此在精度要求比较高的电路中，有源电阻要慎用。由于有源电阻的版图实际上是 MOS 场效应管的版图，因此本节不给出其版图。

5. 金属电阻

金属电阻是使用金属材料制成的电阻。金属电阻的阻值通常相对较低，用于连接电路中的导线和连接点。金属电阻的阻值可以通过调整金属导线的尺寸、形状和电阻率来控制。金属电阻版图如图 2.15 所示。

图 2.15　金属电阻版图

2.3　电容版图的识别

2.3.1　集成电路中电容的测算

电容在模拟集成电路中扮演着举足轻重的角色，它常被用于交流信号耦合、构建延迟和相移电路、滤除纹波噪声等场合。通常电容可存储静电场能量，其体积较大。在集成电路中受面积限制，制作的电容容量一般为 fF（10^{-15}F）级别，很难实现几百皮法的电容制作。但是因为这种微小容量的电容对某些关键应用（特别是补偿反馈网络）来说已经足够了，所以在集成电路中还是会大量用到电容。MOS 集成电路中的电容都是平板电容（Parallel-Plate Capacitor），其容量表达式为

$$C=C_0A=\frac{\varepsilon}{d}A=\frac{\varepsilon_0\varepsilon_{OX}}{T_{OX}}A=\frac{\varepsilon_0\varepsilon_{OX}}{T_{OX}}WL \tag{2.3}$$

式中，C——电容；

C_0——单位面积电容，单位为 F/μm²；

A——电容版图面积；

ε_0——真空介电常数，其值约为 8.854×10^{-12}F/m；

ε_{OX}——二氧化硅的相对介电常数；

T_{OX}——氧化层厚度；

W、L——电容版图的宽度、长度。

这里要注意的是，电容版图面积是电容两极板的两个图层交叠部分的宽度 W 和长度 L 的乘积，而不是单块极板的面积。单位面积电容是两极板间介质的相对介电常数 ε 和极板间距 d 的比值。

由于集成电路中的电容两极板间的介质通常为二氧化硅，因此这里的相对介电常数为真空介电常数 ε_0 和二氧化硅相对介电常数 ε_{OX} 的乘积。极板间距为氧化层厚度 T_{OX}。常用材料的相对介电常数如表 2.3 所示。

表 2.3　常用材料的相对介电常数

材料	相对介电常数
硅	11.8
二氧化硅	3.9
正硅酸乙酯	4.0
氮化硅	6～7

从表 2.3 中可以看出，硅和四氮化三硅（简称氮化硅，用 SiN 表示）的相对介电常数要比二氧化硅大。由于氮化硅的相对介电常数接近二氧化硅的 2 倍，而且氮化硅易于制备，工艺兼容性好，因此经常使用氮化硅替代二氧化硅作为电容两极板间的介质。但氮化硅也有缺点：一是容易形成针孔，针孔会使部分区域变薄，降低电容的可靠性；二是氮化硅和与之接触的硅材料之间的热膨胀系数相差较大，这样会产生应力，从而影响元器件的可靠性和使用寿命，这个问题在制作电容这种面积较大的元器件时尤为突出。为了解决这个问题，可以在氮化硅上层和下层各增加一个氧化层，从而形成 O—N—O 结构。此时的电容相当于 3 个平板电容的串联结构，根据电容串联关系可得，O—N—O 结构的复合介电常数表达式为

$$\varepsilon=\frac{T_{OX1}+T_{OX2}+T_{NI}}{\left(\frac{T_{OX1}}{\varepsilon_{OX}}\right)+\left(\frac{T_{OX2}}{\varepsilon_{OX}}\right)+\left(\frac{T_{NI}}{\varepsilon_{NI}}\right)} \tag{2.4}$$

式中，T_{OX1}——第一个氧化层厚度；

T_{OX2}——第二个氧化层厚度；

T_{NI}——氮化硅厚度；

ε_{NI}——氮化硅的相对介电常数。

从表 2.3 中还可以看出，硅的相对介电常数比二氧化硅和氮化硅都大很多，而在双极型集成电路中也有采用反偏 PN 结所产生的结电容的情况，此时反偏 PN 结耗尽区（硅）就成为电介质，它所产生的结电容比二氧化硅和氮化硅产生的结电容都大。但结电容本身也

有缺点：由于空间电荷区宽度是反偏电压的函数，因此结电容本身也会随着电压的变化而变化，这给计算和应用都带来了比较大的麻烦。此外，正是由于空间电荷区宽度是反偏电压的函数，最终在制作电容时，平板电容往往通过减小氧化层厚度来提供与结电容相等甚至更大的单位面积电容，而平板电容的寄生效应又远小于结电容，因此在 CMOS 工艺中还是以使用平板电容为主。

通常工艺中一般会给定单位面积电容，应根据需要的电容容量来绘制实际电容版图。还有一点也是设计者要注意的，集成电路中的平板电容由于氧化层厚度有限，击穿电压一般都比较低，工艺中会给出击穿电压参考值，在设计电容版图时需要考虑相关平板电容的击穿电压。电容版图面积示意图如图 2.16 所示。

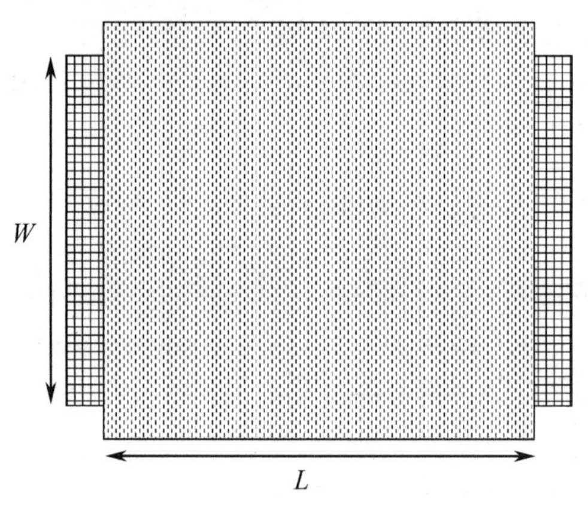

图 2.16　电容版图面积示意图

2.3.2　MOS 集成电路中常用的电容

1. 双层多晶电容

双层多晶电容：多晶 2 作为电容的上极板，多晶 1（其余的区域）作为电容的下极板，栅氧化层作为介质。双层多晶电容版图如图 2.17 所示。

(a) 使用双层多晶工艺制作的电容版图

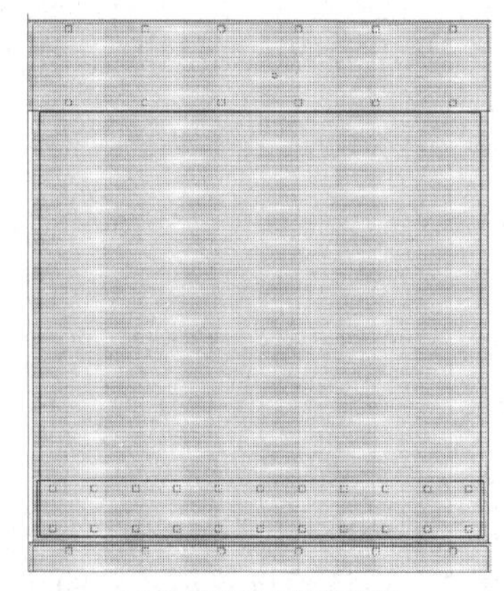

(b) 局部放大后的图形

图 2.17　双层多晶电容版图

在双层多晶电容版图中主要考虑的是接触孔的摆放。一般情况下，接触孔需要尽可能多且均匀分布，如图 2.18 所示，中、下极板的接触孔做成环状，上极板的接触孔做成叉指状，这样做主要是为了保证在电容充、放电时电流均匀，以及减小寄生电阻带来的延迟。

图 2.18　双层多晶电容版图实物图

2. 多晶-掺杂扩散区（或注入区）电容及 MOS 电容

某些工艺不能制作双层多晶电容，但在绝大多数集成电路中都要用到电容元件，此时可以使用多晶-掺杂扩散区电容。这种电容的制作方法是先在淀积多晶前掺杂下极板区域，再生长栅氧化层作为电容绝缘氧化层，最后用化学气相淀积法制作多晶层作为上极板。

多晶-掺杂扩散区电容版图实物图如图 2.19 所示。这种电容的结构和 MOS 场效应管类似，也是由金属（多晶）、氧化物、半导体材料共同组成 MOS 结构，因此其往往会被误判为 MOS 电容。实际上两者之间是有很大区别的，多晶-掺杂扩散区电容只是两极板结构的平板电容，与普通平板电容的不同之处是，它的下极板材料为掺杂半导体。

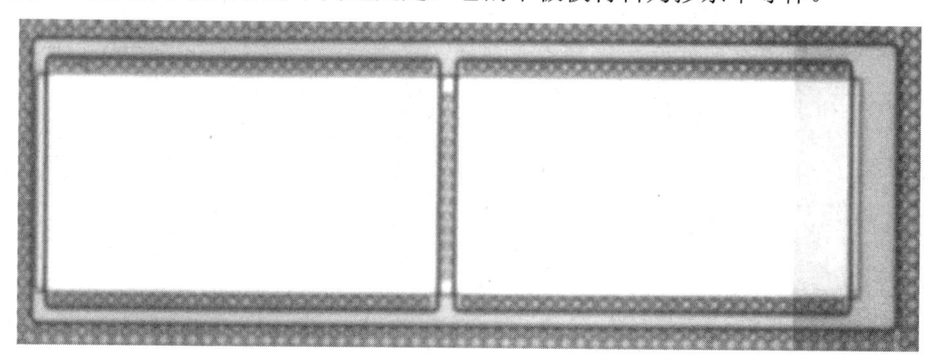

图 2.19　多晶-掺杂扩散区电容版图实物图

根据半导体元器件的物理特性可知，完整的 MOS 电容的工作状态有三种：一是表面电荷积累工作状态，二是表面耗尽工作状态，三是反型工作状态。在表面电荷积累工作状态和反型工作状态下，MOS 电容相当于平板电容，电容值只和氧化层厚度和相对介电常数有关。在表面耗尽工作状态下，MOS 电容为氧化层电容（平板电容）和耗尽区电容的串联结构，此时电容值是极板电压的函数。也就是说，MOS 电容的电容值不是一个定值，因此在电路设计中通常不被采用。表面耗尽工作状态下的 MOS 电容仅仅是一种寄生电容。反型工作状态下 MOS 电容的电容值虽然为定值，但在交流信号下电容要进入反型工作状态必定会经过耗尽区，因此这种工作状态也不可取。

通常在电路设计中要求电容值始终为定值，而要使 MOS 电容的电容值始终不变，只能让其仅工作于表面电荷积累状态，其他两种工作状态是要避免的。因此，一般来讲，如果下极板用 N 型材料来制作，那么下极板的电位应始终为全电路中的最低电位（通常为地电位），这也限制了 MOS 电容在电路中的使用范围。MOS 电容作为旁路电容或滤波电容问题不大，但基本上不能用于信号耦合。由于 MOS 电容的下极板材料为掺杂半导体，会产生诸多寄生效应，而且工作中电压的波动会对电容产生一定的影响，因此 MOS 电容的使用效果往往不及双层多晶电容。MOS 电容的优势是节约了一层多晶，能降低生产成本。

3．金属-多晶电容

金属-多晶电容是将多晶作为下极板、金属作为上极板构成的 MOS 电容。同样，采用这种方法制作的电容也是平板电容。它和多晶-掺杂扩散区电容一样也不需要用到第二层多晶。这种电容的缺点是氧化层质量相对较差，并且会对布线造成一定的不便。

4．MIM 电容和 MOM 电容

MIM（Metal-Insulator-Metal）电容称为极板电容，其电容值较精确，不会随偏压变化而变化。MIM 电容是由上、下两层金属构成的，其电容值可以用上极板的单位面积电容来进行估算，上、下极板接法不可互换，一般用在模拟电路中。由于上、下层金属在三维空间内距离氧化层较远，因此要为上、下层金属添加通孔层次，并且用通孔连接上、下层金属，以达到缩小极板间距、增大电容的目的。图 2.20 所示为 MIM 电容版图。

MOM（Metal-Oxide-Metal）电容是指同一层金属边沿之间所形成的电容。为了缩小版图面积，可以叠加多层金属，一般为梳状结构。MOM 电容一般只在多层金属的先进制程上使用，因为它是通过多层布线的版图来实现的，其电容值的精确性和稳定性不如 MIM 电容，一般用在对电容值要求不高的场合。图 2.21 所示为 MOM 电容版图。

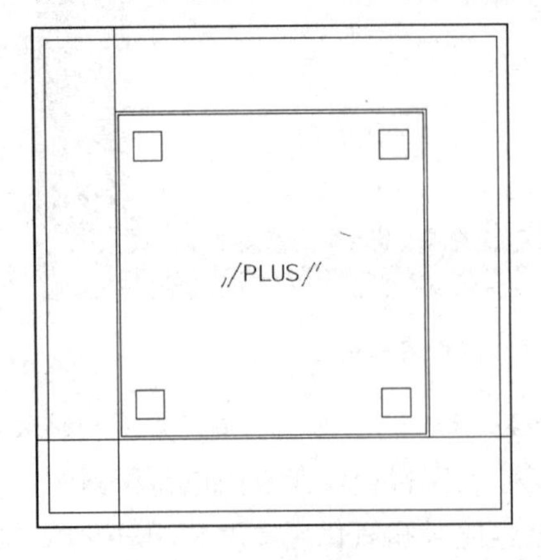

图 2.20　MIM 电容版图

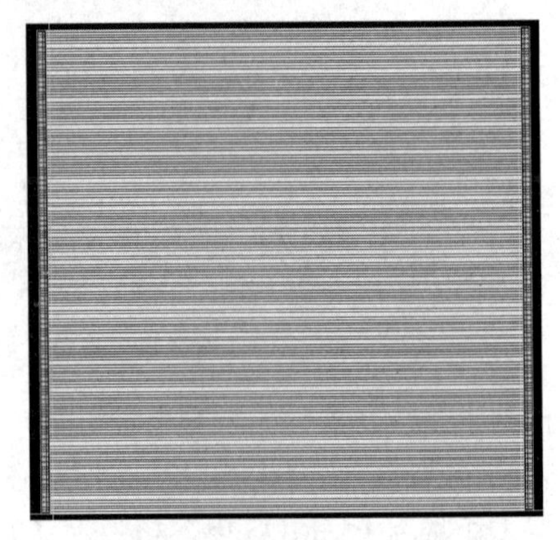

图 2.21　MOM 电容版图

2.4　二极管、三极管版图的识别

2.4.1　二极管版图

集成电路制造最主要的步骤就是在一块平面单晶硅材料上做出 P 型区域和 N 型区域。P 型区域和 N 型区域的交界处形成 PN 结，在两端加上电压即可形成二极管。当然，在双极型集成电路中通常用 NPN 型三极管中的集电结或发射结作为 PN 结二极管，此时基极和另外一极短路。本节讨论由 PN 结构成二极管的情况。

通常由 PN 结构成二极管有两种情况：一是直接利用衬底和阱区构成二极管；二是在阱区内做掺杂区，由掺杂区与阱区构成二极管。

在图 2.22 中，中间为 P 型高掺杂区，周围为 N 阱区，在纵向结构上 P 型高掺杂区被 N 阱区包围，其中流经二极管的电流与中间 P 型高掺杂区面积成正比。N 阱-P 掺杂扩散二极管版图实物图如图 2.23 所示。

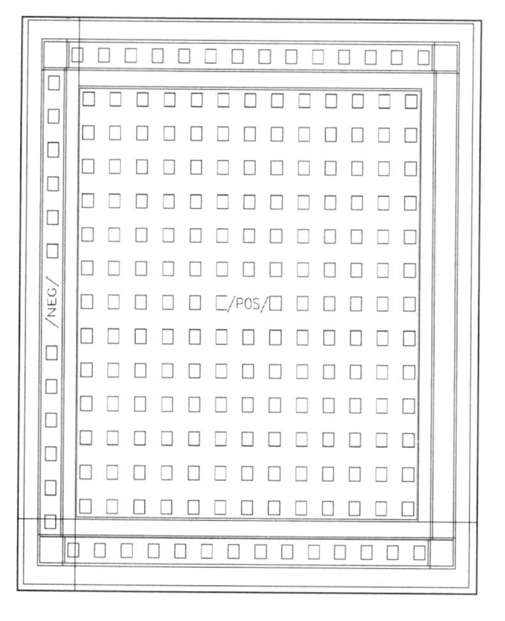

图 2.22　N 阱-P 掺杂扩散二极管版图

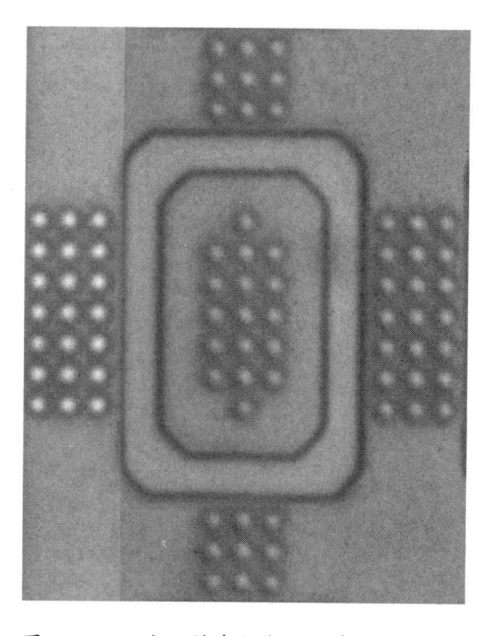

图 2.23　N 阱-P 掺杂扩散二极管版图实物图

2.4.2　三极管版图

双极工艺是制作三极管非常成熟且便捷的工艺，但双极工艺由于本身有一定的缺陷，所以不能进行大规模集成。目前，制作超大规模集成电路的主流工艺是 CMOS 工艺。CMOS 工艺是为了制作 MOS 电路而设计出来的，通常只能用于制作寄生的三极管，这些寄生元器件的性能参数通常与期望值相差很大，而且在电路中也很难按设计要求来制作，因此采用普通 CMOS 工艺很难进行三极管的制作。由于三极管在很多场合下又是 MOS 器件所不能替代的，所以之后又开发出 BiCMOS 工艺，这种工艺仍以制作 CMOS 电路为主，不同之处是，它可以优化三极管的性能，能够按照设计要求很方便地将三极管和 MOS 器件制作在一起并进行集成。图 2.24 所示为采用 BiCMOS 工艺制作的典型 NPN 型三极管的纵向结构示意图。

从图 2.24 中可以看出，BiCMOS 工艺相较于普通 CMOS 工艺增加了 BN+层次，即高掺杂 N 型埋层，这个埋层的作用主要是降低寄生体电阻，从而提高三极管的性能。在 BiCMOS 工艺中，首先在衬底上进行埋层扩散，制作出 N+埋层区，然后进行一次硅外延，MOS 器件做在外延层上。

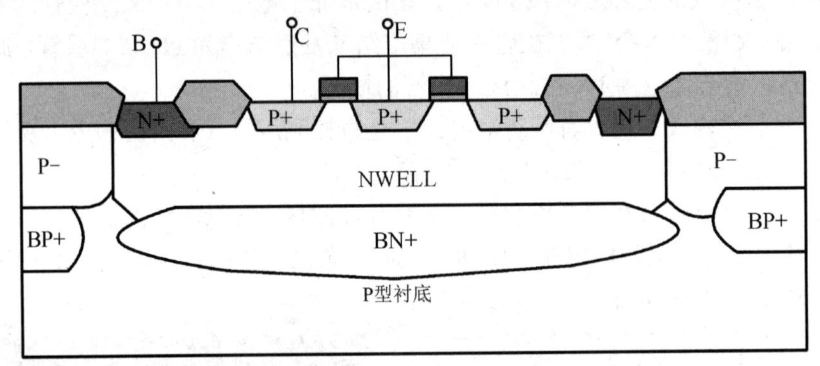

图 2.24　采用 BiCMOS 工艺制作的典型 NPN 型三极管的纵向结构示意图

如图 2.25 所示，先在中间的 P 型衬底上进行 N 阱区扩散，再在 N 阱区中间进行 N+掺杂，3 个区域分别引出引线，构成 PNP 结构的三极管。和二极管一样，此处的发射极版图面积决定了其最终电流大小。外围接触孔除留有布线的一边以外，其余边上尽量布满。小信号三极管往往采用最小发射极面积以节省空间。在实际版图设计中，如果需要进行功率三极管设计，则往往采用多个三极管并联的方式增大电流。

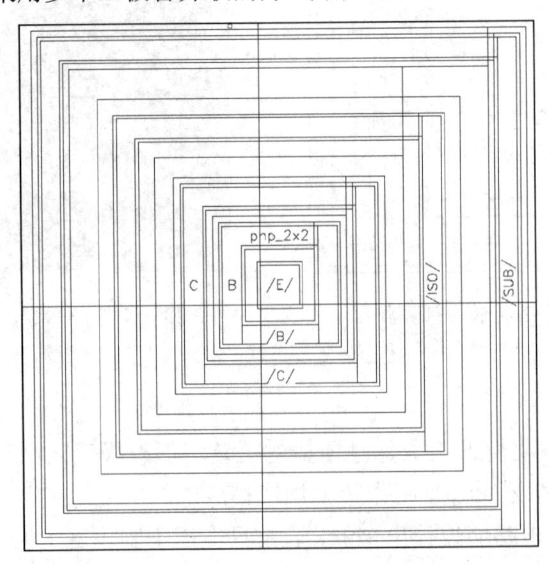

图 2.25　采用 BiCMOS 工艺制作的典型 PNP 型三极管版图

图 2.26 所示为 4 个并联 PNP 型三极管版图实物图。在实际的功率三极管设计中，往往

需要考虑很多问题，其中主要的问题是发射极电压偏置差异、热击穿和二次击穿。在BiCMOS工艺中，由于金属引线往往采用更小的厚度，因此金属引线上会产生一定的偏压，从而使实际发射极电压产生偏差，在大电流的情况下，各个三极管工作状态就不同，某些三极管中会通过超过设计上限的电流。在功率三极管中，电流过大会产生热点，严重时会导致热击穿，使功率三极管失效甚至被烧毁。这些问题都可以从版图设计上着手加以优化。

图 2.26　4 个并联 PNP 型三极管版图实物图

2.5　MOS 场效应管版图的识别

2.5.1　MOS 场效应管结构

MOS 场效应管是大规模集成电路中用得最多的元器件之一，由金属、绝缘介质（二氧化硅）和半导体材料构成。

按照导电类型的不同，MOS 场效应管可分为 NMOS 场效应管和 PMOS 场效应管两种。

NMOS 场效应管的纵向结构示意图如图 2.27 所示。在 P 型衬底上制作出两个 N+区作为 NMOS 场效应管的源极和漏极，上方是栅氧化层，栅氧化层上方是金属栅。铝栅工艺中通常采用金属铝作为 MOS 场效应管的栅极，目前大部分工艺都采用硅栅工艺。前文提到，掺杂后的多晶具有比较小的电阻率，其特性和金属类似，因此在硅栅工艺中常采用多晶来替代金属铝作为 MOS 场效应管的栅极。

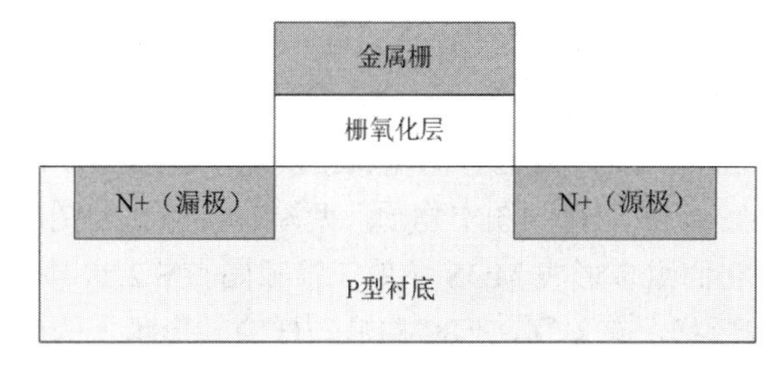

图 2.27　NMOS 场效应管的纵向结构示意图

当栅极加上足够高的电压（>V_{TH}）时，栅氧化层下方的 P 型衬底材料发生反型，从而使源漏区导通，MOS 场效应管开始工作；反之，MOS 场效应管截止，没有电流通过。

对于 MOS 场效应管而言，有两个参数是比较关键的：一个参数是阈值电压。MOS 场效应管的阈值电压直接影响 MOS 场效应管的工作情况。阈值电压的大小直接与栅氧化层厚度有关。阈值电压会在工艺文件中给出，版图设计者可以参考，但并不能改变这个参数。另一个参数是跨导。MOS 场效应管的跨导决定了通过 MOS 场效应管的电流大小，它不仅与迁移率、氧化层电容有关，还与实际 MOS 场效应管的平面结构有关。因此，MOS 场效应管的电流大小在很大程度上是由版图尺寸决定的。

2.5.2　MOS 场效应管版图

图 2.28 所示为 PMOS 场效应管版图，图层中间垂直的矩形为多晶栅，其两端分别为源区和漏区，源区和漏区内各有一个接触孔通向上层金属。这里的栅极没有接触孔连接上方金属，因为多晶具有和金属接近的电学特性，所以在集成电路中许多金属连线可以用多晶来替代。当然，最后的电信号输入/输出还要依靠金属完成，毕竟多晶的方块电阻相对而言还是比较大的，在布线比较长时，布线本身带来的寄生电阻不得不考虑。此处由于栅极通过金属向外连接所需要放置的接触孔不一定在 MOS 场效应管所在的区域内，因此未画接触孔。

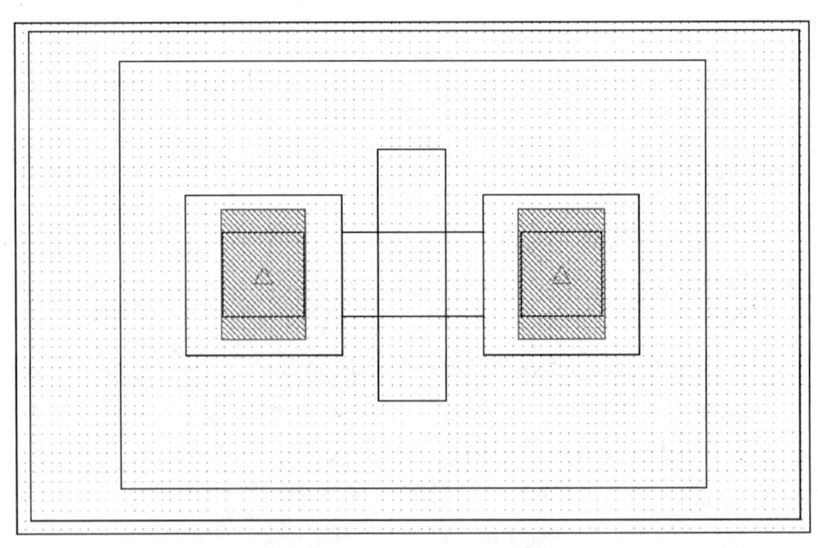

图 2.28　PMOS 场效应管版图

MOS 场效应管版图有两个重要参数：一个是沟道宽度 W，另一个是沟道长度 L。宽度和长度的比值称为宽长比，MOS 场效应管的宽长比决定了流经 MOS 场效应管的电流大小。

图 2.29 所示为 MOS 场效应管版图实物图，两端有接触孔的图层为沟道区，单边有接触孔的图层为多晶栅，它们组合形成 MOS 场效应管版图。图 2.29 中一共有 3 个 MOS 场效应管版图，它们虽然在形状上有差别，但结构是一样的。形状上的差别主要源于宽长比不同，特别是最后一个 MOS 场效应管版图，它和前面的电阻版图形状比较类似，但实际上它

只是宽长比比较特殊的 MOS 场效应管。将 MOS 场效应管版图设计为不同的形状，主要是出于版图布局和面积方面的考虑。MOS 场效应管在集成电路中的应用非常多，根据宽长比不同，其版图形状会有很大的差异。

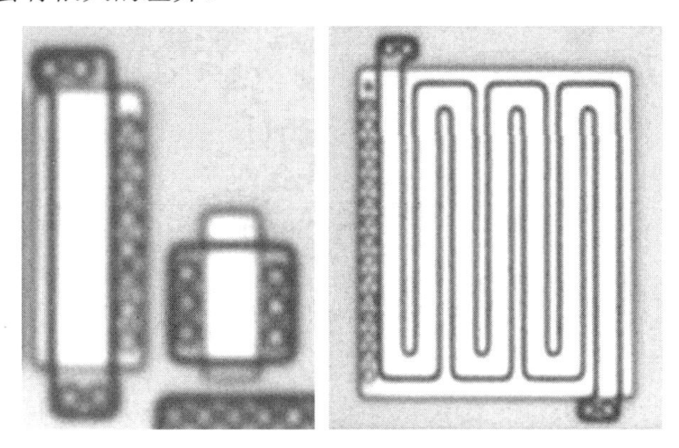

图 2.29　MOS 场效应管版图实物图

思考与操作练习

（1）MOS 集成电路中的电阻通常有哪几种类型？它们的方块电阻大致在什么范围内？

（2）在集成电路版图中如何绘制正确阻值的电阻版图？

（3）MOS 集成电路中有哪几种常用的电容？集成电路要求电容性能稳定、寄生电容小，通常会采用哪种电容？

（4）如何识别集成电路版图中的二极管版图和三极管版图？

（5）根据半导体元器件的物理特性，大致估算图 2.29 中 3 个 MOS 场效应管的宽长比。

（6）针对实际元器件的版图进行识别。

第3章 集成电路版图设计系统

EDA 技术的发明是人类科学技术的一次重大飞跃，EDA 软件目前被广泛用于集成电路设计行业，使集成电路设计工作更加高效、更加简便，极大地解放了设计者。

目前，国内各大高校集成电路专业都开设了集成电路设计相关的 EDA 课程，传统的授课模式常采用单机版集成电路 EDA 仿真软件进行教学，实验环境在时间和空间上有诸多限制，难以满足师生的实验需求。

C/S（Client-Server）架构主要由前端的客户机和后端的服务器构成。基于 C/S 架构搭建的集成电路 EDA 虚拟仿真实验系统，将集成电路 EDA 软件部署在服务端，客户端通过校园网和远程桌面软件访问服务器，调用服务器算力进行集成电路设计和仿真。该系统不受实验场地、实验时间、实验器材及实验内容的限制，使师生可以在任意时间、任意地点进行实验并共享、交流实验结果，为教师的授课和学生的学习提供了极大的便利。本章将详细介绍如何选用合适的软硬件系统来搭建基于 C/S 架构的集成电路 EDA 虚拟仿真实验系统。

3.1 硬件系统

典型的两层式 C/S 架构示意图如图 3.1 所示。两层式 C/S 架构分为前端和后端两个层面，前端又称为客户端，客户端由客户机、安装在客户机上的操作系统（一般为 Windows 操作系统）及客户端软件构成；后端又称为服务端，服务端由服务器、安装在服务器上的操作系统（一般为 Linux 操作系统）及服务端软件构成。客户端和服务端通过 Internet 相连，两者均承担着重要的责任。前端的客户机负责与用户交互，如用户界面显示、接收数据输入、校验数据有效性、通过 Internet 向服务器发送请求、接收返回结果、处理应用逻辑后显示在交互界面上等；后端的服务器负责进行用户数据的管理，如通过 Internet 接收客户机的请求、后台运行 EDA 软件、提供数据库查询和管理功能、将仿真数据发送给客户机等。

在基于 C/S 架构搭建的集成电路 EDA 虚拟仿真实验系统中，服务器需要并行为多台客户机处理电路仿真及版图验证请求并返回仿真结果，因此服务器需要具备强大的算力和外部数据吞吐能力。服务器的硬件结构和通用计算机架构类似，主要包括处理器、内存、芯片组、I/O 设备（RAID 卡、网卡、HBA 卡）、硬盘、机箱（电源、风扇），其中，处理器是服务器中的核心硬件，与普通计算机常用的英特尔酷睿系列处理器不同，服务器中的处理器往往会选用算力更强、多任务处理能力更优秀的英特尔至强系列处理器，以应对更繁重、更复杂的处理需求。

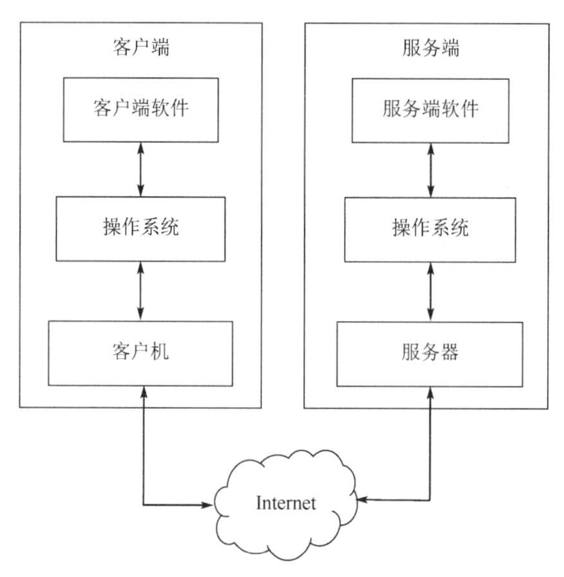

图 3.1　典型的两层式 C/S 架构示意图

服务器按产品形态可以分为塔式服务器、机架式服务器、刀片式服务器。塔式服务器是目前应用范围较广的服务器，如图 3.2 所示。塔式服务器的外形与普通计算机类似，但是尺寸更大。塔式服务器的扩展能力和散热能力较强，但是体积过大，占用的空间是三种服务器中最大的，因此只适合布置在学校专门建设的服务器机房中。

图 3.2　塔式服务器

机架式服务器，顾名思义是指安装在机架上的服务器，如图 3.3 所示。机架式服务器体积较小、较薄，两侧有固定导轨，可以和交换机、路由器等网络设备一起集成在符合国际标准的机柜中。机架式服务器相较于塔式服务器大大减小了空间占用，可灵活布置在实验室、专业机房、办公室等各种教学及办公场所，有着出色的便利性，并且随着技术的不断发展，机架式服务器的性能已不逊色于塔式服务器，但是由于机身空间的限制，机架式服务器在扩展能力和散热能力上不如塔式服务器。

图 3.3　机架式服务器

刀片式服务器是一种比机架式服务器更紧凑的服务器，其体积更小，只有机架式服务器的 1/3～1/2，每个刀片就是一台独立的服务器，具有独立的 CPU、内存、I/O 总线，通过外置磁盘可以独立安装操作系统，可以提供不同的网络服务，相互之间并不影响，刀片可以进行热插拔，如图 3.4 所示。通过刀片架组成服务器集群，提供高速的网络服务，如需升级，在服务器集群中插入新的刀片即可。每个刀片不需要单独的电源等部件，所有刀片共享服务器资源，这样可以有效降低功耗，并且可以通过机柜统一进行布线和集中管理，这为连接管理提供了非常大的方便，可以有效降低成本。刀片式服务器适合服务器集群多且性能要求高的大型企业使用。

鉴于以上三种不同类型服务器的特点，在高校教学实践过程中，推荐使用机架式服务器作为 C/S 架构中的服务器。目前，有一种主流机架式服务器可支持 50 个以上用户同时进行 EDA 虚拟仿真实验，其配置清单如表 3.1 所示。

图 3.4　刀片式服务器

表 3.1　主流机架式服务器的配置清单

硬件	配置
处理器	英特尔至强 Gold 6252 处理器×2
内存	256GB DDR4
硬盘	2TB SSD+4TB HD
RAID 卡	PERC H740P
网卡	BROADCOM 57412 万兆网卡（四口）
电源	1600W×2 双电源

3.2　软件系统

3.2.1　服务器软件系统

目前，华大九天推出的 Empyrean 软件能较好地运行在 Linux 操作系统中，因此在基于 C/S 架构搭建的集成电路 EDA 虚拟仿真实验系统中，服务端需要预先安装 Linux 操作系统。

Linux 操作系统全称为 GNU/Linux，诞生于 20 世纪 90 年代初，当时可供计算机选择使用的操作系统主要有 UNIX、DOS 和 macOS，这三种操作系统都有明显的缺点：UNIX 售价昂贵，且只能在工作站上运行，不能在计算机上运行；DOS 界面简陋，操作烦琐；macOS 只能用于苹果计算机。因此，急需一款更加完善、强大、廉价和完全开放的操作系统来适配快速发展的计算机硬件。在此背景下，芬兰赫尔辛基大学二年级的学生 Linus Torvalds 于 1991 年基于 UNIX 核心开发出适用于一般计算机的 x86 系统，并将其命名为 Linux。Linux 操作系统支持多用户、多任务、多线程和多个 CPU，支持 32 位和 64 位硬件，能运行主要的 UNIX 工具软件、应用程序且支持相关的网络协议，完全开源且免费。这些特性决定了 Linux 操作系统非常适合作为服务器的操作系统，同时为多用户提供网络服务。由于 Linux 操作系统的开源特性，因此在其几十年的发展过程中，大量优秀的开发者不断优化改进该操作系统，使其功能不断完善。目前 Linux 操作系统有上百种不同的发行版，其中比较知名的版本有基于社区开发的 Debian、Arch Linux，以及基于商业开发的 Red Hat Enterprise Linux（RHEL）、SUSE、Oracle Linux 等。Linux 操作系统分支如图 3.5 所示。

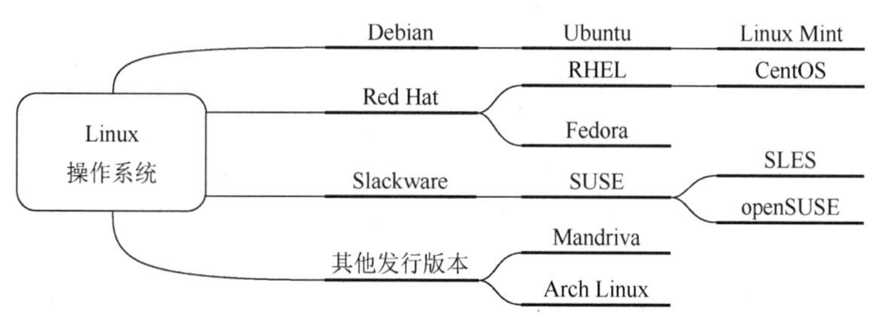

图 3.5　Linux 操作系统分支

在 Linux 操作系统的众多分支之中，RHEL 是 Red Hat 公司专门为企业设计的 Linux 操作系统，它的服务器版本可完美兼容各种处理器架构，具有简洁易用的图形化界面，安装、配置、使用十分方便，运行稳定，是目前世界上使用最多、最受欢迎的 Linux 操作系统之一。根据笔者多年的使用经验，RHEL 可完美支持 VNC、Xmanager 等远程桌面软件，便于客户端访问服务器资源，RHEL 安装包内集成了非常全面的系统环境库，便于后续在服务器中安装 EDA 软件，而且 RHEL 有面向教育的免费版本。因此，RHEL 非常适合作为高校集成电路 EDA 虚拟仿真实验系统服务器的操作系统。

Linux 操作系统与 Windows 操作系统在硬盘格式、文件管理、操作方法上都有很大的不同，因此在使用 Empyrean 软件之前需要先熟悉 Linux 操作系统。Windows 操作系统所支持的硬盘格式包括 FAT32、exFAT、NTFS 等，而 Linux 操作系统所支持的硬盘格式更为多样，表 3.2 中列出了 Linux 操作系统与 Windows 操作系统所支持的硬盘格式。需要注意的是，Linux 操作系统不支持 Windows 操作系统常用的 NTFS 格式（移动存储设备），因此在 Linux 终端上使用移动存储设备之前，需要预先将移动存储设备格式化为 FAT32 格式方可正常读写数据。

表 3.2　Linux 操作系统与 Windows 操作系统所支持的硬盘格式

操作系统	支持的硬盘格式
Windows	FAT32、exFAT、NTFS
Linux	EXT2、EXT3、EXT4、XFS、Btrfs

Linux 操作系统的文件管理方式也与 Windows 操作系统不同。Windows 操作系统将内部存储设备划分为若干个区域，为每个区域独立分配一个盘符，将其作为独立的硬盘分区进行管理，将系统文件和用户文件分别放置在不同的硬盘分区中。Linux 操作系统没有硬盘分区的概念，它会将所有内部存储设备的剩余空间按照用户定义或系统随机分配的方法分配至各文件目录下。Linux 操作系统的文件目录树状图如图 3.6 所示，其中最重要的 4 个目录分别为根目录/、内存交换分区 swap、启动文件目录/boot、用户文件目录/home。接下来对这 4 个目录进行逐一说明。根目录/是 Linux 操作系统中最重要的目录，也是所有其他目录的初始位置，根目录/下存放的是 Linux 操作系统的核心文件，这些文件分布在/lib、/bin、/etc、/dev、/usr、/var 等目录下。同时根目录/下还存放着启动文件目录/boot 及内存交换分区 swap。其中，启动文件目录/boot 下存放的是 Linux 操作系统在启动时需要加载的启动文件，其作用类似于 Windows 操作系统的 EFI 分区。内存交换分区 swap 是一块特殊的硬盘空间，当实际内存不够用时，Linux 操作系统会从内存中取出一部分暂时不用的数据放在内存交换分区中，从而为当前运行的程序腾出足够的内存空间，其作用类似于 Windows 操作系统中的虚拟内存。用户文件目录/home 用于存放所有用户文件，是用户主目录的基点，一般会将各类 EDA 软件安装在/home 目录下，EDA 软件配套的 PDK、Library、DRC/LVS 等也一并安装在/home 目录下，以方便用户随时调用。

Linux 操作系统的操作方法与 Windows 操作系统也有很大的区别。Windows 操作系统是高度图形化的操作系统，而 Linux 操作系统是命令与图形并行的操作系统。也就是说，一方面 Linux 操作系统可以和 Windows 操作系统一样通过图形界面的操作来完成一系列任务，另一方面 Linux 操作系统可以通过终端指令的形式来完成操作任务。目前，随着 Linux 操作系统版本的不断更新，其图形界面功能不断完善，大部分过去必须通过指令的形式才能完成的操作，现在都可以很简便地通过图形界面来完成。但很多核心的操作仍然要通过指令的形式来完成。后文将要介绍的华大九天 EDA 软件的运行和使用，同样需要用到许多 Linux 操作指令，因此掌握常用 Linux 操作指令及文本编辑器的使用方法显得尤为重要。下面重点介绍一下 Linux 操作系统中高频使用的部分指令，以及新一代文本编辑器 vim 的使用方法。

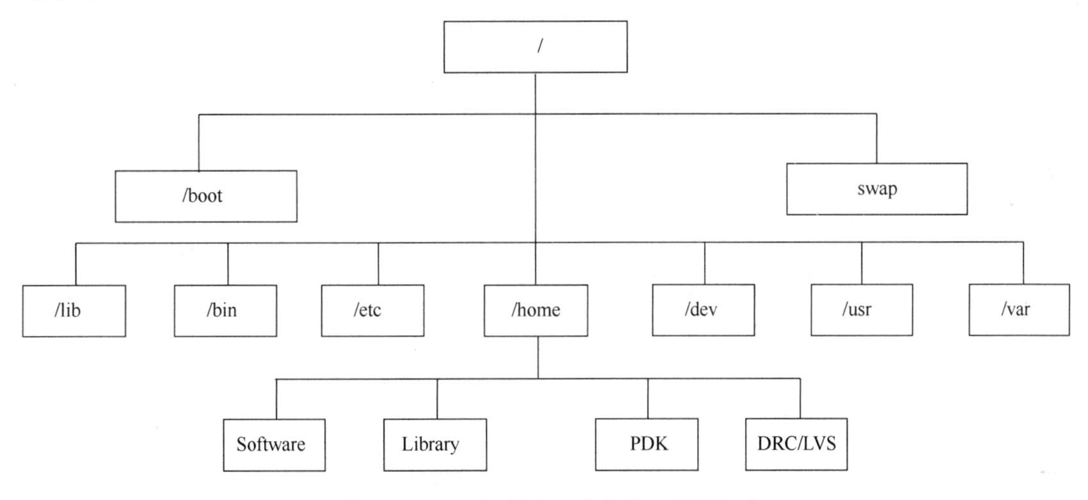

图 3.6　Linux 操作系统的文件目录树状图

3.2.2　Linux 操作系统中的常用指令

（1）改变目录（Change Directory）指令：cd [目录名]。这个指令的作用是改变当前的目录到指定目录。常用的三个改变目录指令为返回上一级目录 cd..、进入根目录 cd /、进入当前用户目录 cd~。

（2）显示当前工作目录（Print Working Directory）指令：pwd。

（3）显示目录文件列表（List）指令：ls。这个指令的作用是显示目录下的文件信息，可以在 ls 指令后面增加一些参数来对显示结果进行调整。例如，ls -a 可以显示目录下的隐藏文件；ls -l 不但可以显示文件，而且可以显示文件管理权限。图 3.7 所示为使用 ls -l 指令显示文件管理权限，其中 w（Write）代表写入，表示用户具有修改文件内容的权限；r（Read）代表读取，表示用户具有读取文件内容的权限；x（eXecute）代表执行，表示用户具有执行文件的权限。权限管理是 Linux 文件系统管理中非常重要的组成部分。例如，我们可以使用 chmod 指令将 EDA 软件安装目录的权限设置为-rx，即只可读取和执行、不可写入，这样就可以防止其他用户删除安装目录下的文件，以免导致 EDA 软件无法启动。

（4）创建文件夹（Make Directory）指令：mkdir [文件夹名]。这个指令的作用是在当前目录下创建一个指定名字的空文件夹。

（5）删除（Remove）指令：rm [文件名]。这个指令的作用是删除当前目录下的指定文件。如果要删除整个文件夹，则可以使用 rm -r [文件夹名]指令。

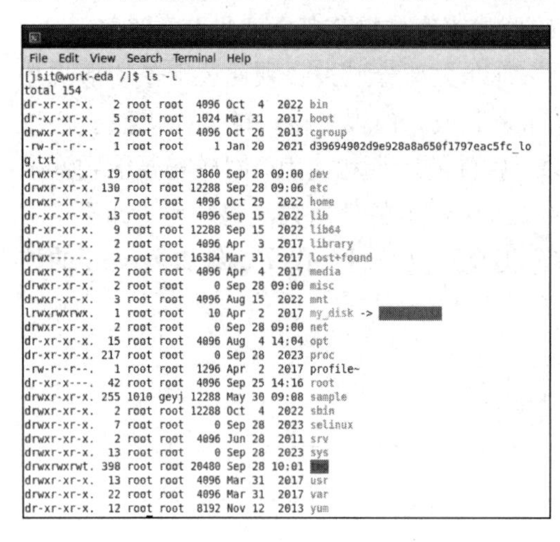

图 3.7　使用 ls -l 指令显示文件管理权限

（6）复制（Copy）指令：cp [文件名] [路径]。这个指令的作用是将当前目录下的指定文件复制到指定路径下。如果要复制整个文件夹，则可以在 cp 后添加参数-r。

（7）移动（剪切）（Move）指令：mv [文件名] [路径]。这个指令的作用是将当前目录下的指定文件移动到指定路径下。这个指令还有一个作用是修改文件名，使用方法为 mv [文件名] [新文件名]。

（8）查找（Find）指令：find [查找路径] [压缩包名] [文件名]。这个指令的作用是在指定路径下查找文件。例如，想要在/home 目录下查找名为 file.txt 的文件，可输入指令 find /home file.txt。

（9）压缩和解压缩（Tape Archive）指令：tar [参数] [文件名]。这个指令是一个常用的指令，它能够将一组文件和目录打包成单个归档文件，也可以从归档文件中提取出文件和目录。通过在 tar 后添加不同的参数组合，可以基于 tar 指令实现广泛的功能。tar 指令的一些常用参数及其功能如表 3.3 所示。

表 3.3　tar 指令的一些常用参数及其功能

参数	功能
-c	创建新的归档文件（压缩）
-x	从归档文件中提取文件（解压缩）
-f	指定归档文件名
-v	显示操作的详细信息
-z	通过 gzip 压缩归档文件
-j	通过 bzip2 压缩归档文件
--help	显示帮助信息

通过表 3.3 可知，如果要将一个名为 file.txt 的文件压缩成名为 file.tar.gz 的压缩包，则可以输入指令 tar -zcvf file.tar.gz file.txt。

同样，如果要将 file.tar.gz 压缩包解压到当前目录下，则可以输入指令 tar -zxvf file.tar.gz。

3.2.3　文本编辑器

编辑文本是操作系统中最常使用的操作，Linux 操作系统支持多种文本编辑器，如 gedit、vi、vim 等。其中，vim 是由 vi 发展而来的一个文本编辑器，具有代码补完、编译及错误跳转等方便编程的功能，因而在程序设计中得到广泛使用。使用 vim 可极大地提高人们查看、编辑文本的效率。vim 有丰富的插件，自定义程度极高，可通过修改配置文件实现人们想要的功能。

vim 具有正常模式、插入模式、命令模式三种工作模式。在 Linux 操作系统终端中输入指令 gvim [文件名]，即可启动 vim，此时 vim 处于正常模式，在该模式下无法对文本内容进行修改，进入插入模式后方可修改文本内容。进入插入模式的方法包括以下几种。

- 按 i 键：在光标所在字符前开始输入文字并进入插入模式。
- 按 a 键：在光标所在字符后开始输入文字并进入插入模式。
- 按 o 键：在光标所在行的下面单独新开一行输入文字并进入插入模式。
- 按 s 键：删除光标所在处前一个字符并进入插入模式。
- 按 I 键：在行首开始输入文字并进入插入模式。此处行首是指第一个非空白字符处，如果行首有空格，则在空格之后输入文字并进入插入模式。
- 按 A 键：在行尾开始输入文字并进入插入模式。不用管光标在此行的什么地方，只要按 A 键就可以在行尾输入文字。
- 按 O 键：在光标所在行的上面单独新开一行输入文字并进入插入模式。
- 按 S 键：删除光标所在行并进入插入模式。

vim 在正常模式下按:键可进入命令模式。vim 常用的一些命令如下。

- :w：保存当前文件。
- :q：退出当前文件。如果文件已经被修改过，则提示无法操作。
- :wq：保存修改并退出当前文件。
- :q!：不保存，直接退出当前文件。
- :y：复制选择的内容。
- :p：粘贴复制的内容。
- :/asic：向当前光标后查找名为 asic 的字符串。
- :/asic/i：向当前光标后查找名为 asic 的字符串，查找时忽略字母大小写。
- :?asic：向当前光标前查找名为 asic 的字符串。
- :m,n s/asicA/asicB/：将第 m 行到第 n 行中名为 asicA 的字符串替换为 asicB。

3.2.4　远程桌面软件

在 C/S 架构下，客户端中只有安装了远程桌面软件才可实现远程访问服务器中的 Linux 操作系统。常用的远程桌面软件包括 Xmanager、TigerVNC、X2Go 等，其中 Xmanager 软件的部署方法最为高效便捷，且支持大量用户同时访问服务器，因此最适合作为高校集成电路设计实验室中标配的远程桌面软件。

要使用 Xmanager 软件实现客户端远程访问服务器中的 Linux 操作系统图形化界面，首先要在服务器的 Linux 操作系统中开启 xdmcp 服务，并开启 177 号端口，具体方法为使用 vim 修改系统目录下的 custom.conf 文件，在[xdmcp]下增加两行代码，即 Enable=true 和 port=177，如图 3.8 所示。

其次要在客户端中安装 Xmanager 套件，该套件可在 Xmanager 官网下载。安装好之后打开 Xmanager 套件中的 Xbrowser 软件，单击“新建”按钮，在弹出的对话框中输入服务器的 IP 地址后即可远程访问服务器中的 Linux 操作系统图形化界面，如图 3.9 所示。

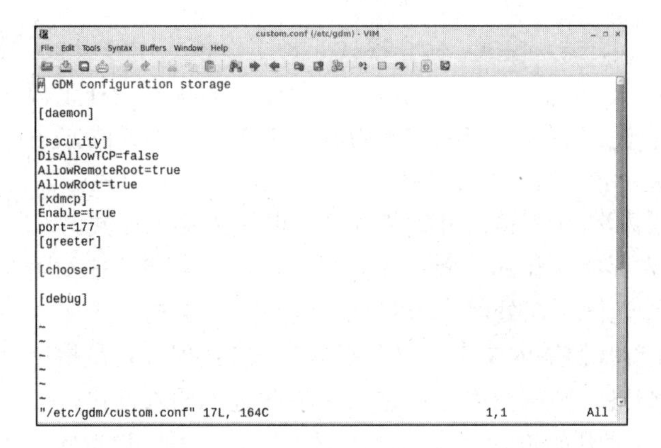

图 3.8　custom.conf 文件设置

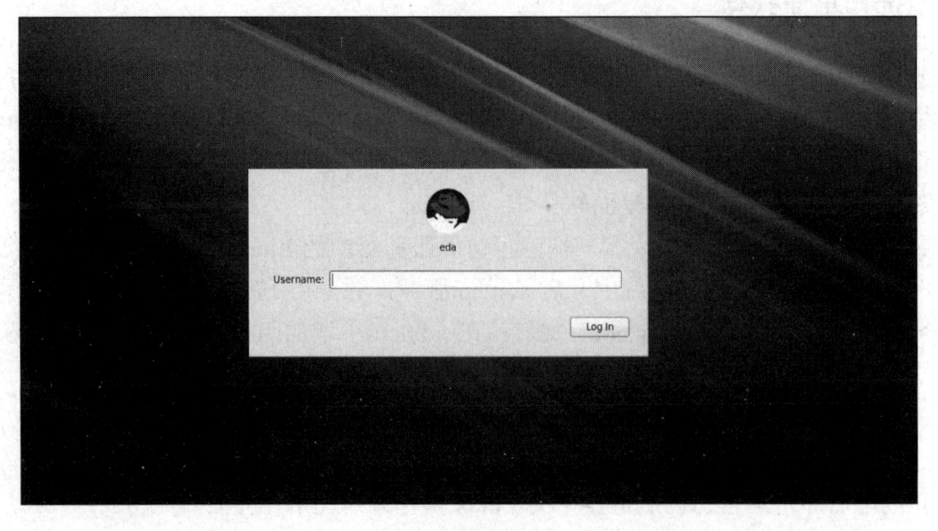

图 3.9　使用 Xbrowser 软件远程访问服务器中的 Linux 操作系统图形化界面

3.3 华大九天 EDA 软件

3.3.1 华大九天 EDA 软件简介

目前集成电路 EDA 软件市场占有率较高的是 Synopsys、Cadence、Mentor 三大公司，我国急需一款具有完整自主知识产权的 EDA 软件，以使我国逐步实现高端 EDA 软件国产替代化。北京华大九天科技股份有限公司（简称华大九天）是国内致力于国产 EDA 软件研发的公司之一，经过十几年的发展，目前已开发出模拟电路设计全流程 EDA 工具系统、射频电路设计全流程 EDA 工具系统、存储电路设计全流程 EDA 工具系统、数字电路设计 EDA 工具、平板显示电路设计全流程 EDA 工具系统、先进封装 EDA 工具等一系列先进的 EDA 软件。

本书所介绍的华大九天模拟电路设计全流程 EDA 工具系统是全球四种可支持模拟电路设计全流程的 EDA 解决方案之一，已在众多国内外知名集成电路企业中商用。每年通过该解决方案成功流片、投入市场的集成电路多达几百种、几十亿片。

如图 3.10 所示，华大九天模拟电路设计全流程 EDA 工具系统由原理图编辑工具 Empyrean Aether SE、电路仿真工具 Empyrean ALPS、版图编辑工具 Empyrean Aether LE、物理验证工具 Empyrean Argus、寄生参数提取工具 Empyrean RCExplorer、异构仿真系统 Empyrean ALPS-GT 和功率器件可靠性分析工具 Empyrean Polas 等组成，完整支持 28nm 及以上工艺全定制设计，其中原理图编辑工具 Empyrean Aether SE 和版图编辑工具 Empyrean Aether LE 可支持 5nm 工艺，电路仿真工具 Empyrean ALPS 所使用的 SPICE 仿真技术全球领先，目前已为全球 600 多家客户提供从原理图到版图、从设计到验证的一站式完整解决方案。

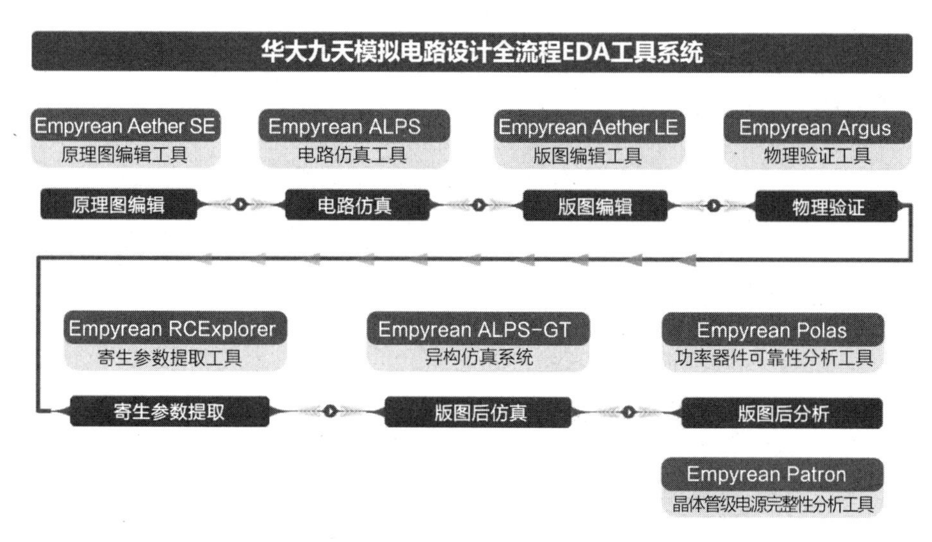

图 3.10 华大九天模拟电路设计全流程 EDA 工具系统

3.3.2　原理图编辑工具 Empyrean Aether SE 简介

Empyrean Aether SE 是华大九天推出的模拟电路、数模混合信号电路等全定制电路设计流程中前端原理图的设计编辑工具。该工具可以快速实现符号库和原理图的创建和编辑，具备便捷的操作和灵活的开放接口，可帮助用户有效提升电路设计速度。

如图 3.11 所示，Empyrean Aether SE 提供了友好的设计环境和灵活的工具设置界面，界面上方的工具栏中集成了撤销、移动、复制等绘制原理图时常用功能的快捷图标，同时可根据用户自身的使用习惯添加或删除快捷图标；界面左侧部分为常用元器件快捷图标，方便用户快速找到需要添加的元器件；界面中间的大面积区域为原理图编辑区，用户可在该区域内进行原理图的创建与编辑。Empyrean Aether SE 支持丰富的快捷键设置，可大大提高用户的工作效率，其默认的常用快捷键如表 3.4 所示。

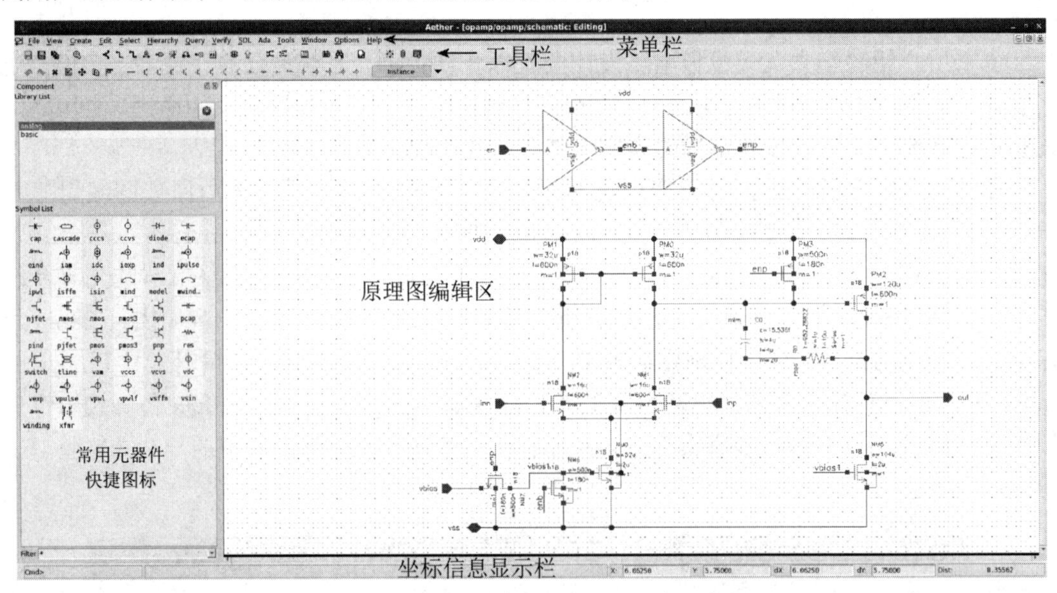

图 3.11　Empyrean Aether SE 界面

表 3.4　Empyrean Aether SE 默认的常用快捷键

快捷键	对应功能
I	添加元器件
W	添加导线
P	添加 I/O 端口
U	撤销
Shift+U	取消撤销操作
C	复制元器件或导线
Del	删除元器件或导线
M	拉伸导线

续表

快捷键	对应功能
R	旋转元器件
F	将原理图缩放至合适大小

Empyrean Aether SE 支持 EDIF、SPICE、Verilog 等各种模拟、数字标准网表的导入导出功能，同时提供强大的电路规则实时检查（Realtime ERC）、继承连接（Inherited Connection）和层次化线网追踪（Trace Net）等功能，在确保电路连接正确性的同时实现了更高的设计效率。

Empyrean Aether SE 内部集成了混合信号设计仿真环境（Empyrean Aether MDE），为混合信号、模拟及数字电路设计提供了完整高效的交互式前端设计流程，充分满足用户的电路及仿真设计需求。

3.3.3 电路仿真工具 Empyrean ALPS 简介

Empyrean ALPS 是华大九天推出的高性能模拟电路、数模混合信号电路 SPICE 仿真工具。如图 3.12 所示，Empyrean ALPS 相较于传统 SPICE 具有仿真速度（尤其是电路后仿真速度）快、网表兼容性好等优点，相较于快速 SPICE 具有仿真精度高等优点。

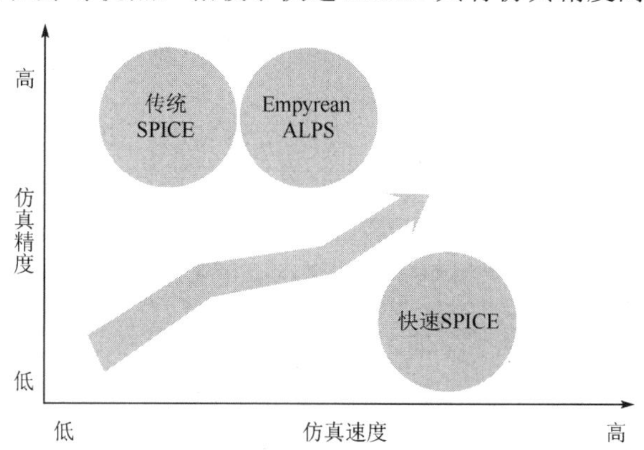

图 3.12　Empyrean ALPS 与其他 SPICE 仿真工具对比图

Empyrean ALPS 集成在 Empyrean Aether MDE 中。Empyrean Aether MDE 界面如图 3.13 所示，通过顶部菜单栏中的菜单功能可以对仿真环境进行设置、添加激励等。Empyrean Aether MDE 支持 dc、pulse、sin、exp、pwl 等多种激励。在仿真模型设置窗口中可以根据原理图中所包含的元器件类型添加多种仿真模型，包括 mos、res、mim、diode、BJT 等。在仿真类型设置窗口中可以设置仿真类型、仿真时间、仿真步进等，支持瞬态、直流、交流、噪声等多种类型的仿真。在仿真输出设置窗口中可以添加仿真电路中的各关键节点，通过 Viewer 工具将抓取的各节点电压、电流等信号变化直观地呈现给用户。

Empyrean Aether MDE 配合 Empyrean ALPS，两者协同工作可实现目前主流 SoC（如电源管理集成电路、汽车电子控制集成电路、人工智能集成电路）等的模拟参数、功能逻辑、数字时序的数模混合仿真。

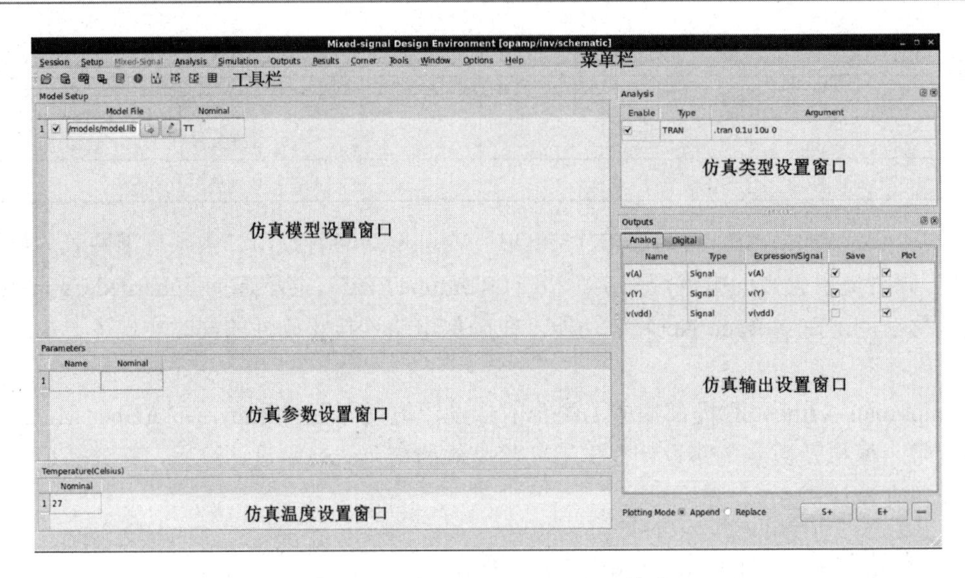

图 3.13 Empyrean Aether MDE 界面

3.3.4 版图编辑工具 Empyrean Aether LE 简介

随着集成电路制造工艺的不断发展，集成电路设计规模日益增大，其复杂性也不断提高。Empyrean Aether LE 提供了全面的版图设计编辑环境，能让用户高效地完成层次式大规模电路的版图设计。

Empyrean Aether LE 提供了友好的用户图形界面环境，如图 3.14 所示，用户可对界面中的工具栏、浮动式视窗、下拉菜单等进行设置，同时可结合 PDK 提供自动化脚本命令，实现对版图的高效编辑和自动布图等功能，提高设计效率和产能。

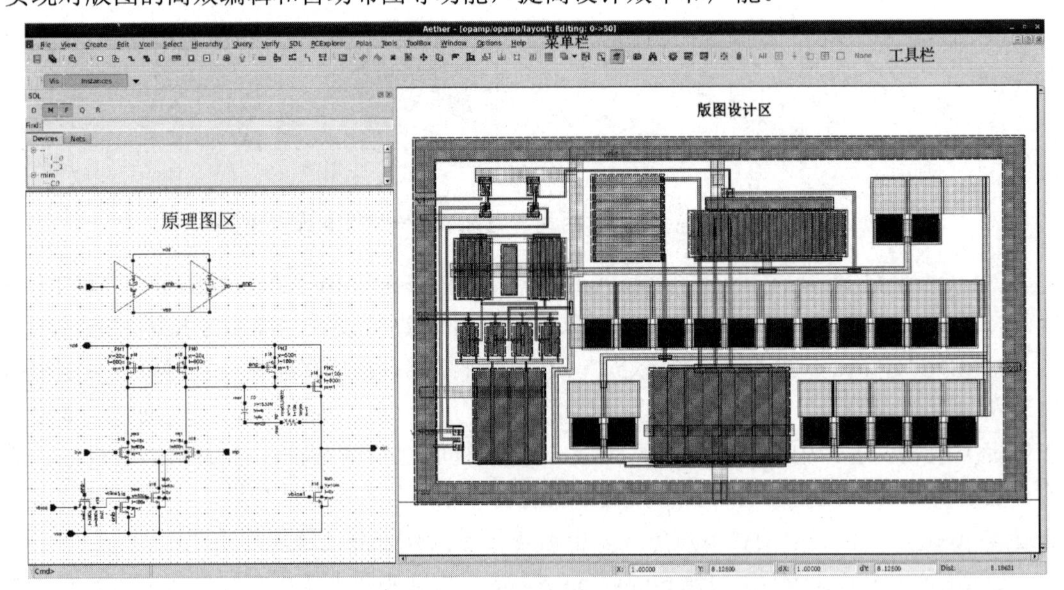

图 3.14 Empyrean Aether LE 界面

Empyrean Aether LE 提供原理图驱动版图（Schematic-Driven Layout，SDL）设计功能，

支持由原理图自动生成版图。SDL 设计功能主要包括创建版图器件布局、创建版图器件端口之间的连接、创建版图线网连接等。版图设计支持 ECO 的方式，支持通过检查原理图和版图之间的差异自动更新版图信息。在 SDL 设计流程中，Empyrean Aether LE 支持利用飞线来显示未完成连线的线网连接信息。

Empyrean Aether LE 还提供了后端版图设计与验证所需的集成环境，Empyrean Aether LE 内部无缝集成物理验证工具 Empyrean Argus。Empyrean Argus 是新一代纳米级芯片层次化并行物理验证工具，其界面如图 3.15 所示。该工具支持对版图进行 DRC 验证，包括 MinSpacing 检查、MinArea 检查、Extension 检查、Enclosure 检查、Pattern Density 检查等，支持由原理图生成 CDL/SPICE 的网表，支持 LVS 验证，从而确保版图的正确性。该工具可根据不同设计类型版图的特点，通过高性能版图预处理技术，大幅缩短大规模版图设计的验证时间，显著提高用户检查和分析版图设计错误的效率，缩短产品的设计周期。

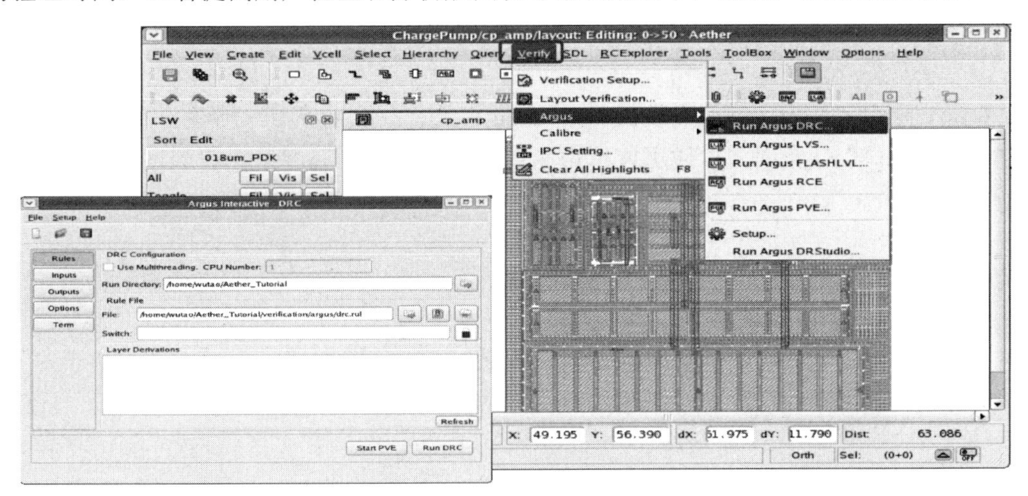

图 3.15　Empyrean Argus 界面

3.3.5　寄生参数提取工具 Empyrean RCExplorer 简介

随着集成电路制造工艺的发展，寄生效应对集成电路设计和 Signoff 签核都非常关键。寄生参数提取工具可根据工艺参数设置对版图中的元器件、单元和互连线的寄生电阻、电容等参数进行计算，从而提取出包含寄生参数的电路网表，用于电路的各项性能分析和仿真。此外，与可靠性相关的 EM/IR 问题的发现依赖于寄生参数提取工具。同时，在 FinFET 工艺等更先进工艺条件下如何准确地评估寄生效应，也对寄生参数提取工具提出了新的挑战。

华大九天推出的寄生参数提取工具 Empyrean RCExplorer 提供了高效准确的 Signoff 阶段的寄生参数提取方案，其界面如图 3.16 所示。该工具支持全芯片晶体管级和单元级寄生参数的提取，同时具备三维高精度提取和准三维快速提取两种模式。该工具内置高精度的场求解器，一方面支持三维高精度提取模式，另一方面为准三维快速提取模式创建高精度寄生模型，满足准三维快速提取模式的精度要求。该工具通过计算高精度的寄生参数，可以帮助用户减少整体设计循环时间，并提高复杂电路的设计质量。

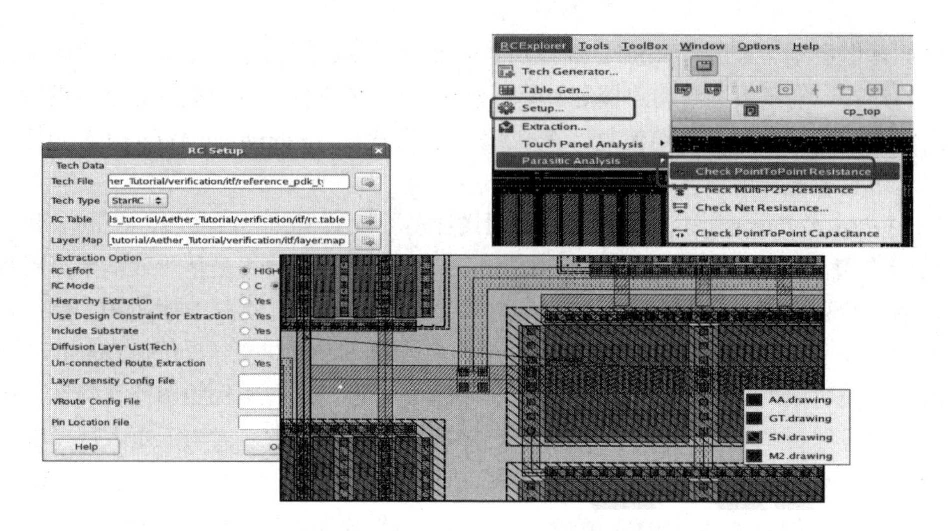

图 3.16　Empyrean RCExplorer 界面

Empyrean RCExplorer 可集成在 Empyrean Aether 中，并提供用于寄生参数反标和分析的 Extracted View 数据，以便更好地帮助用户进行前端和后端设计的调试与分析。

第 4 章

基于华大九天系统的集成电路前端设计

华大九天模拟电路设计全流程 EDA 工具系统是全球四种可支持模拟电路设计全流程的 EDA 解决方案之一，已在众多国内外知名集成电路企业中得到使用，得到了广大集成电路设计工程师的青睐。整个集成电路设计流程包括原理图编辑（Aether Schematic Editor）、电路仿真（Empyrean Aether MDE）、版图编辑（Aether Layout Editor）、DRC（Argus DRC）、LVS（Argus LVS）、RCE（Argus RCE）及后仿真（Empyrean Aether MDE），如图 4.1 所示。

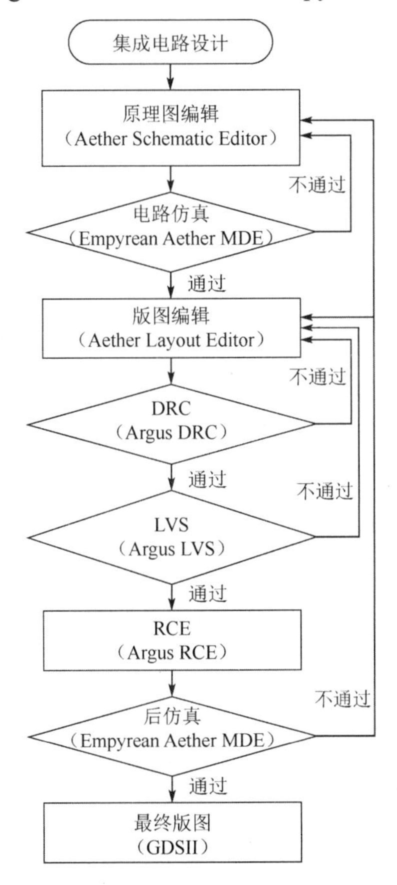

图 4.1　基于华大九天系统的集成电路设计流程

本章通过设计一个 CMOS 反相器单元电路，并且对其进行仿真，来使学习者学习并掌握集成电路前端设计的相关流程和华大九天 EDA 软件的使用方法。

4.1 前端设计准备

4.1.1 库和库文件

华大九天 EDA 软件是以库来组织文件的，使用华大九天 EDA 软件进行集成电路设计，首先要做的工作就是创建库。所有的设计内容都保存在库中，新建的库以文件夹的形式存在，后续的电路设计、版图设计内容都会以文件或文件夹的形式保存在库中。库不同于普通文件夹，一旦库生成了，在其中就规定了相应的工艺参数和标准。对应不同的库，数据会有差别，即使是相同的设计，产生的结果也会不同。

华大九天 EDA 软件的设计文件基本上是按照库（Library）、单元（Cell）、视图（View）的层次进行管理的。库和单元都以文件夹的形式存在，不同类型的视图则以文件的形式保存在库或单元中的文件夹内。

华大九天 EDA 软件的库一般分为两种：一种是基准库，另一种是设计库。基准库是华大九天 EDA 软件提供的，用于存储该软件提供的单元和几种主要符号集合，各种引脚和门都已经存储在基准库中。其中，Basic 中包含特殊引脚信息；Analog 为基本模拟器件单元库；Sheet 为机械制图式样的电路图框单元库，库中包含各种模板。设计库是用户自创的库。单元是指构成芯片或逻辑系统的最低层次的结构单元，每个单元的视图类型可以有很多种，如 Schematic、Layout、Symbol 等。

4.1.2 Empyrean Aether DM 简介

使用非管理员账户“eda”登录服务器，先在/home/eda 目录下使用 mkdir 指令新建一个名为 Aether_design 的文件夹，用于存放所有与集成电路设计相关的文件。然后使用 cd 指令进入新创建的 Aether_design 文件夹，在空白处右击，在弹出的快捷菜单中选择 Terminal 选项，打开 Linux 终端，在终端中输入华大九天 EDA 软件的启动指令 aether，稍等一会儿之后会出现华大九天 EDA 软件的 Empyrean Aether DM 界面，如图 4.2 所示。Empyrean Aether DM 是华大九天对所有设计数据进行基本管理的可视化界面工具，集成了工艺和 PDK 相关的工具，其功能主要包括创建或编辑设计库、设计单元和单元视图，导入、导出网表，设计库路径管理，以及图层文件管理等。Empyrean Aether DM 界面布局清晰合理，根据不同的功能划分为菜单栏、工具栏、快速搜索栏、视图显示控制栏、设计数据列表、单元列表、单元视图列表、信息提示栏八等大区域，方便用户快速、直观地管理自己的设计数据。

接下来简单介绍一下 Empyrean Aether DM 界面中常用的创建库、管理库功能。

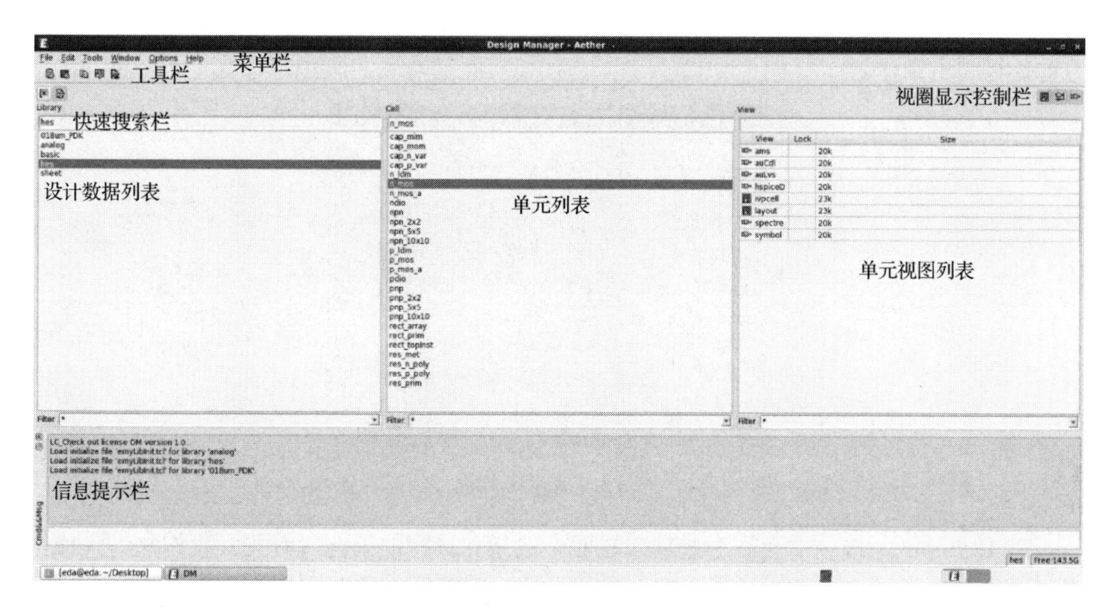

图 4.2　Empyrean Aether DM 界面（1）

4.1.3　创建库

打开 Empyrean Aether DM 界面，该界面中列出了当前已有的库，单击菜单栏中的 File→New Library，如图 4.3 所示，弹出如图 4.4 所示的新建库界面。

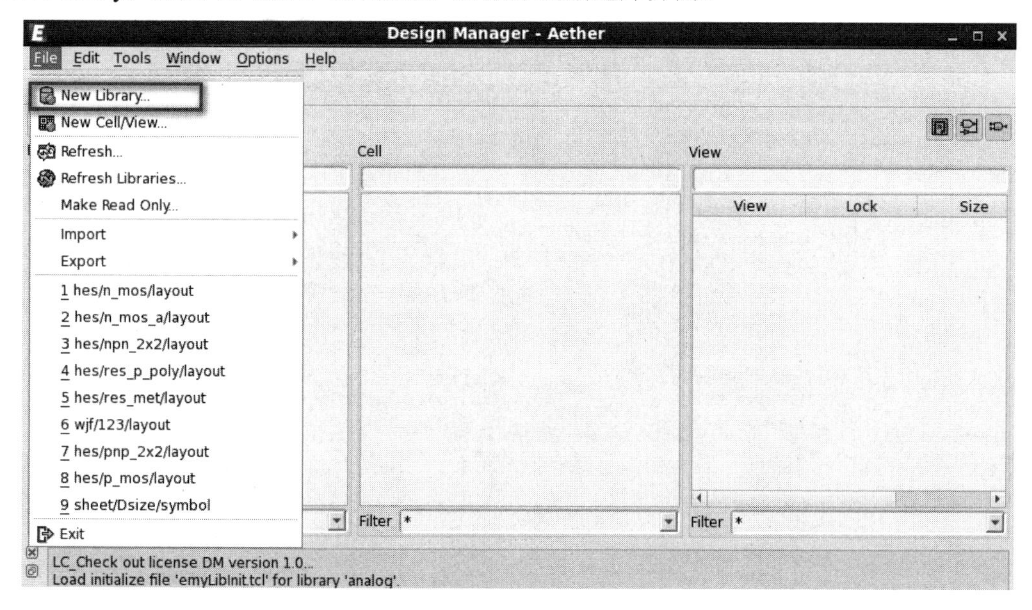

图 4.3　Empyrean Aether DM 界面（2）

在 Name 文本框中输入想要创建的库名称，如 Mylib。在 In Directory 下拉列表中选择创建库的路径，如/home/eda/AAA（如果未能找到/home/eda/AAA 路径，则可先将文件创建在/root 目录下，等完成设计后再将整个库复制到/home/eda/AAA 路径下，以免文件被还原丢失。当然，如果进行此操作，则每次上课前需要先将库复制到/root 目录下，完成设计后再重复复制出操作。）

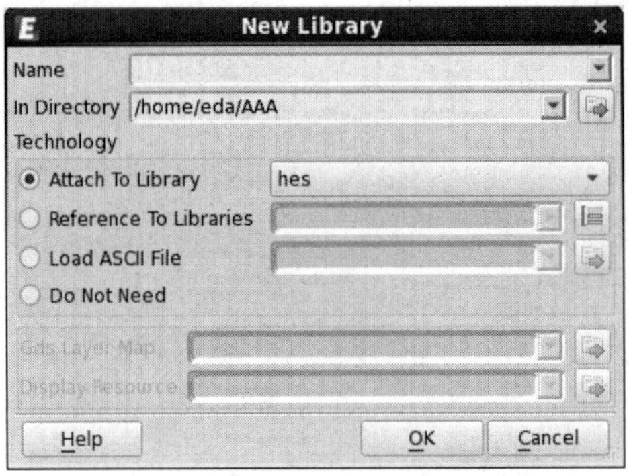

图 4.4　新建库界面

在 Technology 选区中有四个选项，这四个选项和选择的工艺库有关。我们知道集成电路设计除了要进行电路设计，还要进行版图设计，而版图是需要和下级的工艺匹配的，在设计中所用到的工艺参数也不是随意确定的，需要严格地按照工艺厂商的规范来确定。通常工艺库是由集成电路制造厂商提供的。第一个选项表示将新建的工艺库关联于现有库的工艺文件；第二个选项表示参照现有库的工艺文件；第三个选项表示加载新的工艺文件；如果不需要进行版图设计，只需要进行电路的绘制和仿真，则可以选择第四个选项，即不需要工艺信息。在这里我们选择第三个选项，即 Load ASCII File。之后单击右侧的按钮，弹出工艺库选择界面，如图 4.5 所示。

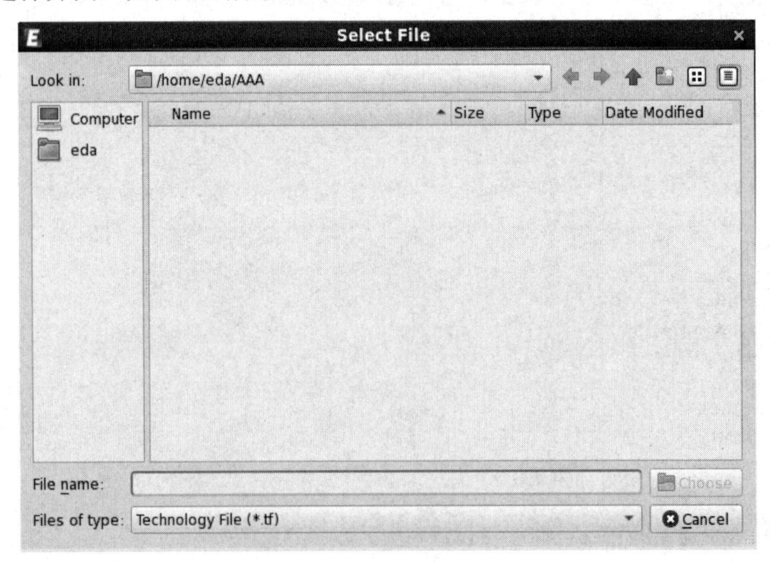

图 4.5　工艺库选择界面

先选择/home/eda/hes_release/TF/techfile.tf 工艺库，单击 Choose 按钮，如图 4.6 所示。然后单击 OK 按钮，完成库的创建。

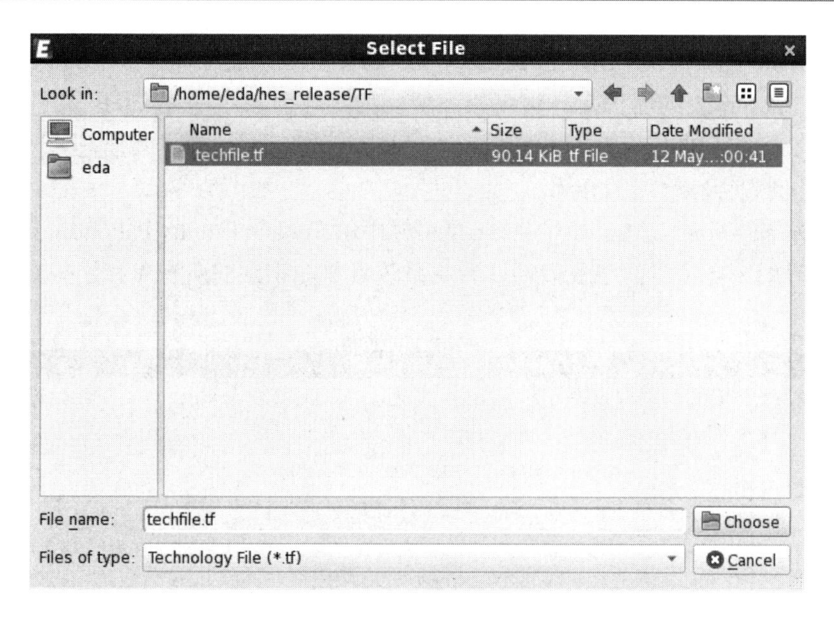

图 4.6　工艺库的选择

创建完成的库将显示在 Empyrean Aether DM 界面中的 Library 列表中，lib.defs 文件也会被自动更新。同时，创建的库也会以文件夹的形式出现在创建库的路径下，可以在 Terminal 中查看。

如果要参照现有库创建新库（在新建库界面中的 Technology 选区中选择第一个或第二个选项，这里以选择 Attach To Library 选项为例），则在右侧下拉列表中可以在现有库集合中选择想要参照的库 hes 作为参考库，如图 4.7 所示，单击 OK 按钮，就可以参照现有库创建新库了。

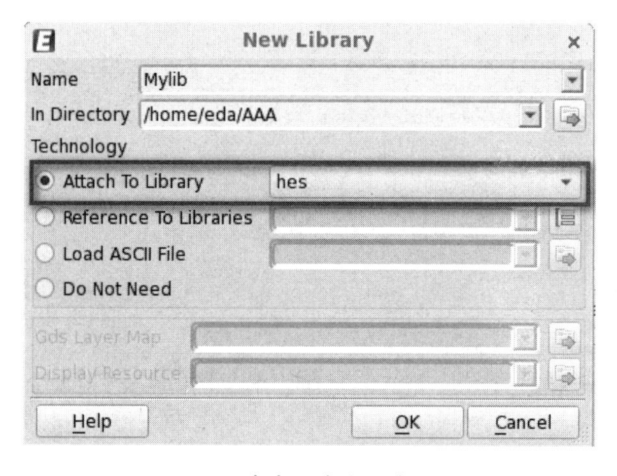

图 4.7　参考现有库创建新库

4.1.4　管理库

在设计电路的过程中，经常需要对库进行增加、修改、删除等管理。库的信息都保存在 lib.defs 文件中，在启动 Empyrean Aether DM 时，软件会在<$install_dir>/empyrean/tools/

aether/lib/lib.defs 中读取 System Libraries 的库信息，会在当前工作目录中的 lib.defs 文件中读取 Design Libraries 的库信息。可直接编辑当前工作目录中的 lib.defs 文件，也可利用 Empyrean Aether DM 的 Library Path Editor 对库进行增加、删除、修改等管理，下面以 Library Path Editor 为例进行库管理的介绍。

在 Empyrean Aether DM 界面中，单击菜单栏中的 Tools→Library Path Editor 进入 Library Path Editor 界面，在该界面中我们可以看到系统目前能识别的所有库和这些库的路径，如图 4.8 所示。

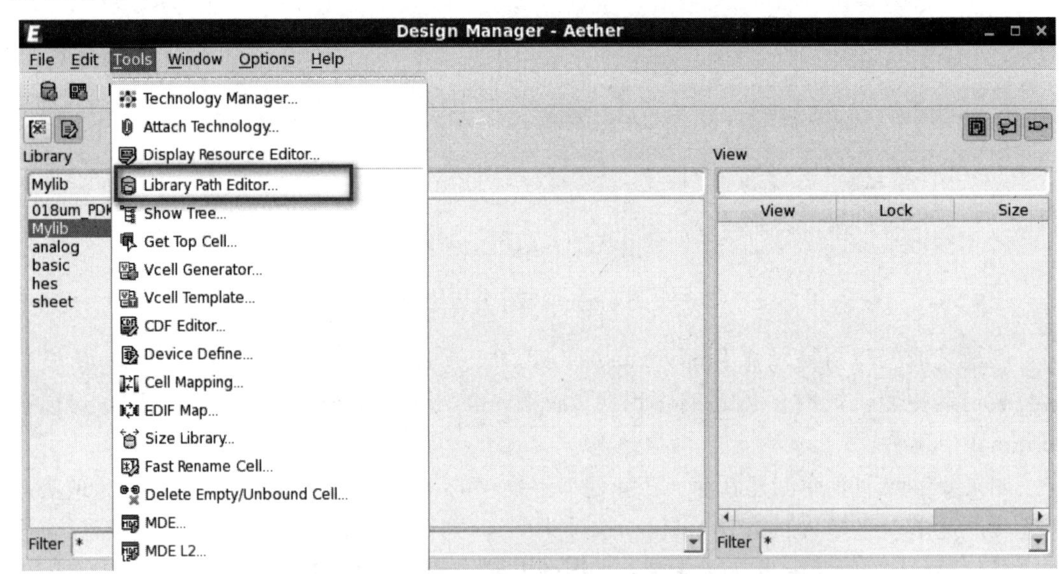

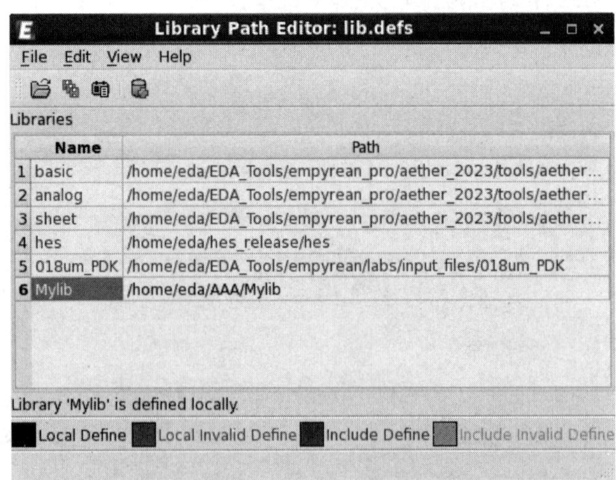

图 4.8　进入 Library Path Editor 界面

单击菜单栏中的 Edit→Add Library，弹出 Add Library 对话框，在此对话框中单击 Path 下拉按钮，选择相应的路径，此时所选路径下之前创建的库会被系统识别并出现在 Name 文本框中，单击 OK 按钮完成库的添加，如图 4.9 所示。添加完成后系统会回到 Library Path Editor 界面，在此界面中单击菜单栏中的 File→Save，对库进行保存。保存后才算真正完成了库的添加。完成库的添加之后就可以使用原来创建的库和相关单元视图了。同样，也可以在 Library Path Editor 界面中完成对库的路径进行修改及对库进行删除等相关操作。

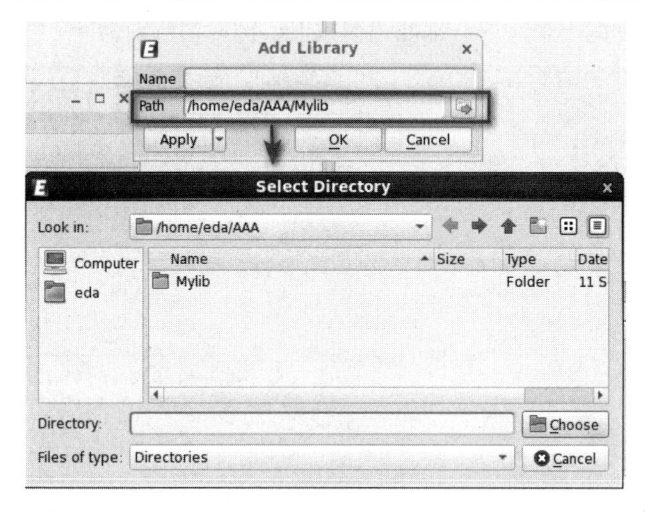

图 4.9　库的添加

4.2　绘制 CMOS 反相器原理图

华大九天 EDA 软件中的原理图编辑工具是 Empyrean Aether SE，其功能强大，可以提供平滑的第三方数据接口，支持 EDIF、SPICE、CDL、Verilog 的导入，支持 Empyrean ALPS 等工具的仿真接口。

4.2.1　创建原理图 View 文件

在 Empyrean Aether DM 界面中，单击菜单栏中的 File→New Cell/View，或者右击 Library 列表中的 Mylib 库，激活 New Cell/View 命令，会弹出如图 4.10 所示的 New Cell/View 对话框。

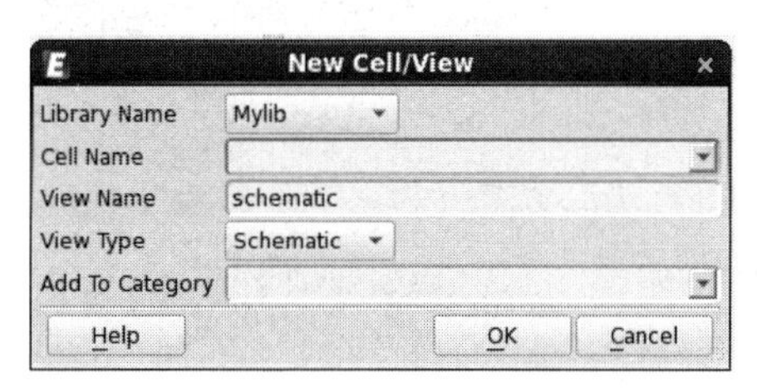

图 4.10　New Cell/View 对话框

在 Library Name 下拉列表中选择自己创建的库，在 Cell Name 文本框中输入 inv，即 CMOS 反相器名称，在 View Type 下拉列表中选择 Schematic 选项，其余部分不要改动，单击 OK 按钮，会弹出 Empyrean Aether SE 界面，如图 4.11 所示，该界面中主要包括菜单栏、工具栏、显示栏及工作区等模块。作为初学者，在设计电路过程中要仔细阅读相关模块中的信息。此外，还需要注意 Empyrean Aether SE 中的多数命令会一直保持，直到调用其他命令替代它或按 Esc 键才会取消，尤其是在执行 Delete 命令时，忽视这一点很可能会导致误删除，所以每执行完一个命令，都要记得按 Esc 键取消当前命令。

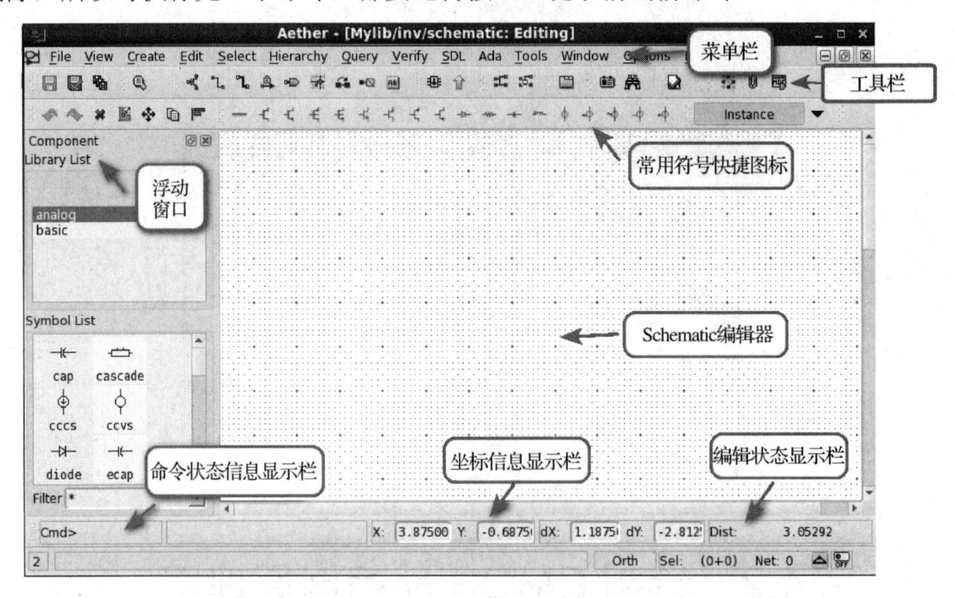

图 4.11　Empyrean Aether SE 界面

4.2.2　添加元器件

在 Empyrean Aether SE 界面中，单击菜单栏中的 Create→Instance，或者按 I 键，会弹出 Create Instance 对话框，在这个对话框中我们可以在各个库中选择需要的元器件。单击 Library Name 右侧的按钮，在弹出的 Browser 对话框中，Library 选择 hes，Cell 选择 n_mos_a，View 选择 symbol，如图 4.12 所示。这一步的意思是在 hes 库中选择 n_mos_a 单元的 symbol 视图，在原理图的绘制中一般都会选择 symbol。

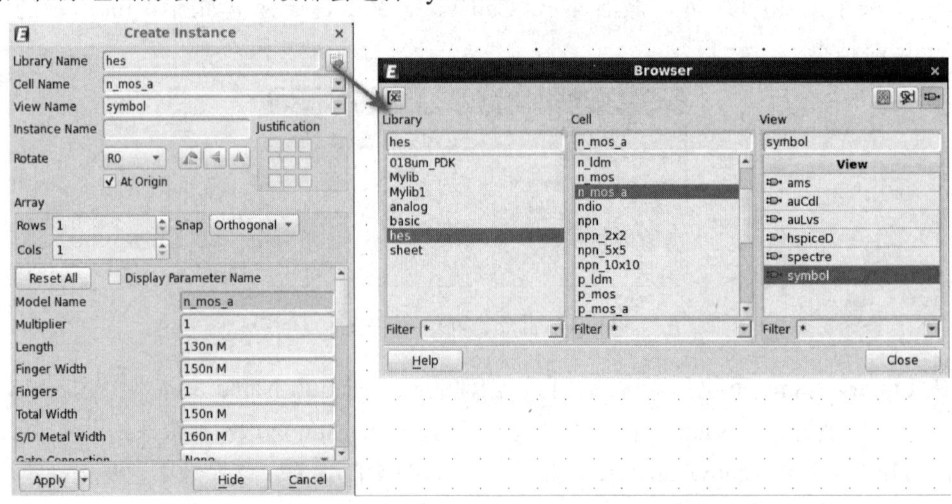

图 4.12　添加元器件

在 Create Instance 对话框中显现出了 NMOS 场效应管的参数选项，其中需要设置的参数主要有以下几个。

（1）Model Name：单元器件的名称，这个选项关系到后面的仿真，不能随便选择，要根据工艺厂商给定的名称来选择。

（2）Finger Width：NMOS 场效应管沟道宽度。

（3）Length：NMOS 场效应管沟道长度。

其他参数，如源漏区面积、方块电阻等一般不进行设置。这里我们采用默认的尺寸，单击 Hide 按钮，此时鼠标指针变为 NMOS 场效应管的符号，在 Empyrean Aether SE 界面中的相应位置处通过单击将 NMOS 场效应管放置好。

4.2.3　连线

按照上述步骤把 CMOS 反相器要用到的其他元器件按照原理图放置好，放置好所有元器件后的原理图如图 4.13 所示。

放置好元器件后，需要用导线把元器件连起来，画导线的方法有以下三种。

（1）单击菜单栏中的 Create→Wire（W）。

（2）按 W 键。

（3）单击工具栏中的 Wire 图标。

注意区别 Wire 与 Wide Wire，Wire 表示普通连接导线，而 Wide Wire 表示总线。进入画线命令后，先在起点处单击，再在终点处单击。画完一段导线后，并没有退出画线命令，可以继续画导线，直到画完所有导线后，按 Esc 键退出画线命令。连好线的原理图如图 4.14 所示。

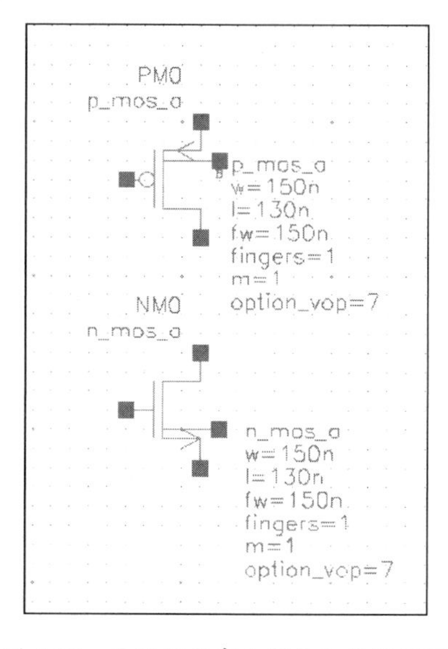

图 4.13　放置好所有元器件后的原理图

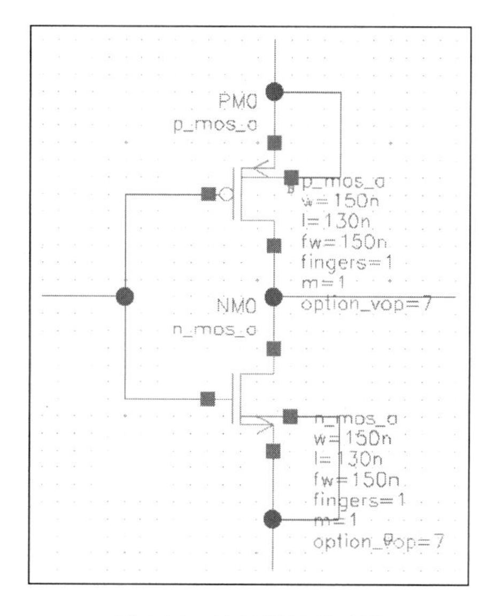

图 4.14　连好线的原理图

此外，还可以对画好的导线进行命名：按 L 键，在弹出的对话框中输入线名，如 a，单击 Hide 按钮，将字母 a 移动到要命名的线附近单击将其放下。

4.2.4 设置元器件参数

在设计电路时，需要对元器件的参数进行设置或修改，主要有以下三种操作方法。

（1）先选中需要设置或修改参数的元器件，再单击菜单栏中的 Edit→Properties。

（2）先选中需要设置或修改参数的元器件，再按 Q 键。

（3）先选中需要设置或修改参数的元器件，再单击工具栏中的 Propertiy 图标。

设置参数时不要自己输入单位，系统会自动加上单位。例如，“1uM”是错误的写法，如果非要自己写单位，那么也要在单位和数值之间留一个空格，否则系统会把“M”识别为变量。

4.2.5 放置端口

在完成连线后，电路绘制还未完成，还需要为电路放置端口。放置端口有以下三种方法。

（1）单击菜单栏中的 Create→Pin。

（2）按 P 键。

（3）单击工具栏中的 Pin 图标。

执行放置端口命令后，会弹出如图 4.15 所示的 Create Pin 对话框。先在 Pin Names 文本框中输入端口名，如 VIN，再在 Direction 选区中单击 Input 单选按钮，然后单击 Hide 按钮，最后将端口放到 CMOS 反相器左边的输入线上。采用同样的方法放置输出端口，输出端口的方向要改为 Output，名称要改为 VOUT，将其放在 CMOS 反相器右边的输入线上。最终原理图如图 4.16 所示。

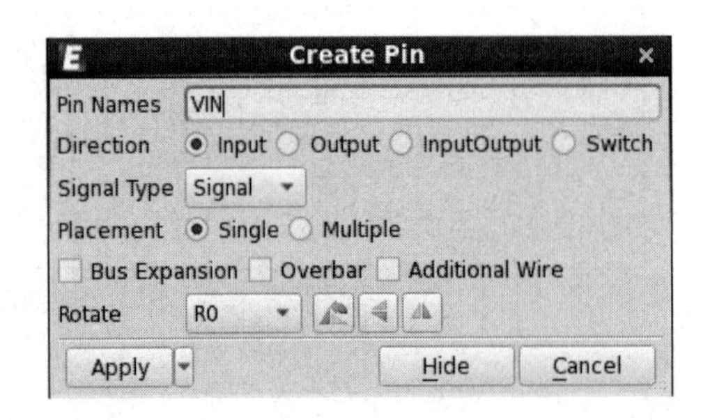

图 4.15 Create Pin 对话框

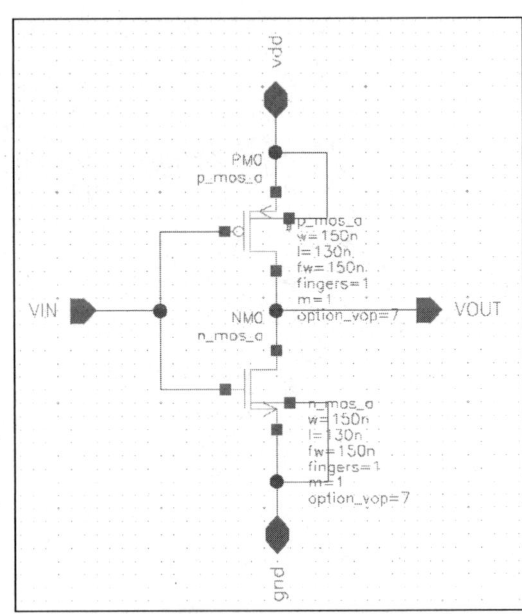

图 4.16 最终原理图

4.2.6　检查并保存

设计完成的电路需要经过检查才可以进行仿真。单击工具栏中的 Check and Save 图标，或者按 Shift+X 组合键，可以对电路进行检查并保存。

检查后如果有错，则会弹出如图 4.17 右侧所示的报告窗口，该窗口中会显示错误或警告信息。图 4.17 中显示存在一个警告信息，即 VIN 是一个悬空的端口。如果没错，则不会弹出报告窗口。检查无误后就可以关闭 Empyrean Aether SE 界面了。

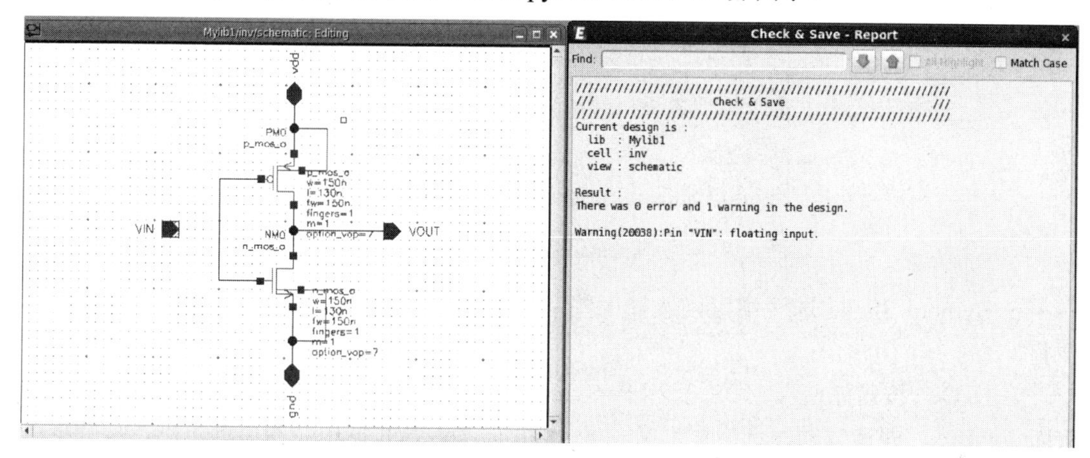

图 4.17　检查并保存

4.3　创建 CMOS 反相器 Symbol

Symbol 是一个符号，在原理图中代表一个元器件或子电路。当完成一个子电路设计时，通常会创建相应的 Symbol，在电路的层次化设计中调用相应的 Symbol 来表示相应的子单元。同一个 Symbol 可以作为多种 View 类型的符号视图，如 Schematic、SPICE、CDL、Verilog 等。下面针对 4.2 节中绘制的 CMOS 反相器原理图创建 Symbol，以便后续在更大的电路中调用该 CMOS 反相器电路。

4.3.1　创建 Symbol

打开 CMOS 反相器原理图，单击菜单栏中的 Create→Symbol View，弹出如图 4.18 所示的 Create Symbol View 对话框。

其中，Library Name、Cell Name 等已经自动填好，自动继承原理图中所有的 Pin，这里已经自动识别出原理图中的 I/O 端口，默认 VIN 在左、VOUT 在右。当然，在 Symbol 中 Pin 的位置也可以根据实际需要进行调整。

通过 Symbol Options、Label Options 选项卡可以对 Symbol 的 Pin Spacing 和 Wire Length 等，以及 Label 的 Height 和 Stick 等进行设置。

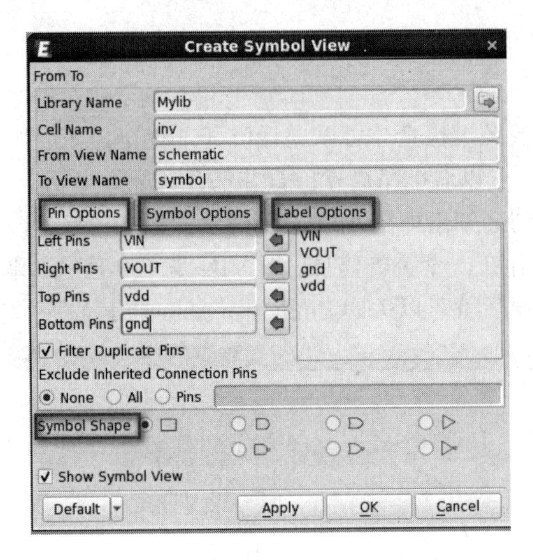

图 4.18　Create Symbol View 对话框

在 Symbol Shape 选区中可以选择一些常用的 Symbol 图形，这些图形后期可以手动调整。

单击 OK 按钮完成 CMOS 反相器 Symbol 的创建，如图 4.19 所示，其中矩形框为 Selection Box，即选择框，选择框定义了 Symbol 被 Top Cell 调用后的可选范围，选择框的大小必须与元器件的大小一致，否则会影响 Pin 及元器件的连接。矩形框内部分为 CMOS 反相器 Symbol 的形状。

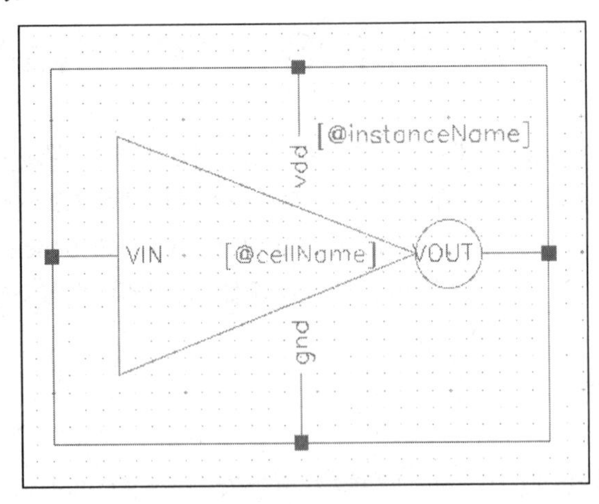

图 4.19　CMOS 反相器 Symbol

4.3.2　编辑 Symbol

图 4.19 中的所有元素均可被修改，但一般只修改绿色部分，可以通过单击菜单栏中的 Create 添加各种形状进行修改。修改完成之后需要重新匹配选择框的大小，可以通过单击菜单栏中的 Create→Selection Box→Automatic 自动完成选择框大小的匹配。

在 Symbol 创建完成，且对原理图进行了添加、删除 Pin 的修改后，原理图与 Symbol 的 Pin 已经不匹配了，此时单击菜单栏中的 Edit→More→Update Pins From View，就可实现对 Symbol 中的 Pin 进行更新，如图 4.20 所示。

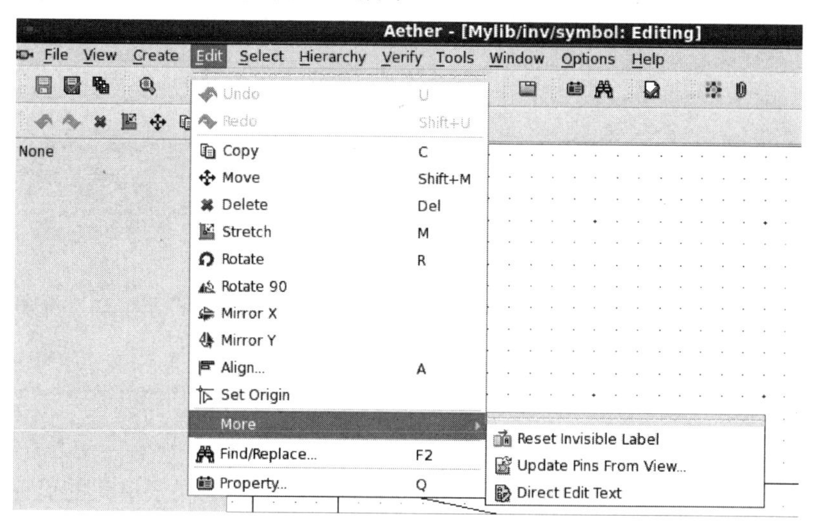

图 4.20　对 Symbol 中的 Pin 进行更新

当完成 Symbol 的编辑后，需要对 Symbol 进行 ERC、LVS。通过单击菜单栏中的 File→Save/Check and Save 进行检查并保存。检查后如果有错，则会自动弹出报告窗口，显示错误或警告信息。

4.3.3　电路的层次化设计

电路的层次化设计是一种模块化的设计方法，用于在电路非常复杂的情况下使原理图变得更加清晰。在设计过程中，首先需要根据电路的功能将电路分成若干个子电路，然后根据原理图连接各个子电路，这样复杂的电路就被简化了。

电路的层次化设计具有以下优点。

（1）结构清晰：电路的层次化设计将整个电路按不同的功能分成若干个子电路，每个子电路负责实现一部分特定的功能，这样可以使整个电路的结构更加清晰，便于理解和操作。

（2）模块化：将电路分成若干个子电路，每个子电路可以被独立设计和验证，这样可以提高设计的效率和可靠性。同时，模块化也方便了后续的维护和更新。

（3）可重复调用：每个子电路都是一个独立的模块，可重复调用，这样便可以在不同的电路设计中复用这些模块，提高了设计的效率。

（4）便于交流：层次化电路图可以使用方块图等简洁的符号来表示，方便了不同工程师之间的沟通和协作。

这里以一个缓冲器为例，介绍如何利用 Symbol 进行电路的层次化设计。缓冲器是由两个 CMOS 反相器组成的。新建一个名为 buffer 的 Cell/View，View Type 选择 Schematic，在原理图中采用调用元器件的方式调用两个之前设计的 CMOS 反相器 Symbol，并进行连线，得到缓冲器原理图，如图 4.21 所示。

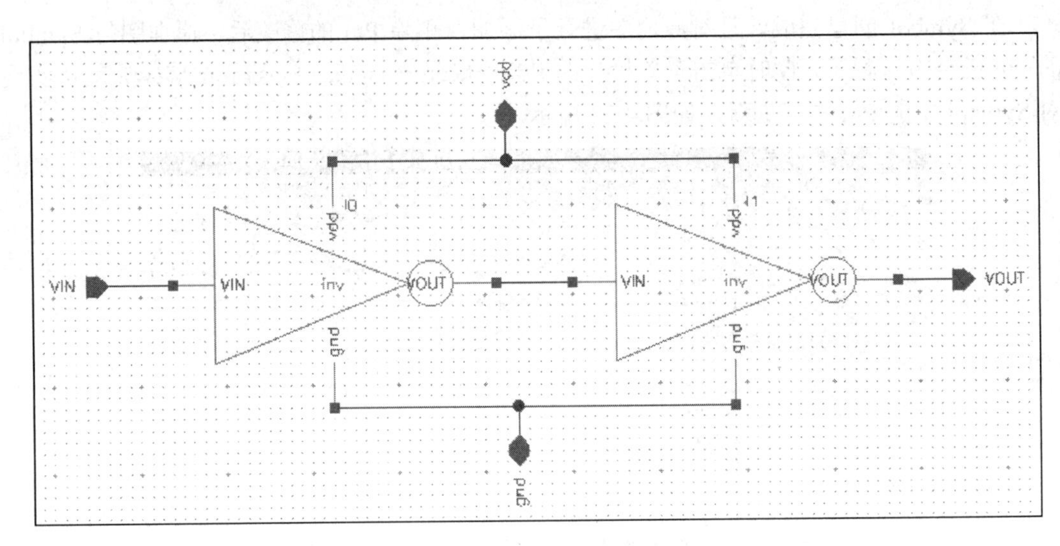

图 4.21　缓冲器原理图

对于电路的层次化设计，可以通过多种方式查看、编辑底层子单元的设计内容。通过 Hierarchy 菜单中的 Descend Edit、Edit in Place 等命令，或者工具栏中的快捷图标，或者快捷键 E、Shift+E，可以进入底层子单元并进行编辑。通过 Hierarchy 菜单中的 Return、Return to Top 等命令，或者工具栏中的快捷图标，或者快捷键 Ctrl+E，可以返回顶层。

利用之前所学的创建 Symbol 的操作方法，针对缓冲器原理图创建 Symbol。缓冲器 Symbol 一般习惯用一个三角形来表示，如图 4.22 所示。

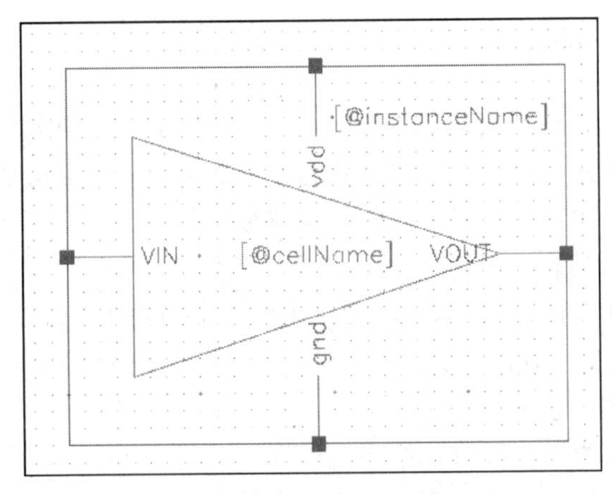

图 4.22　缓冲器 Symbol

4.4　电路仿真

电路设计好后需要进行仿真，以验证其功能或指标是否满足要求，本节以 CMOS 反相器为例，介绍集成电路的仿真方法。

4.4.1 创建仿真电路

创建一个名为 inv_test 的仿真电路，如图 4.23 所示。

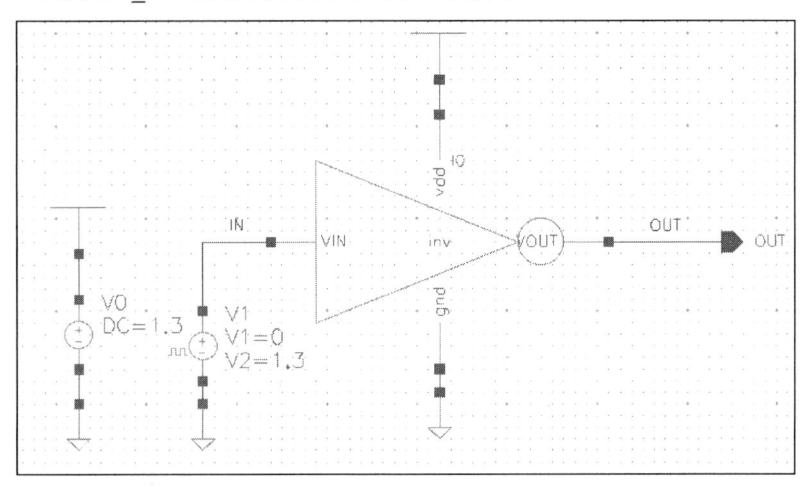

图 4.23 仿真电路 inv_test

（1）独立电源 vdc 在 analoglib 库中，将其属性中的 DC 设为 1.3。

（2）另一个激励信号源是方波源，对应器件名称为 vpulse，也在 analoglib 库中。方波源的属性设置如图 4.24 所示。方波上升、下降时间均为“1n”，周期为“10u”，脉冲宽度为“5u”，V1 设为“0”，V2 设为“1.3”。

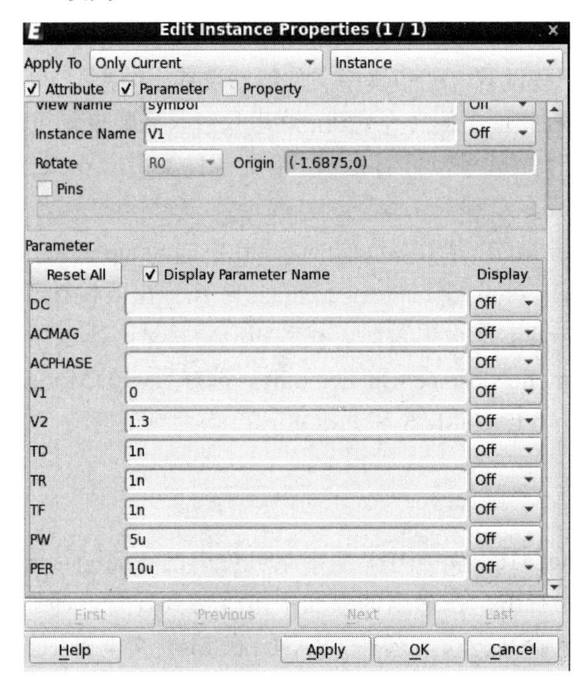

图 4.24 方波源的属性设置

4.4.2 打开仿真环境

在 Empyrean Aether SE 界面中，单击菜单栏中的 Tools→MDE，打开 Empyrean Aether MDE 界面，如图 4.25 所示。

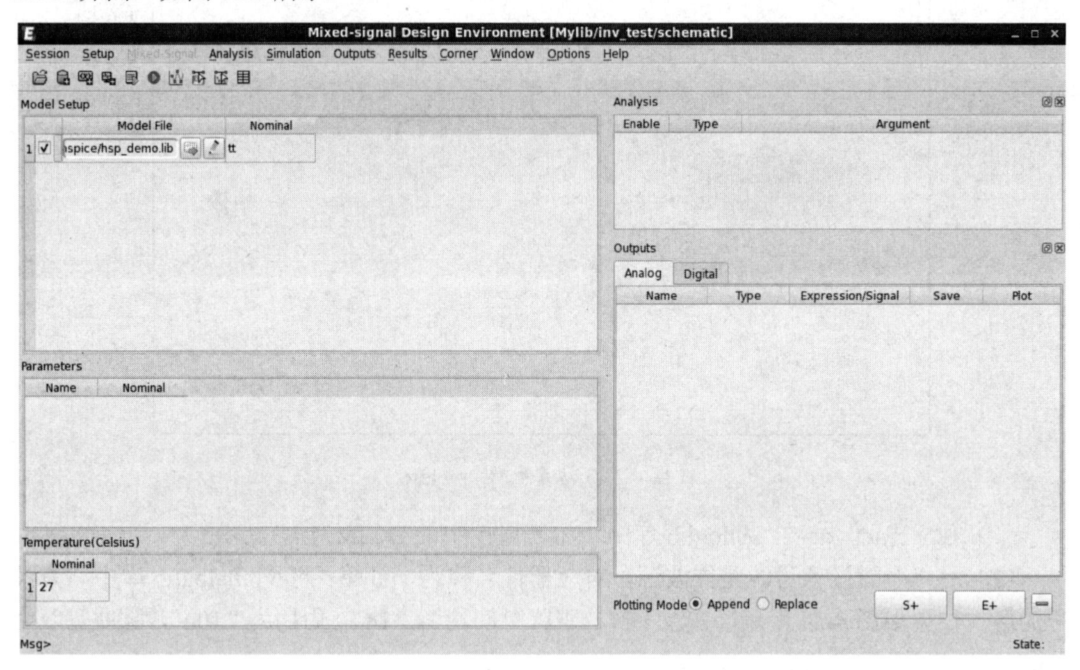

图 4.25　Empyrean Aether MDE 界面

仿真时需要进行一些设置，如仿真库文件路径设置、结果存储路径设置、仿真器选择等，相关设置通过 Setup 菜单中的命令完成。这里我们只需要设置仿真库文件路径（仿真库文件中记录着不同工艺角的参数，并且指明了各元器件类型的 model 文件所在路径），其他内容均采用默认设置。

在 Empyrean Aether MDE 界面中，单击菜单栏中的 Setup→Model Library→Add Model Library，或者在 Model Setup 窗口的空白处右击，在弹出的快捷菜单中选择 Add Model Library 选项，打开 Model 库设置窗口。找到相应的目录，本次所使用的 model 文件是 /home/eda/hes_release/ models/hspice/hsp_demo.lib。选好后，在 Model Setup 窗口的 Nominal 栏中填写工艺角，这里填 tt（NMOS 和 PMOS 速度均为典型值）。

4.4.3 仿真设置

在 Empyrean Aether MDE 界面中，单击菜单栏中的 Analysis→Add Analysis，或者在 Analysis 窗口的空白处右击，在弹出的界面中进行仿真设置，即在 Analysis 选区中选择不同的仿真类型，对于瞬态分析，选择 TRAN；在 Stop 文本框中输入“20u”，如图 4.26 所示。

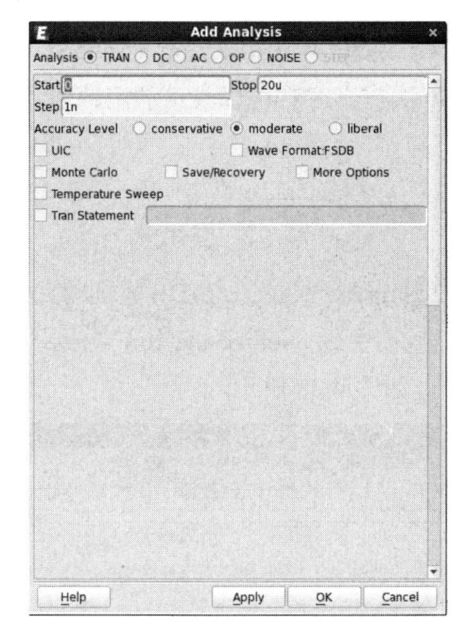

图 4.26　仿真设置

4.4.4　输出选择

接下来要选择观察的对象，即选择观察哪个节点的电压，或者观察哪条支路的电流。在 Empyrean Aether MDE 界面中，单击菜单栏中的 Outputs→To Be Plotted，或者在 Outputs 窗口的空白处右击，在弹出的快捷菜单中选择 To Be Plotted 选项，弹出所画的电路图。在弹出的电路图中，分别单击输入和输出两条线，即 VIN 和 VOUT。注意，一定要单击导线，而不是元器件的 Pin。按 Esc 键退出选择状态。此时在 Empyrean Aether MDE 界面中已经有了 v(IN)、v(OUT)两项，如图 4.27 所示。

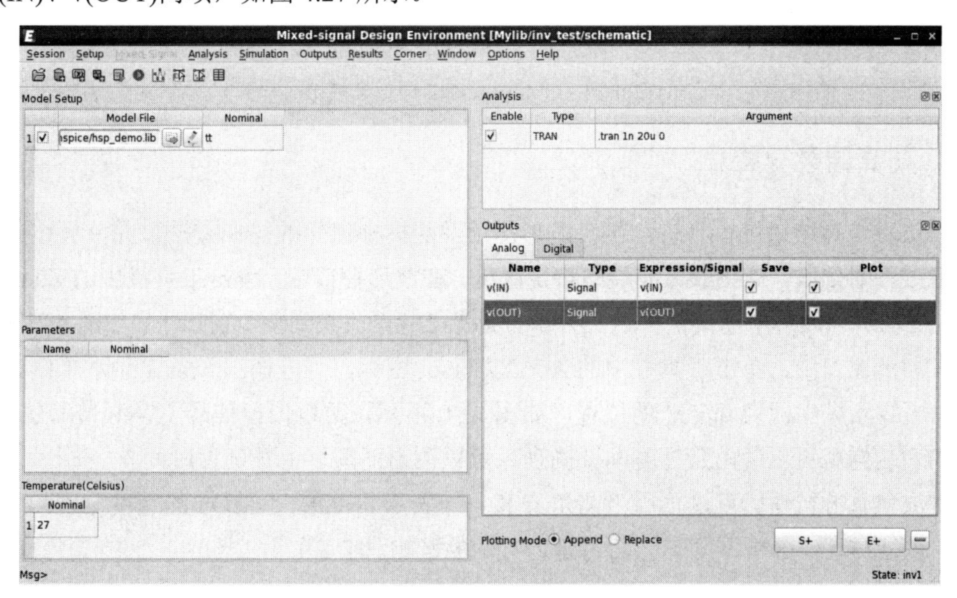

图 4.27　全部设置完成的 Empyrean Aether MDE 界面

保存当前的仿真设置：单击菜单栏中的 Session→Save State，在弹出的对话框中填好名称，单击 OK 按钮。这样在下次仿真时就可以直接调用该仿真设置，而不用每次都进行同样的设置。

4.4.5　仿真并查看波形

现在可以进行仿真了。在 Empyrean Aether MDE 界面中，单击菜单栏中的 Simulation→Netlist and Run，或者单击工具栏中的 Netlist and run 图标，就可以显示出前文所设置的 Outputs 中指定的信号波形了，如图 4.28 所示。

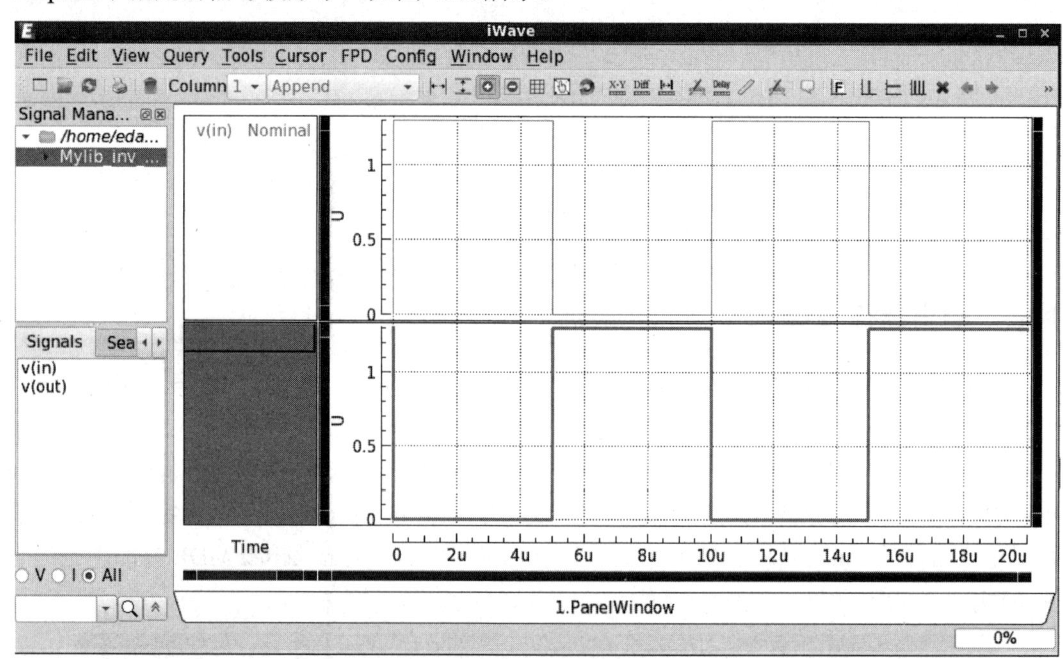

图 4.28　CMOS 反相器的仿真波形

4.4.6　仿真结果分析

通过对仿真结果进行分析，学会波形测量及坐标标记等的操作方法，并分析结果。为了看清缓冲器延时，需要放大波形的特定区域。在波形窗口中，单击工具栏中的 Zoom In X 图标，拖动瞬态波形中输出信号的上升部分，就可将其放大到整个窗口中，如图 4.29 所示。

在波形窗口中，单击工具栏中的 Add X Cursor 图标，可以调出一条 *X* 轴水平线。拖动 *X* 轴水平线到纵坐标为 0.65V 的位置，如图 4.30 所示，可以读出信号 v(IN)、v(OUT)对应的时间，这样就可以读出延迟时间。同理，可以测出下降、上升延迟时间。

完成仿真分析后，可以再用工艺角 ff 和 ss（表示 PMOS、NMOS 的速度分别为 fast 和 slow）进行仿真，分析不同工艺角对延迟时间的影响。

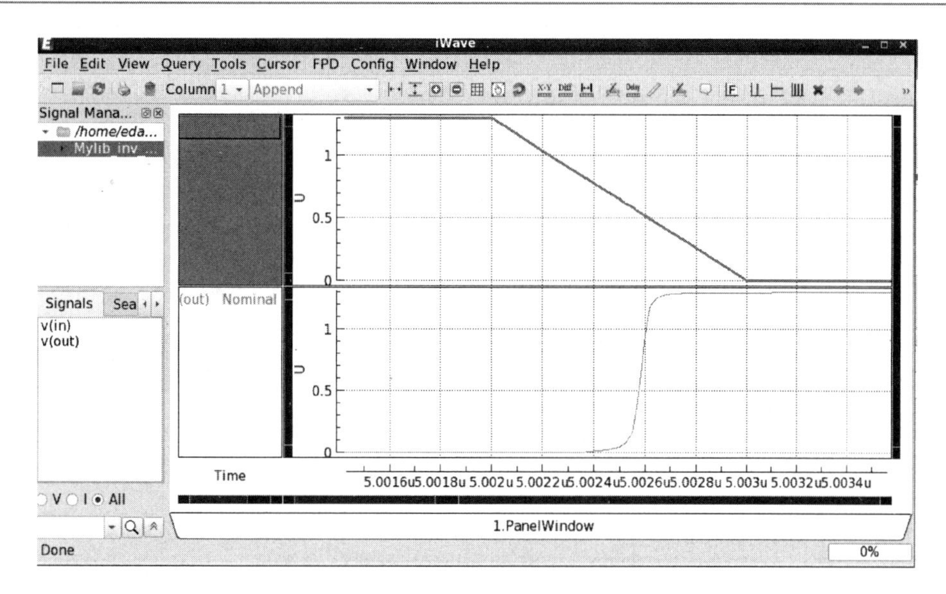

图 4.29　方波放大

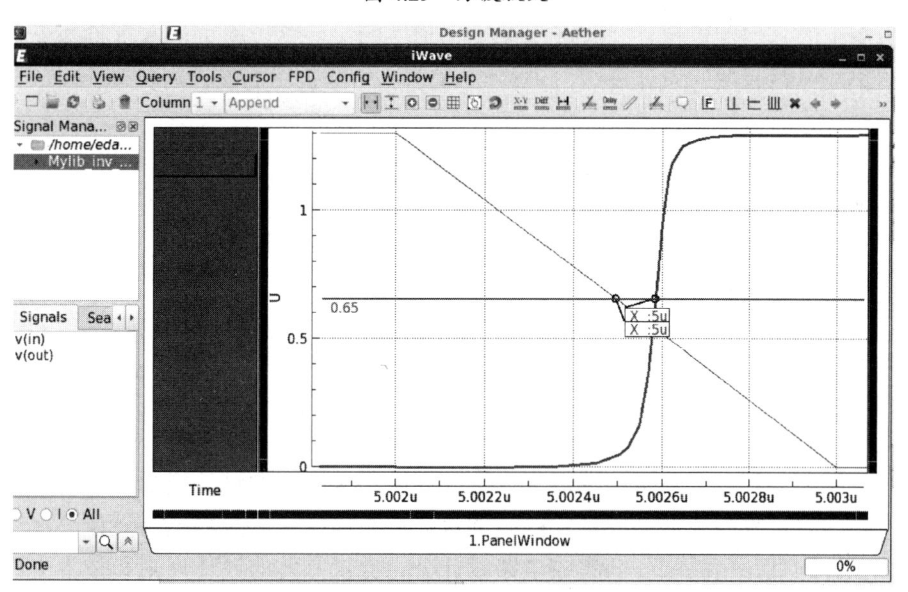

图 4.30　瞬态分析波形下降部分

第 5 章

基于华大九天系统的集成电路后端设计

版图是集成电路设计者将设计好并且模拟优化后的电路转化成的一系列几何图形，包含集成电路尺寸、各层拓扑定义等与元器件相关的物理信息数据。集成电路制造厂商根据这些数据来制作掩膜版，掩膜版上的图形决定着集成电路上元器件或连接物理层的尺寸。因此，版图上的几何图形尺寸与集成电路上物理层的尺寸直接相关。本章将基于华大九天系统介绍集成电路版图的设计规则，进行 CMOS 反相器版图的设计与验证。

5.1 版图的设计规则

集成电路版图设计除了要考虑版图和原理图的匹配优化，还要考虑工艺规则。设计的内容必须是晶圆厂能够生产出来的，因为如果设计的内容晶圆厂无法生产出来，设计的产品就不能实现，而不能实现的设计是没有意义的。要让晶圆厂能够流片生产，就必须参照工艺厂商提供的工艺规则进行版图设计。

在集成电路生产过程中，随着工艺水平的发展和生产经验的积累，人们总结出一套数据作为进行版图设计时必须遵循的规则，这种规则就是版图的设计规则。设计规则是由几何限制条件和电学限制条件共同确定的版图设计的几何规定。集成电路设计公司在与晶圆厂签订加工合同后，由晶圆厂向集成电路设计公司提供具体的设计规则和技术文件。设计者在绘制版图前必须详细阅读晶圆厂提供的工艺规则指导书，这样才能减少版图绘制过程中的错误，减少后期的错误修改工作。

版图的几种设计规则如图 5.1 所示，包括宽度（Width）限制、间距（Space）限制、间隙（Clearance）限制、扩展（Extension）限制和交叠（Overlap）限制。

1．宽度限制

无论是有源区、金属线、多晶层还是阱区，都有宽度限制。宽度限制通常是对最小宽度的限制，绘制版图时图形的宽度不能小于规定的最小宽度。但要注意，最小宽度和特征尺寸不同，如特征尺寸为 0.13μm 的工艺，其中各个图层的最小宽度不一定都是 0.13μm。当然，对最大宽度，视元器件和工艺不同也会有所限制。

2．间距限制

间距限制主要是指同层图形之间的最小距离限制，通常这个间距不会小于最小金属线宽度。

3．间隙限制

间隙限制主要是指不同图层之间的最小距离限制。此类情况主要有两种：一种是两个图层分开，它们之间的距离称为间隙；另一种是两个图层有相交部分，相交处和单层边缘之间的距离称为间隙（也有的工艺规则称其为延伸）。在不同情况下，间隙限制也是不同的。

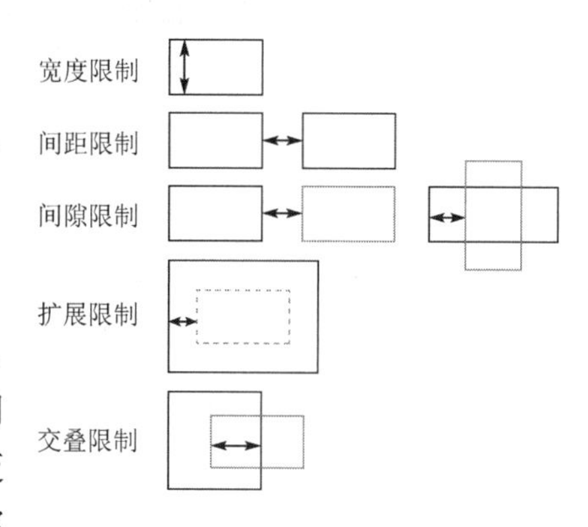

图 5.1　版图的几种设计规则

4．扩展限制

在集成电路版图设计中经常会出现一个图层包围另一个图层的情况，在这种情况下，外部图层和内部图层之间的距离称为扩展。扩展的尺寸也是有一定限制的。

5．交叠限制

当两个图层交叠在一起时，重合部分的宽度称为交叠宽度。要注意区分交叠和间隙。

当然，不同的工艺厂商提供的工艺规则是有所不同的，但主要的设计规则是不变的，如果某些工艺厂商提供的工艺规则超出以上内容或在表述方式上略有不同，也不要觉得奇怪。另外，即便是同一条工艺规则，在不同图层中也不尽相同。例如，同样是最小宽度限制，在多晶层和阱区中是不同的。此外，即便是同一图层中的同一条工艺规则，如果使用目的不同，则工艺规则也会不同。例如，多晶层作为 MOS 管的栅极使用和作为电阻使用时，最小宽度的限制是不一样的。因此，设计者需要在绘制版图前详细阅读工艺规则指导书。

5.2　CMOS 反相器版图绘制

5.2.1　创建版图文件

在 Empyrean Aether DM 界面中，单击菜单栏中的 File→New Cell/View，在弹出的对话框中设置文件名（和原理图文件名相同），在 View Type 下拉列表中选择 Layout 选项，其他设置都不变，如图 5.2 所示，这样就创建出一个版图文件了。

版图文件创建完成后会弹出 Empyrean Aether LE 界面，如图 5.3 所示。

除 Empyrean Aether LE 界面以外，LSW（Layout Select Window）也会一并弹出，LSW 作为图形选择工具，对于版图的绘制相当重要。LSW 中图形的层次、定义和设定会在后面的章节中详细介绍，此处我们直接使用它就可以。在 LSW 中我们可以看到设定了不同的图层，在绘制版图过程中需要用到的图层都在 LSW 中进行选取。

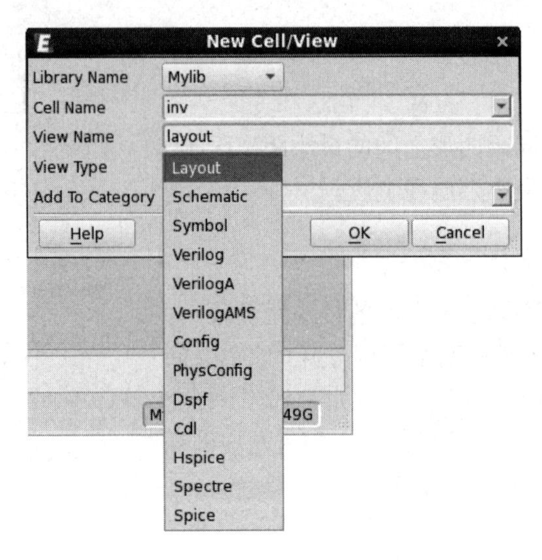

图 5.2 创建版图文件

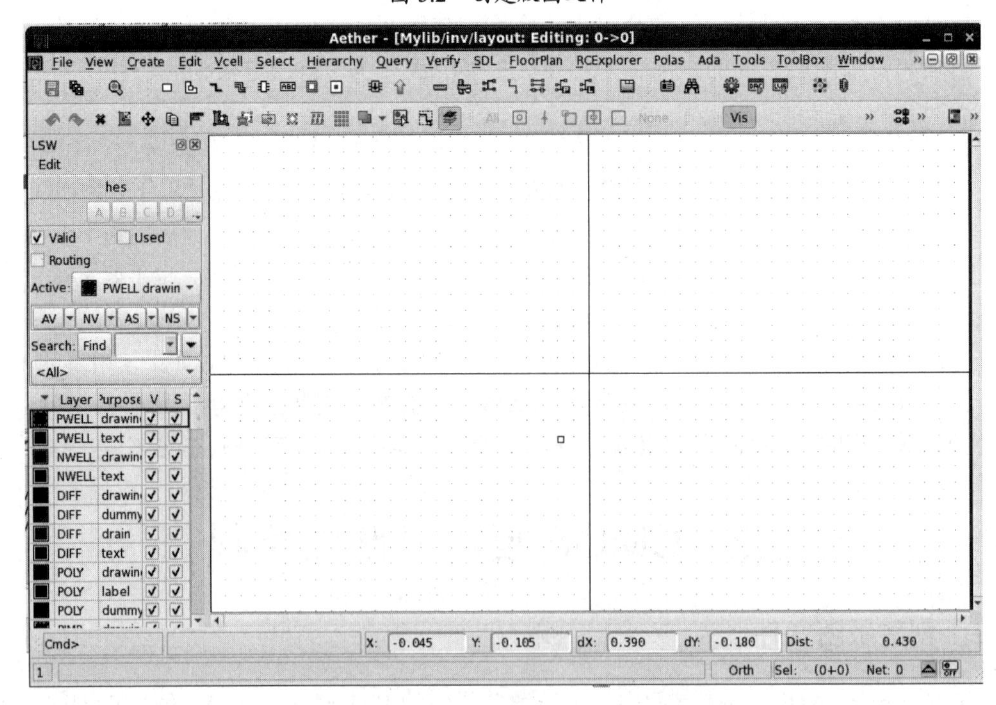

图 5.3 Empyrean Aether LE 界面

5.2.2 物理层和版图层之间的关系

复杂的电路都是由一个个元器件组合而成的，要绘制电路版图首先要绘制元器件版图。元器件版图会在电路版图中反复用到，所以大家可以将绘制好的元器件版图保存下来，形成一个元器件版图库，以供后面绘制其他电路版图时使用。要绘制 CMOS 反相器版图首先要绘制 NMOS 场效应管和 PMOS 场效应管的版图。以 NMOS 场效应管为例，结合工艺流程来看如图 5.4 所示的 NMOS 管的工艺结构图。

在图 5.4 中我们需要明确 NMOS 场效应管的结构层次，自下而上分别是衬底、N+区（源漏区）、栅氧化层、多晶层。当然，通过工艺的学习可以知道，如果要进行布线，则在多晶层制备完成后还需要进行介质淀积和开孔，并淀积金属层。

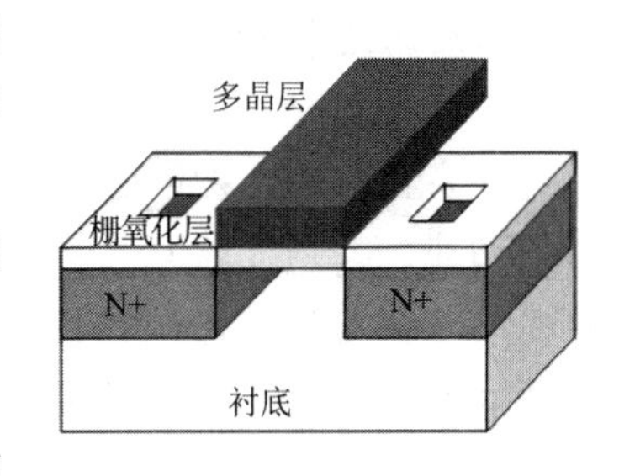

图 5.4　NMOS 管的工艺结构图

在集成电路版图的绘制过程中，首先要清楚上述层次，但要注意，上述层次并不会都在版图中体现，此外有些层次根据实际工艺制程也会有所变动。

参照 LSW，在图 5.5 中可以看到，对于版图绘制来讲，衬底通常是不做专门的图层设定的，认为版图的图纸就是衬底。源漏区在版图设定上和实际物理层区别最大。在工艺上，MOS 集成电路都是采用自对准工艺进行源漏掺杂的（具体参照相关半导体制造工艺书籍）。源漏掺杂首先在需要掺杂的区域淀积氮化硅，其余的部分则先进行隔离氧化，此时被氮化硅覆盖的部分不会被氧化，去除氮化硅后，再对原先被氮化硅覆盖的区域进行掺杂，从而形成源漏区。此时被氮化硅覆盖的部分称为有源区（DIFF），这个区域在版图中是有专门的图层的。但对于有源区本身来讲，并没有规定掺杂类型，所以针对不同的掺杂类型我们还需要在绘制有源区后定义 N 型掺杂区（NIMP）和 P 型掺杂区（PIMP）。这样源漏区实际上就有了 3 个图层。

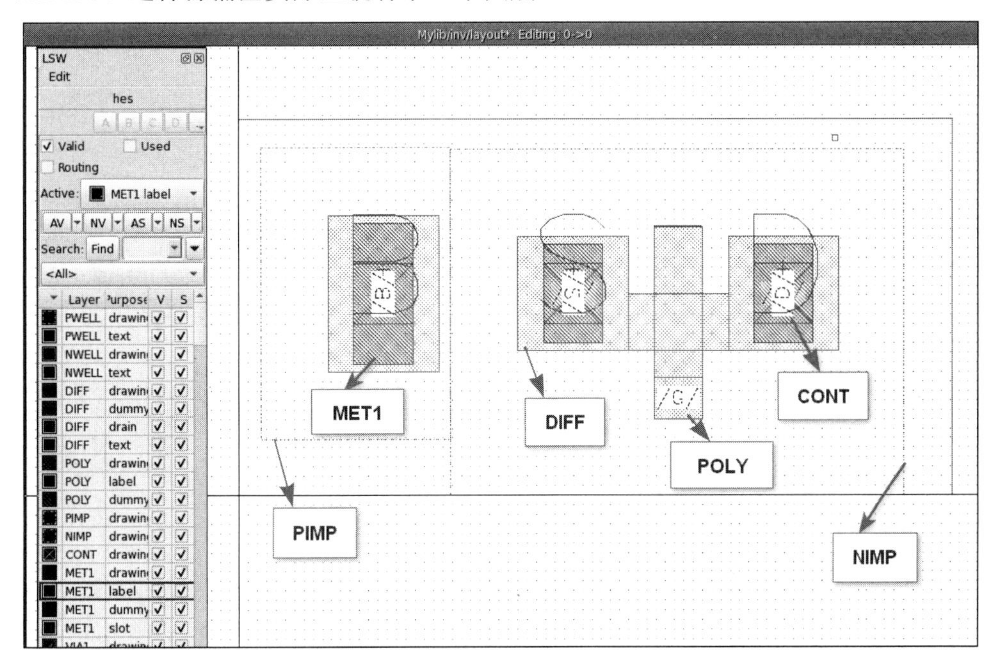

图 5.5　版图的层次

栅氧化层、介质等氧化层在版图设计中通常不做专门的图层设定，一方面二氧化硅是一种透明材料，在版图上体现不出来，另一方面在集成电路制造中用到氧化层的区域基本也是固定的，不需要专门进行绘图规定。多晶层（POLY）的物理层和版图层是对应的。如果还需要加上引线，那么还会有一个金属层（MET1）。复杂的集成电路通常有多层布线，此时金属层也分为多层（MET1、MET2 等）。无论是单层金属还是多层金属，其物理层和版图层都是对应的。

在实物图上，为了连接金属和底层半导体，除上述各个层次以外，还有在氧化层上开设的通孔，在物理意义上通孔不属于单独的物理层，但在版图中必须把它标出来，我们也需要给这些通孔设定一个单独的接触孔图层（CONT）。当然，多层金属之间也是要通过孔来相连的，这个孔和金属与半导体接触的孔是有区别的，它的图层名称是通孔（VIA）。

5.2.3　CMOS 反相器版图的输入

知道了图层的基本概念之后，我们开始进行 CMOS 反相器版图的输入。在 Empyrean Aether LE 界面中，先单击菜单栏中的 Create→Instance，或者按 I 键，按图 5.6 进行设置，然后根据原理图中元器件的尺寸对版图的尺寸进行设置，完成 NMOS 场效应管版图的输入。

按照同样的方式进行 PMOS 场效应管版图的输入，并将其放在合适的位置，如图 5.7 所示，完成 CMOS 反相器版图的元器件放置。

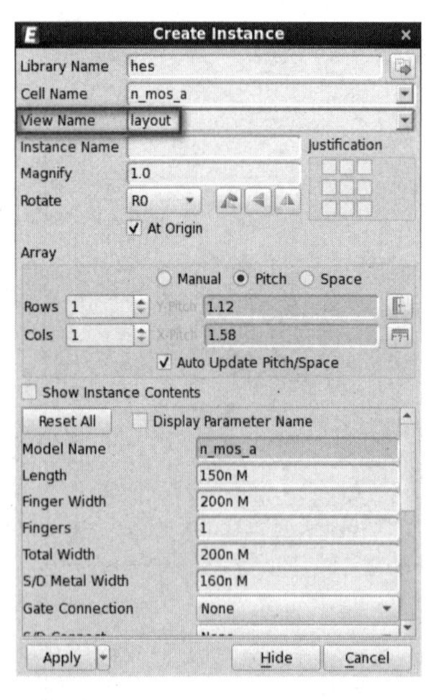

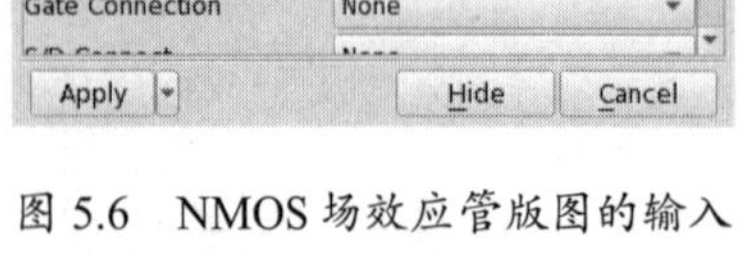

图 5.6　NMOS 场效应管版图的输入

图 5.7　CMOS 反相器版图的元器件放置

元器件放置完成后，根据原理图进行版图布线，如图 5.8 所示。CMOS 反相器输入部分在电路中是由两个 MOS 管的栅极相连而形成的。在版图中，采用多晶直接相连来完成这一电路连接，因为多晶具有较好的导电性能，可替代金属来作为 MOS 管的栅极使用。同时在多晶层上开孔（此处通孔是开在多晶层之上的氧化层上的），用金属层连接引出作为输入端，完成电路中的输入线路连接。

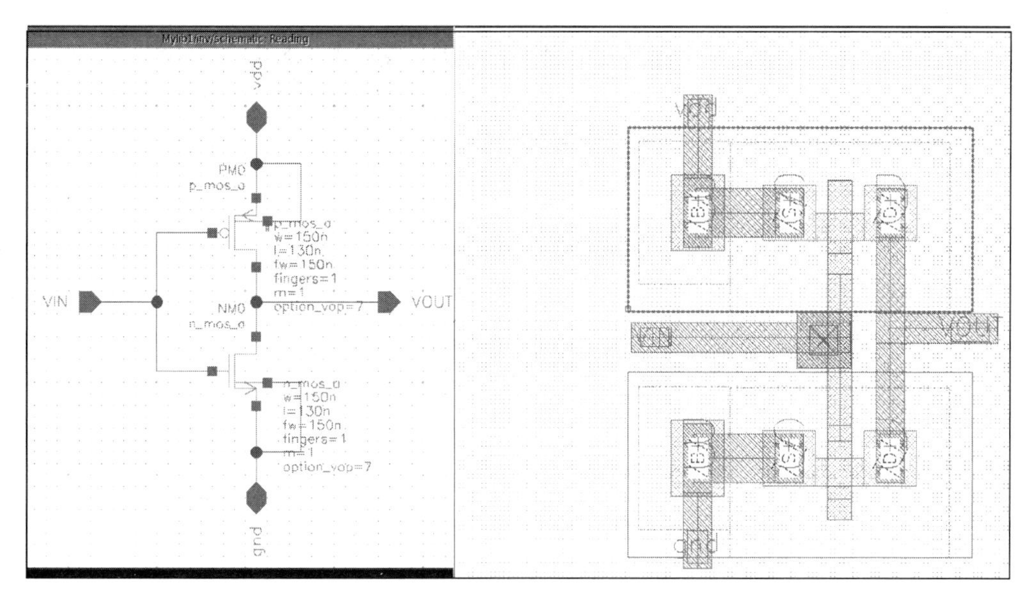

图 5.8　根据原理图进行版图布线

CMOS 反相器输出部分在电路中是由两个 MOS 管的漏极相连而形成的。在版图中，在两个 MOS 管的掺杂有源区开孔，用金属层连接引出作为输出端，完成电路中的输出线路连接。

两个 MOS 管的源极在电路上分别接 vdd 和 gnd，在版图中和衬底连接后分别由金属层连接引出。

完成版图的连线后，还需要根据原理图在版图中添加相应的引脚信息。先在 LSW 中选择 MET1 drawing，然后单击菜单栏中的 Create→Pin，按图 5.9 进行设置，最后在相应位置开出 VIN 引脚。

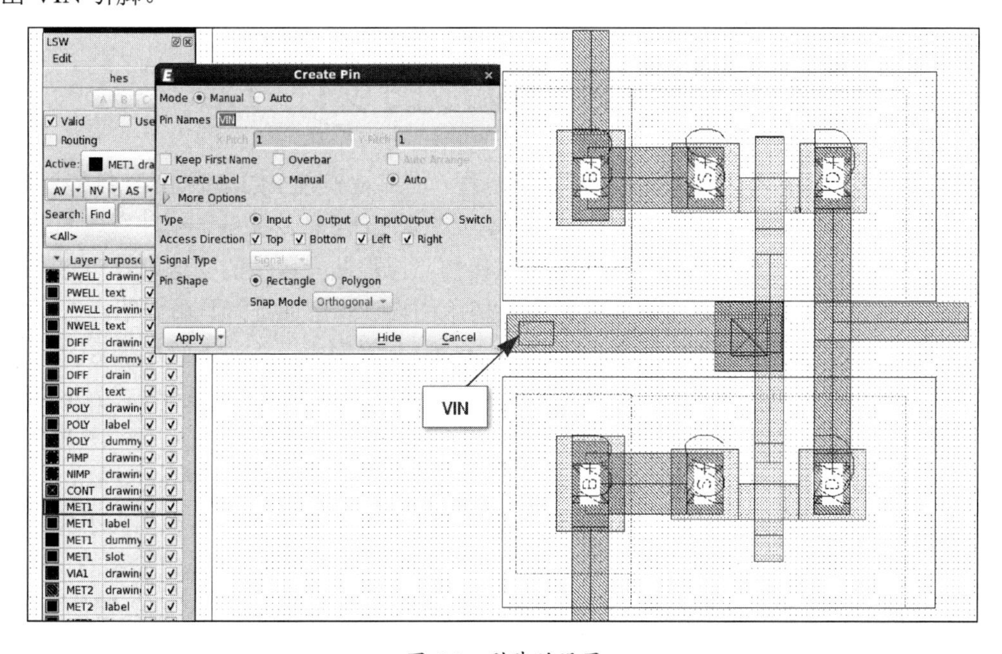

图 5.9　引脚的设置

按照上述方式，将其他几个引脚的信息补充完整，并设置 Label，其设置方式和引脚的设置方式类似。先在 LSW 中选择 MET1 label，然后单击菜单栏中的 Create→Label，最后在之前绘制的引脚处添加 Label。完整的 CMOS 反相器版图如图 5.10 所示。

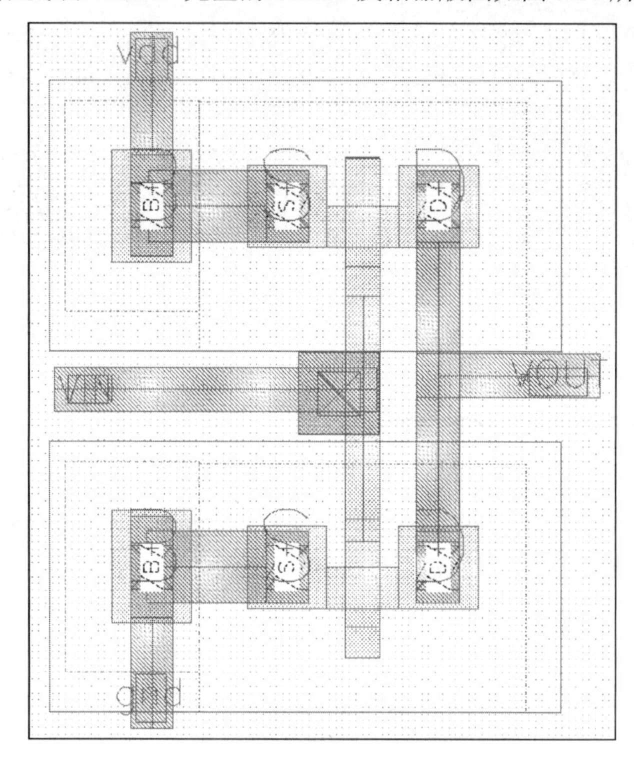

图 5.10　完整的 CMOS 反相器版图

5.3　原理图驱动版图设计方法

5.2 节介绍了根据原理图绘制版图的基本过程，面对规模较小的集成电路时还好，当面对相对复杂的集成电路时，往往效率比较低。华大九天 EDA 软件提供了一种原理图驱动版图（SDL）设计方法，根据原理图，可以先直接按照原理图元器件的物理位置信息生成版图，然后进行位置的修正和连线，这样即可完成版图设计，下面进行具体介绍。

打开 inv 的原理图，在弹出的 Empyrean Aether SE 界面中单击菜单栏中的 SDL→Start SDL，在弹出的界面中直接单击 OK 按钮，将弹出 inv 的 Empyrean Aether LE 界面并产生 inv 的 Layout View，如果之前这个单元中已经有了 Layout View，则会提示是否要覆盖。

在 Empyrean Aether LE 界面中，单击菜单栏中的 SDL→Generate All From Schematic，生成一个如图 5.11 所示的版图，在 Empyrean Aether LE 界面中可以看到有预估大小的版图外框、4 个 Soft Pin 和对应的元器件外框，当选中某个元器件后，还能看到高亮显示的飞线。按 Ctrl+F 组合键可显示出元器件的具体层次；按 Shift+F 组合键仅显示顶层，即元器件的外框。在 Empyrean Aether LE 界面中，选中外框和 4 个 Soft Pin，按 Del 键可将其删除。

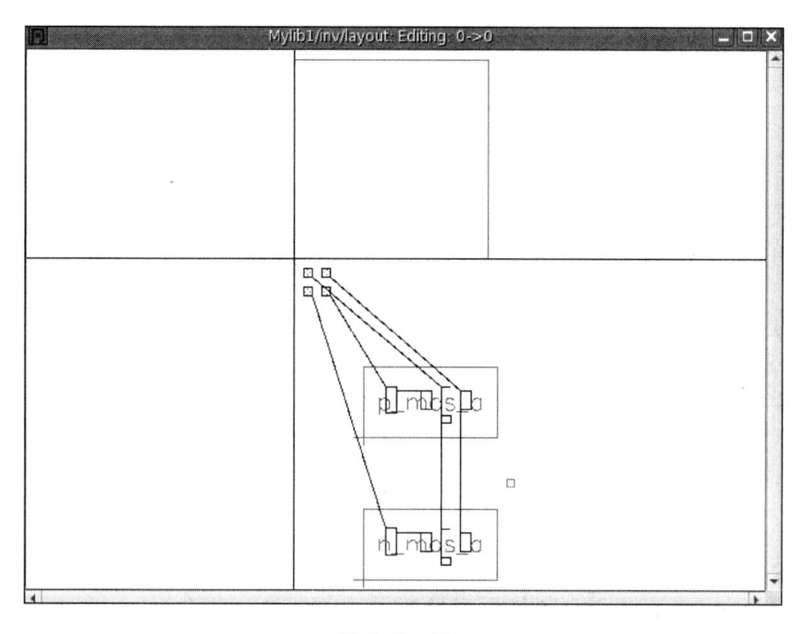

图 5.11　SDL

根据电路连接及飞线的提示，先将版图中的元器件移动到合适的位置并进行连线。然后添加引脚，按 L 键，输入各个引脚的名称。最后依次在 LSW 中选择相应 Layer 并单击版图相应金属层进行 Label 的摆放。需要注意的是，在版图中，Label 和 Pin 的功能是一致的，在之后的物理验证过程中，LVS 验证将把位于顶层的 Label 和 Pin 均识别为真实的 Pin，并和原理图进行对比。用 SDL 设计方法绘制的完整 CMOS 反相器版图如图 5.12 所示。

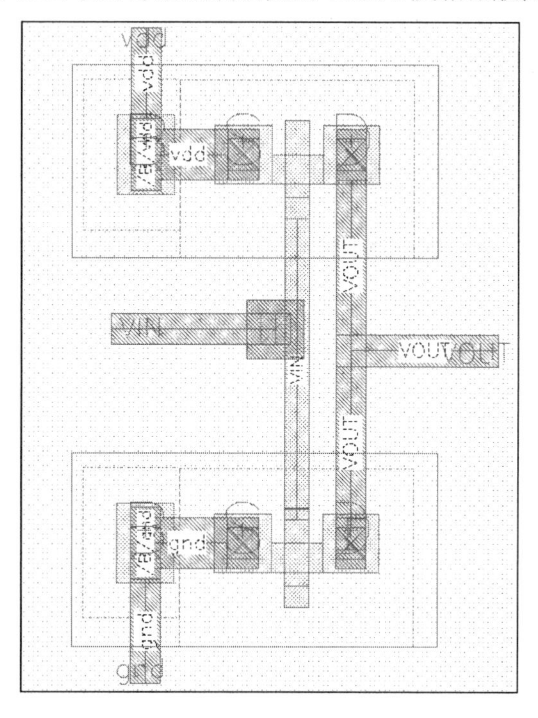

图 5.12　用 SDL 设计方法绘制的完整 CMOS 反相器版图

5.4　CMOS 反相器版图验证

华大九天的物理验证工具是 Empyrean Argus，其功能强大，使用方便，本节采用 Empyrean Argus 对 CMOS 反相器的 DRC 验证和 LVS 验证进行详细介绍。

5.4.1　CMOS 反相器的 DRC 验证

DRC 验证是指对版图中所有物理图形是否满足工艺要求的设计规则进行检查。任何一款 PDK 都会对版图中的物理图形进行一些约束，如果绘制的图形违反这些规则，那么在生产中难免会出现和设计初衷不符的错误，如短路、断路等。常见的 DRC 验证包括但不限于以下几种。

（1）MinSpacing 检查：同层图形之间的距离是否满足要求。

（2）MinArea 检查：图形面积是否满足要求。

（3）Extension 检查：两层图形上下重叠，一层图形的一部分超出另一层图形的尺寸要求。

（4）Enclosure 检查：某图形被另一图形包围的尺寸要求。

（5）Pattern Density 检查：一般针对多晶和各层金属，要求其总面积占集成电路整体面积的比例必须大于某一数值。

下面对 CMOS 反相器进行 DRC 验证。首先打开 inv 的版图。如图 5.13 所示，在 Empyrean Aether LE 界面中，单击菜单栏中的 Verify→Argus→Run Argus DRC，打开 Argus Interactive-DRC 窗口，在 Rules 选项卡中选择 DRC 规则文件，单击 File 后的文件选择图标，在弹出的对话框中选择/home/eda/hes_release/Argus/DRC/argus.drc 选项（将 Files of type 设置为 All Files 即可看到）。

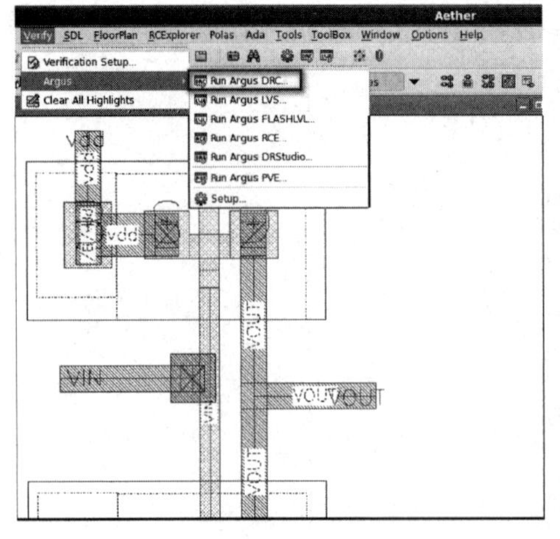

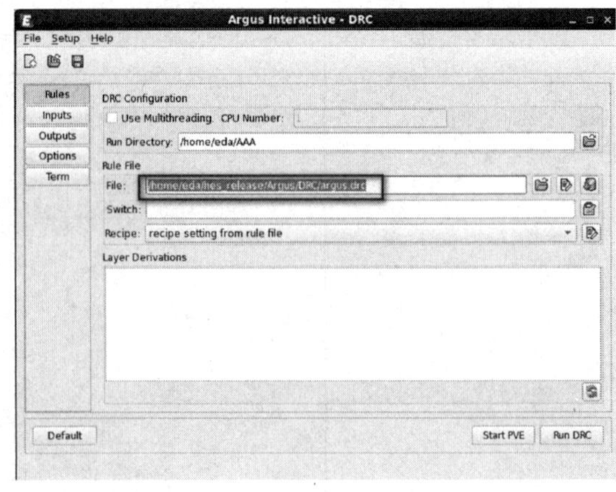

图 5.13　打开 Argus Interactive-DRC 窗口

单击 Inputs 选项卡，对于简单的版图，我们可以直接用 Flat 的验证模式进行 DRC 验证，如图 5.14 所示，保持界面中的其他设置不变，单击右下角的 Run DRC 按钮。

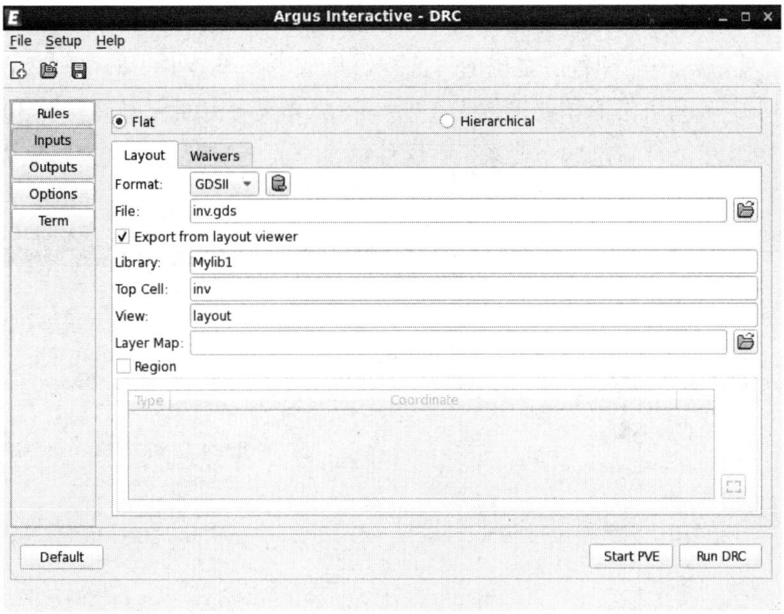

图 5.14　输入设置

待程序运行结束后，DRC 验证的 Summary File 和 Argus PVE 窗口将自动弹出。关闭 Summary File，看到 Argus PVE 窗口中有一类 PWELL_5 错误，如图 5.15 所示。在 List 选项卡中双击 4，可以看到 Empyrean Aether LE 界面中相应的错误位置被自动缩放并被高亮显示出来（称为从 Argus PVE 窗口往 Empyrean Aether LE 界面反标）。同时，Argus PVE 窗口的底部会对这类错误进行说明。图 5.15 中说明了不同 PWELL 和 DIFF 之间的距离不能小于 0.3μm。

在 Empyrean Aether LE 界面中将 NMOS 场效应管稍往下移，使图 5.15 中 PWELL_5 高亮部分的上下间距大于或等于 0.3μm，即可修正该 DRC 错误。

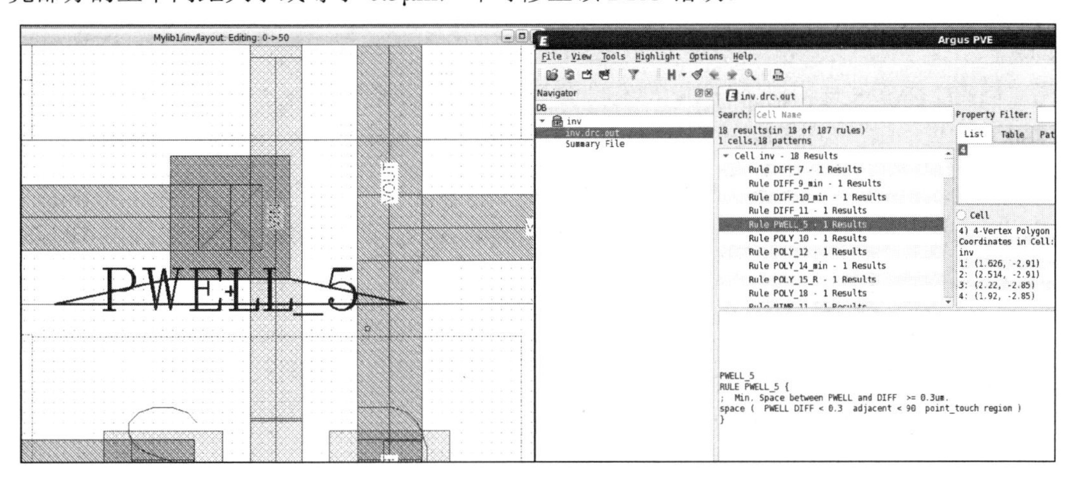

图 5.15　DRC 错误类型举例 1

不同类型的 DRC 错误都可以按照上述步骤进行修正，接下来看一处 Pattern Density 的 DRC 错误（目前无须修正，可以同时选中它们进行查看）。Pattern Density 的 DRC 规则是指，由于工艺要求，多晶和各层金属的总面积占集成电路整体面积的比例必须大于某一数值（如图 5.16 中多晶所占面积要求大于 14%，各层金属所占面积要求大于 30%），而目前 inv_drc 的版图显然没有满足这个要求，但这种错误一般会等到进行最顶层集成电路版图绘制时再去修正。

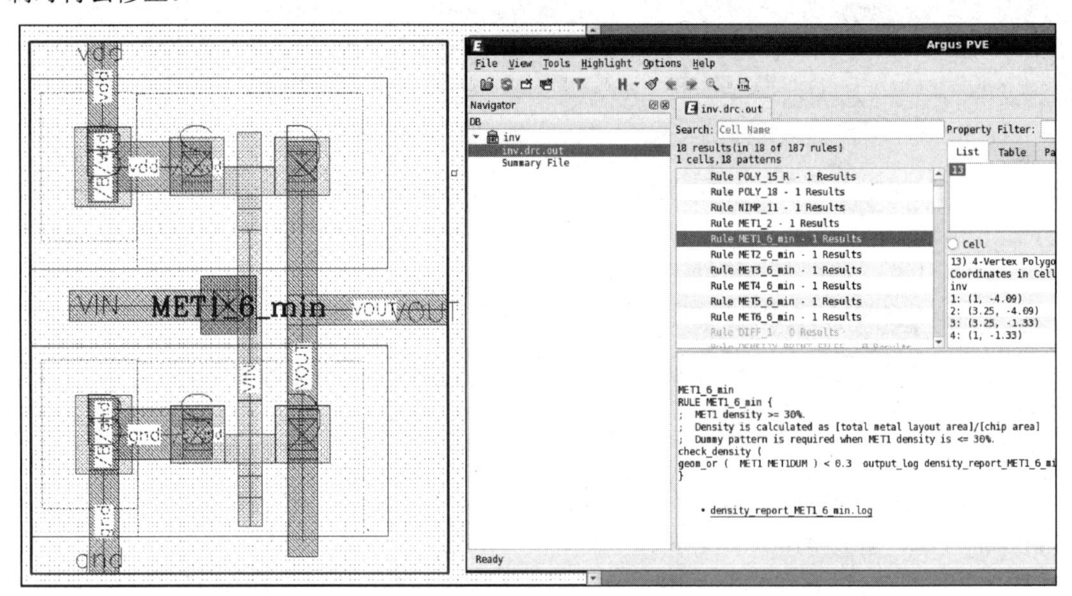

图 5.16　DRC 错误类型举例 2

5.4.2　CMOS 反相器的 LVS 验证

LVS 验证是指比较版图和原理图的一致性，只有两者的连接关系、所有元器件尺寸、引脚信息等均保持一致，才能放心地认为版图已经严格遵从了原理图的设计，可以交付生产。

下面对 CMOS 反相器进行 LVS 验证。首先打开 inv 的版图。如图 5.17 所示，在 Empyrean Aether LE 界面中，单击菜单栏中的 Verify→Argus→Run Argus LVS，打开 Argus Interactive-LVS 窗口，在 Rules 选项卡中选择 LVS 规则文件，单击 File 后的文件选择图标，在弹出的对话框中选择/home/eda/hes_release/Argus/LVS/argus.lvs 选项（将 Files of type 设置为 All Files 即可看到）。

单击 Inputs 选项卡，选择 Flat 的验证模式，确保 Layout 子选项卡中的 Export from layout viewer 复选框和 Netlist 子选项卡中的 Export from schematic viewer 复选框都勾选上。其他设置保持默认值，单击 Run LVS 按钮（如果弹出提示“是否覆盖 GDS 或 CDL 网表”的对话框，则单击 Yes 按钮），如图 5.18 所示。

待程序运行结束后，弹出 Argus PVE 窗口，如图 5.19 所示。

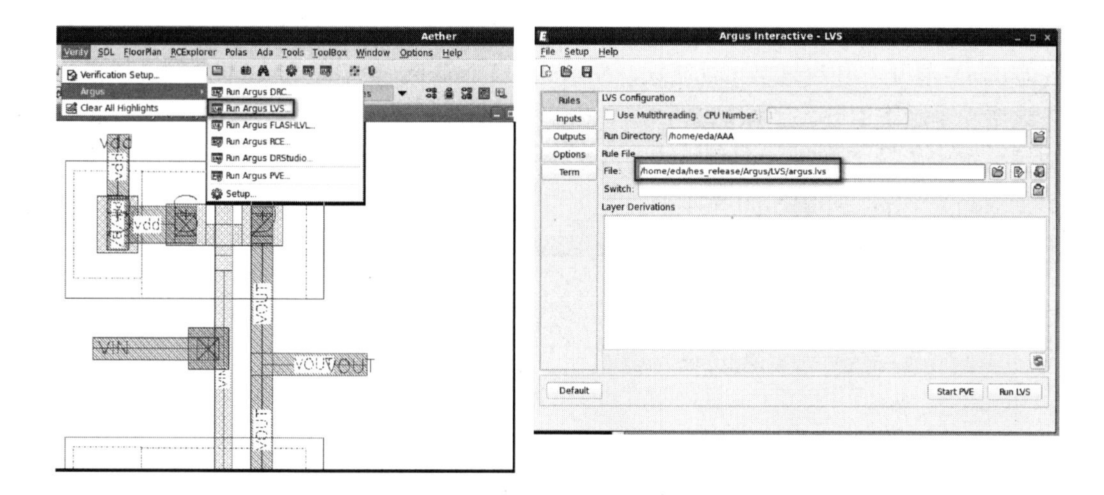

图 5.17　打开 Argus Interactive-LVS 窗口

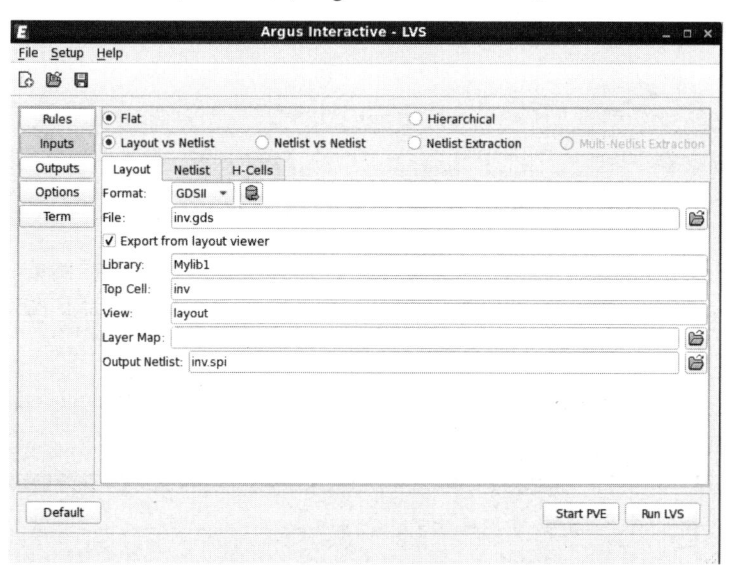

图 5.18　LVS 输入设置

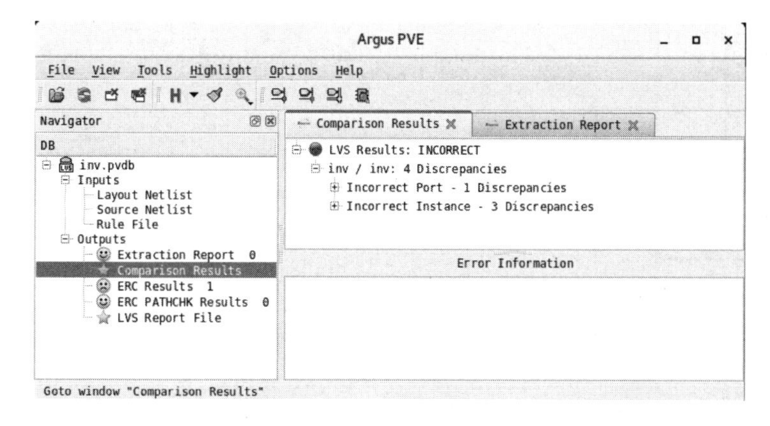

图 5.19　Argus PVE 窗口

切换到 Comparison Results 窗口中可以看到，共有 4 处 LVS 错误。单击 Incorrect Port 类左端的+号展开，看到只有 1 处错误，单击选中 Discrepancy #1，通过下方的具体描述可知，该错误是版图中缺失了原理图中的 Y Pin。在 SOURCE NAME 的 Y 点处右击，在弹出的快捷菜单中选择 Y 选项，即可完成对原理图和版图的同步反标，这里原理图的 Y Pin 在箭头处被高亮显示，如图 5.20 所示。

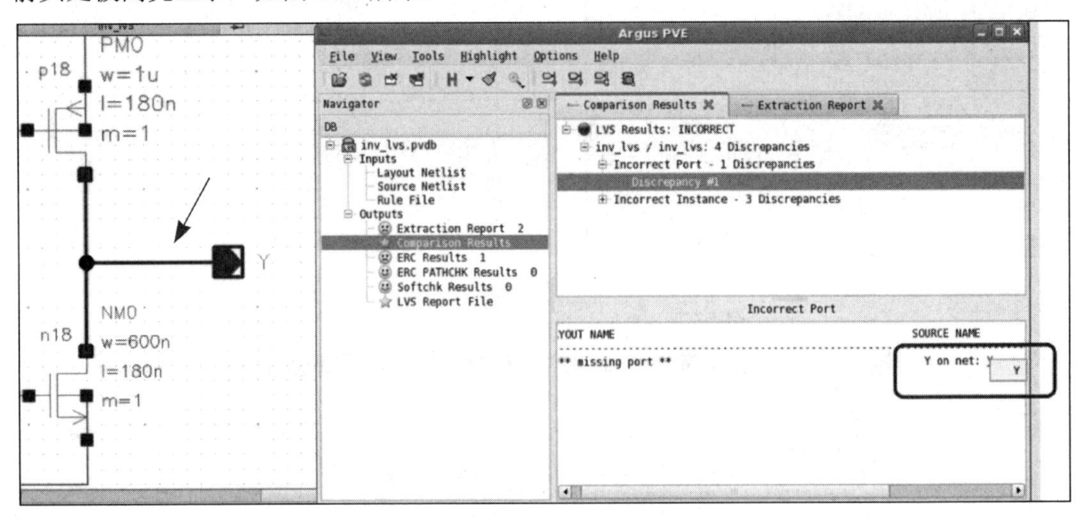

图 5.20 原理图中定位 LVS 错误

单击 Incorrect Instance 类左端的+号展开，看到有 3 处错误，仔细阅读其说明，并将错误 1 反标到 Empyrean Aether LE 界面中。我们有理由怀疑这些错误都是输出引脚和地短路导致的，短路部位位于图 5.21 的箭头处矩形框中。

当修改完所有的 LVS 错误，再次运行 LVS，得到如图 5.22 所示的界面，表示 LVS 错误已被全部修正。

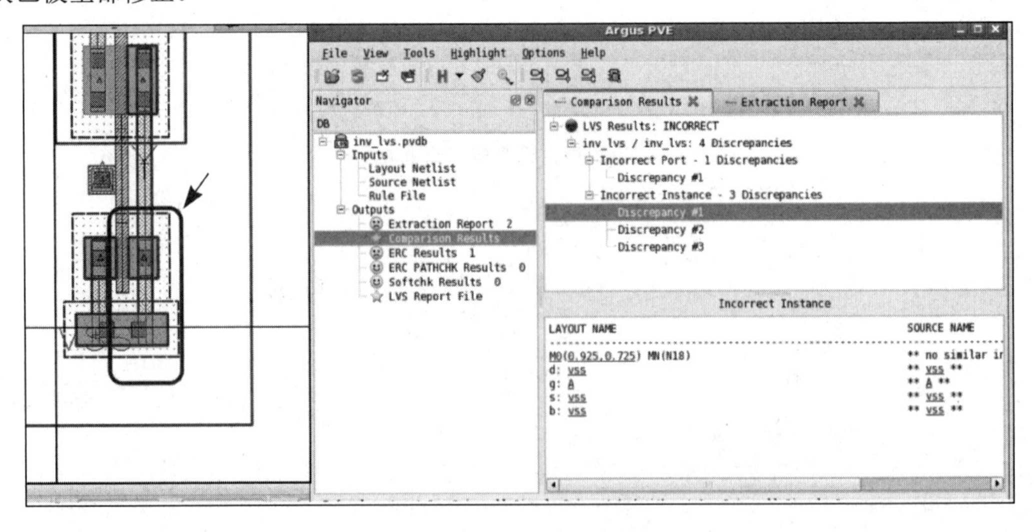

图 5.21 版图中查找 LVS 错误

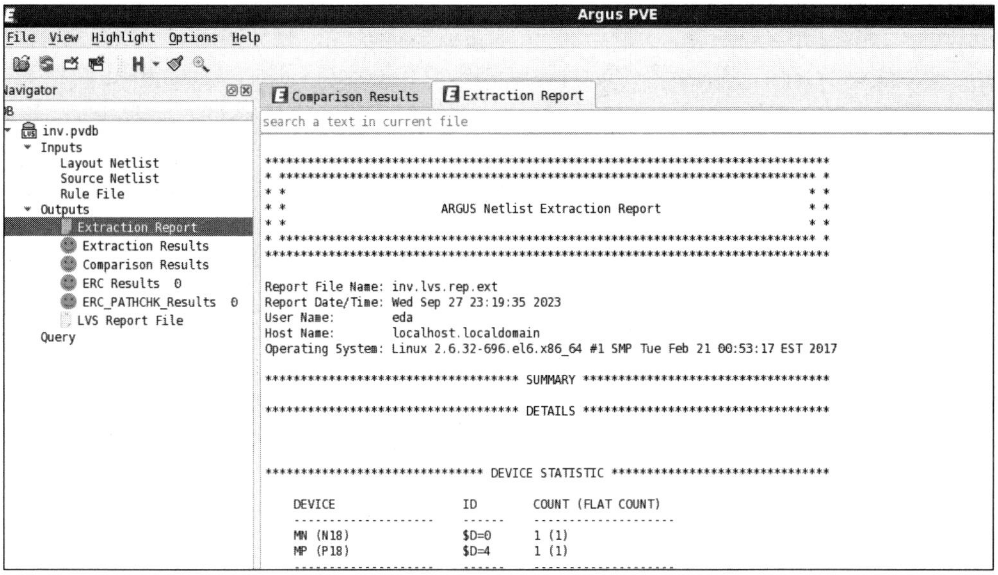

```
Argus PVE
File  View  Highlight  Options  Help
Navigator
DB
▾ inv.pvdb
  ▾ Inputs
      Layout Netlist
      Source Netlist
      Rule File
  ▾ Outputs
      Extraction Report
      Extraction Results
      Comparison Results
      ERC Results  0
      ERC_PATHCHK_Results  0
      LVS Report File
    Query

Comparison Results | Extraction Report
search a text in current file

********************************************************************************
* **************************************************************************** *
* *                                                                          * *
* *                    ARGUS Netlist Extraction Report                       * *
* *                                                                          * *
* **************************************************************************** *
********************************************************************************

Report File Name: inv.lvs.rep.ext
Report Date/Time: Wed Sep 27 23:19:35 2023
User Name:        eda
Host Name:        localhost.localdomain
Operating System: Linux 2.6.32-696.el6.x86_64 #1 SMP Tue Feb 21 00:53:17 EST 2017

************************************ SUMMARY ***********************************

************************************ DETAILS ***********************************



******************************** DEVICE STATISTIC ******************************

    DEVICE                  ID        COUNT (FLAT COUNT)
    --------------------    ------    --------------------
    MN (N18)                $D=0      1 (1)
    MP (P18)                $D=4      1 (1)
    --------------------    ------    --------------------
```

图 5.22　LVS 错误已被全部修正

第 6 章

版图寄生参数提取及电路后仿真

6.1 版图寄生参数提取

6.1.1 版图寄生参数简介

基于全定制设计方法设计出来的版图，在通过 DRC 验证和 LVS 验证之后，转化为最终的硅片之前，相同层次或不同层次材料之间的寄生参数影响会使其集成电路性能与前仿真结果产生偏差，严重时会使集成电路无法正常工作。因此，在版图设计过程中，除了需要进行 DRC 和 LVS，还需要进行版图寄生参数提取（LPE）。

在版图设计过程中会产生的寄生参数主要包括以下四种：寄生电阻 R、寄生电容 C、寄生电感 L 和寄生互感 K。其中，寄生电感和寄生互感在低频电路版图中通常可忽略。

如图 6.1 所示，集成电路版图中的寄生电容主要分布在金属层和导线之间，以及导线和衬底之间。由于导线的尺寸很小，因此寄生电容的值也很小。对于低频电路，寄生电容对电路性能不会造成太大影响，但是对于频率超过 20MHz 的电路，在版图设计过程中，需要通过减小金属导线长度、采用低电容金属层、绕过核心模块走线等方式尽可能减小寄生电容对电路性能的影响。

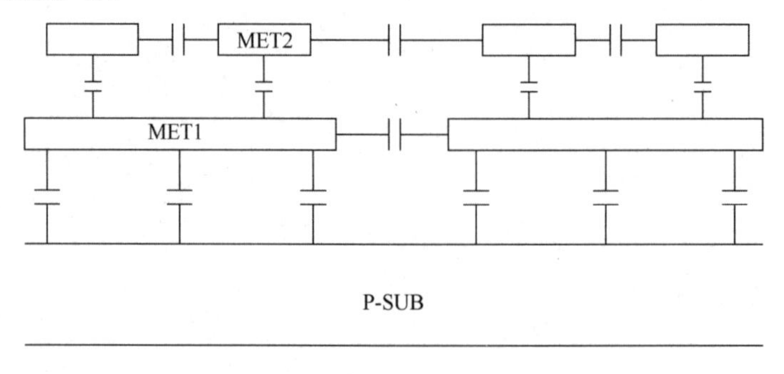

图 6.1　集成电路版图中的寄生电容

寄生电阻广泛存在于版图中的各层金属导线之中。如图 6.2 所示，假设版图中 A 点与 B 点之间的金属导线长度为 2mm，需承载 1mA 的电流。查询工艺手册得知，该金属导线 1μm 的宽度可以通过的电流大小为 0.5mA，由此可知 A 点与 B 点之间的金属导线宽度至少应为 2μm。已知该金属导线的方块电阻 R_S 为 0.05Ω，可计算出 A 点与 B 点之间金属导线的寄生电阻为

$$R = R_S \cdot L / W = 0.05\Omega \times 2\text{mm}/2\mu\text{m} = 50\Omega$$

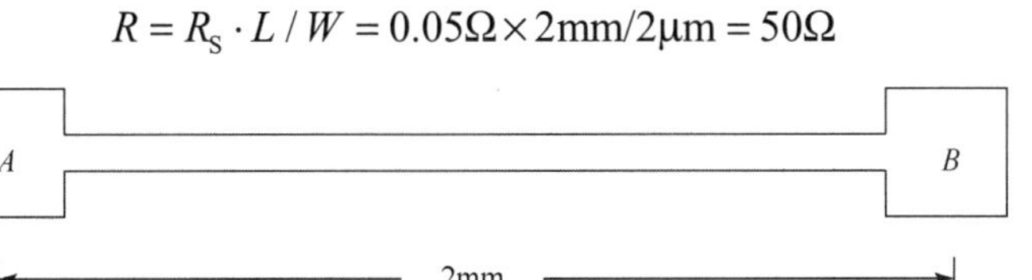

图 6.2　集成电路版图中的寄生电阻

寄生电阻对电压非常敏感的电路会造成较大的影响，为了减小版图中的寄生电阻，需要确保使用尽可能厚的金属层从而减小金属导线的方块电阻，或者将金属导线重叠形成并联结构。

6.1.2　版图寄生参数提取流程

本节介绍一下如何使用华大九天的 Empyrean RCExplorer 进行寄生参数提取。先在 Empyrean Aether LE 界面中打开一个已经设计好且通过 DRC 验证和 LVS 验证的版图文件，然后单击菜单栏中的 Verify→Argus→Run Argus RCE，这样就可以启动 Empyrean RCExplorer 软件了，如图 6.3 所示。

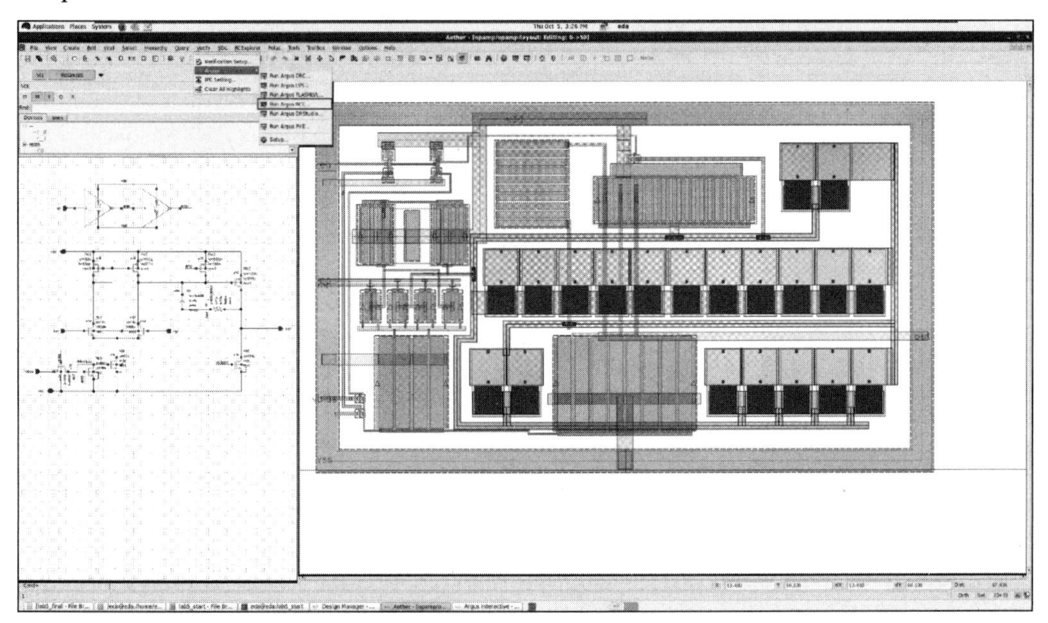

图 6.3　启动 Empyrean RCExplorer 软件

首先，进行寄生参数提取规则设置。在 Argus Interactive-RCE 窗口中勾选 Use Multithreading 复选框，在 CPU Count 文本框中输入 4，该选项的作用是开启 CPU 多线程，提高寄生参数提取效率。分别对 LVS Rule、Table File、RCE Layer Map 选择相应的规则文件，如图 6.4 所示。

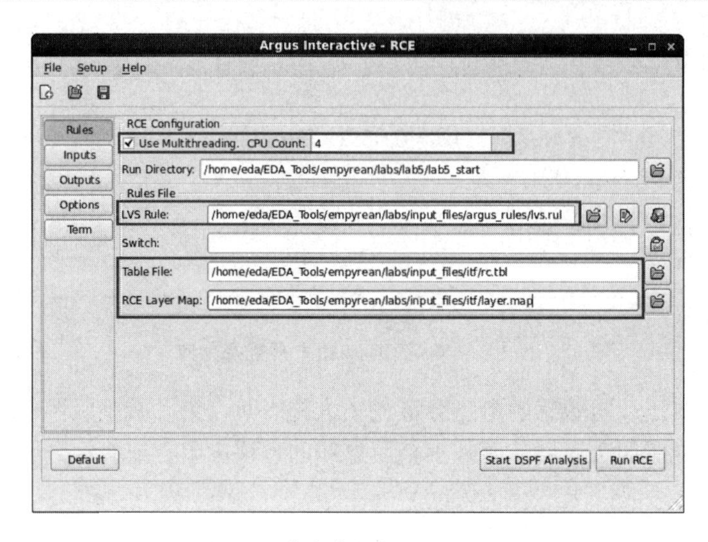

图 6.4　寄生参数提取规则设置

其次，进行输入、输出设置。单击 Inputs 选项卡，在 Netlist 子选项卡中勾选 Export from schematic viewer 复选框，如图 6.5 所示。

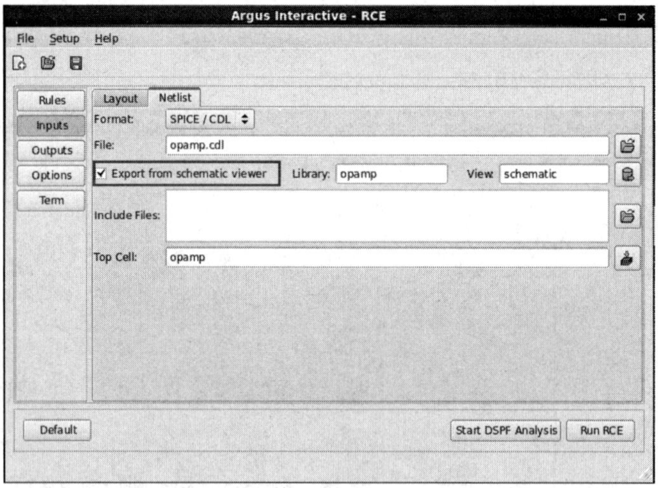

图 6.5　输入设置

单击 Outputs 选项卡，在 REC Output 子选项卡中将 Extract Mode 和 Export Netlist Mode 均设置为 R+C+CC 模式，其中 R 表示导线寄生电阻，C 表示导线和衬底之间的寄生电容，CC 表示导线和导线之间的寄生电容。在 View Name 文本框中，将 DSPF 改成小写的 dspf。设置完成后，单击右下角的 Run RCE 按钮，寄生参数提取软件开始运行。运行完毕后，系统交互界面会出现致谢和结束标识，如图 6.6 所示。

Empyrean RCExplorer 运行完毕后返回 Empyrean Aether DM 界面，可以观察到 Cell 列表中多出了一个名为 dspf 的 View。dspf 是最常用的包含寄生参数的后仿真网表格式之一，它可将提取的 RC 寄生参数和原 SPICE 网表中的电路参数组合在一起。打开 dspf 文件，可以看到 Empyrean RCExplorer 提取的 opamp 版图的寄生电阻与寄生电容信息，如图 6.7 所示。

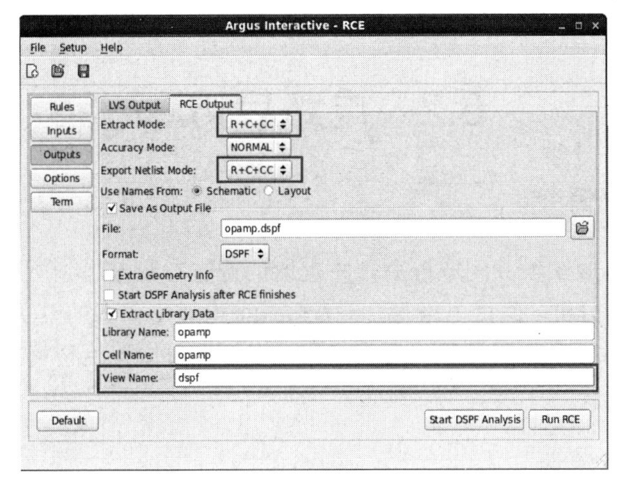

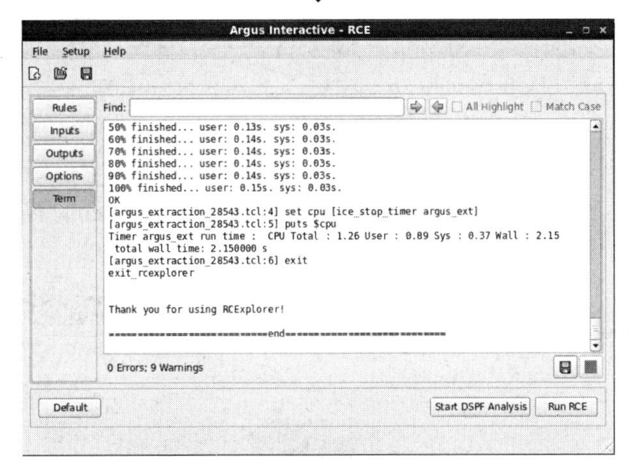

图 6.6　输出设置与运行界面

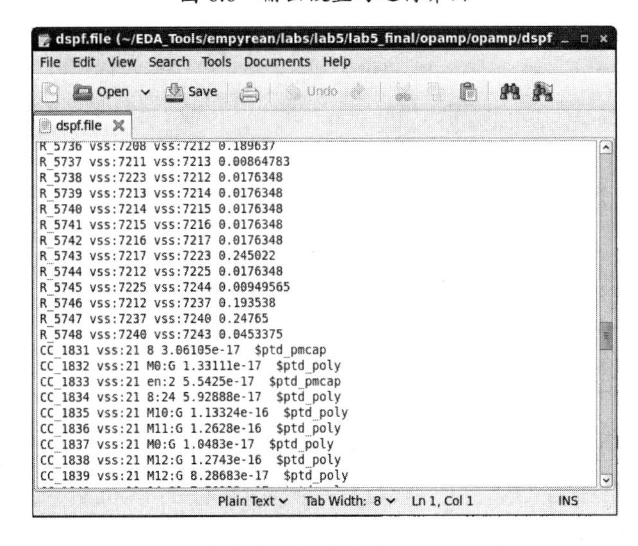

图 6.7　寄生参数提取后的 dspf 文件信息

6.2　电路后仿真

6.2.1　电路后仿真简介

电路后仿真是指版图设计完成以后，将提取的寄生参数添加到所提取的电路网表中进行仿真，对电路进行分析，确保电路符合设计要求。电路后仿真的方法与前仿真基本一致，只是加入寄生参数后导致仿真的时间大大增加。只有通过电路后仿真之后，才可以将版图数据交付晶圆厂进行流片生产。

6.2.2　电路后仿真流程

本节以一个典型运放开环增益的后仿真为例，介绍一下如何使用华大九天 EDA 软件进行后仿真。在进行后仿真之前，首先需要在 Empyrean Aether DM 界面中新建一个 Config View，指向需要进行后仿真的电路单元，操作方法如下：在 Empyrean Aether DM 界面中选中典型运放的设计库 opamp，单击菜单栏中的 File→New Cell/View，弹出 New Cell/View 对话框，将 View Type 设置为 Config，单击 OK 按钮；在弹出的 New Configuration 对话框中单击 Template 按钮；在弹出的 Use Template 对话框中将 Template 的 Name 设置为 RCE，单击 OK 按钮；在 New Configuration 对话框中单击 OK 按钮，如图 6.8 所示。

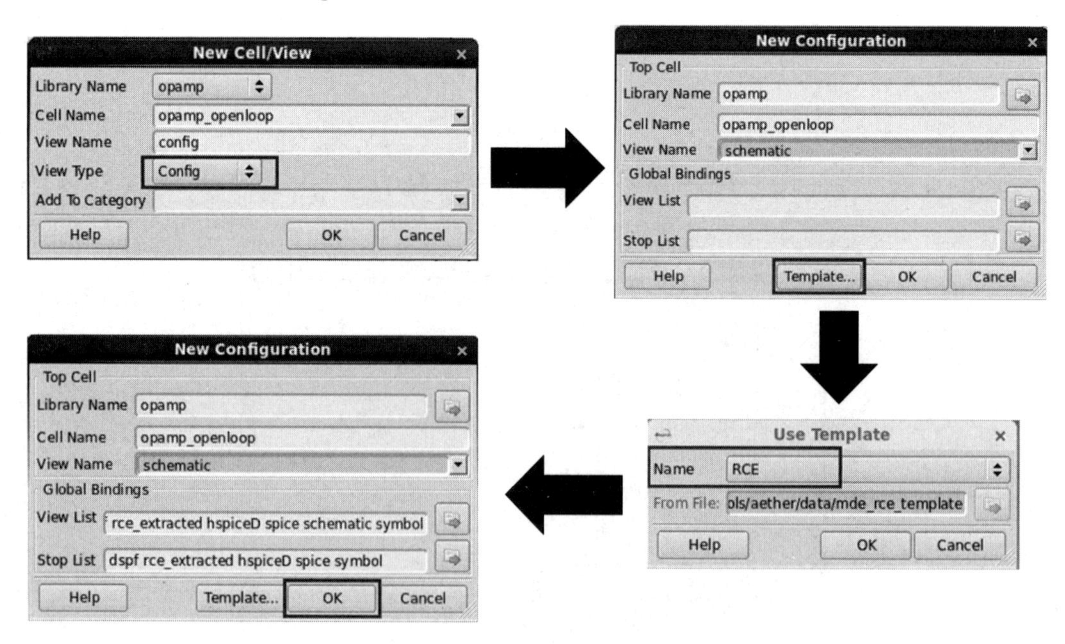

图 6.8　Config View 创建流程

返回 Empyrean Aether DM 界面，双击打开刚刚创建的 Config View，在弹出的对话框中，将 config 和 schematic 都勾选为 Yes 同时打开，参考前面章节的内容，打开 Empyrean Aether MDE 界面，加载之前保存的典型运放开环增益的仿真设置，在 Empyrean Aether MDE

界面中单击工具栏中的 Netlist and Run 图标，系统自动开始进行后仿真，稍等一会儿后，后仿真结果以波形的形式自动弹出，如图 6.9 所示。至此，整个后仿真流程顺利结束。

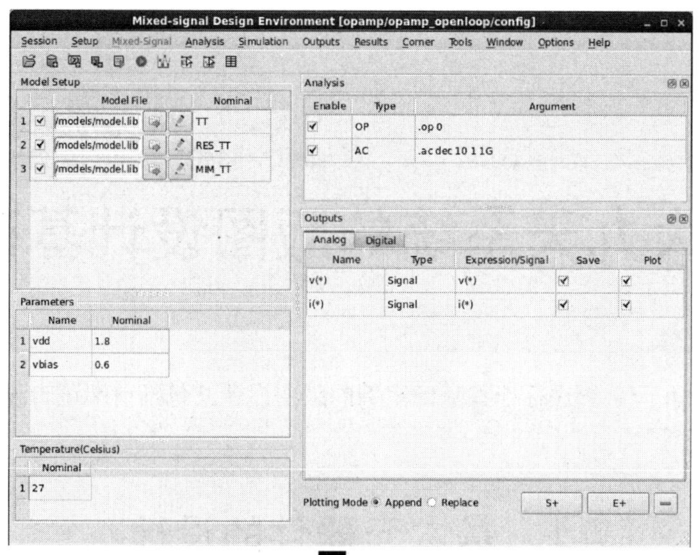

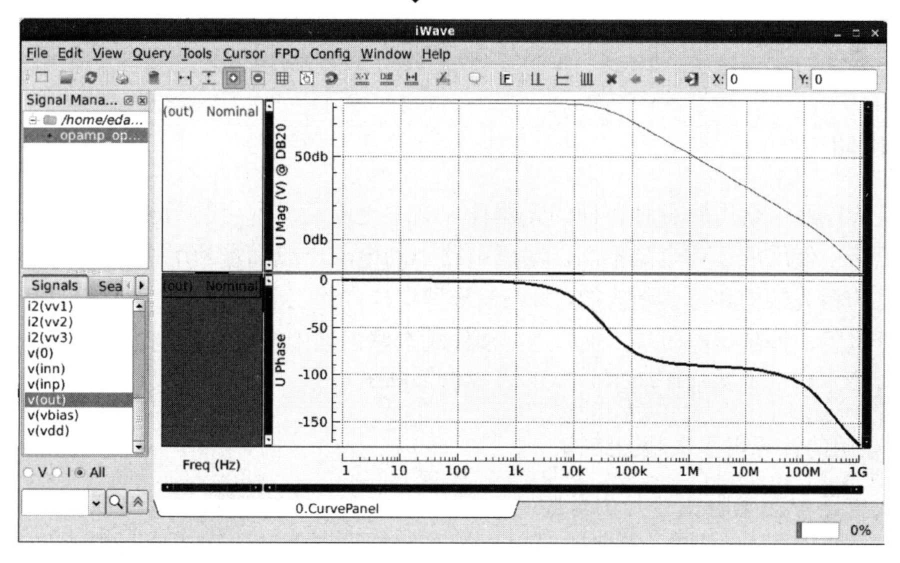

图 6.9　后仿真设置及后仿真结果

第7章

基于华大九天系统的版图设计基础案例

本章基于华大九天系统进行一些基础案例的版图设计，包括前端逻辑设计与仿真、后端版图设计与验证等。

7.1　基本元器件的设计

集成电路是由各种类型的元器件按照一定方式互连形成的、具有一定功能的电路，对于集成电路版图设计来讲，需要先掌握基本元器件的版图结构，能够对其进行识别，并且能够根据参数要求完成设计。

7.1.1　电阻

在集成电路中会用到各种各样的元器件，其中电阻是最常用的无源元件之一。和在传统电子电路中使用的色环电阻不同，集成电路中的电阻一般都是利用集成电路工艺制造过程中使用的相关结构和材料制成的，如在双极型集成电路工艺中往往会使用基区扩散电阻、基区沟道电阻、外延层电阻等，而在MOS集成电路工艺中一般会用到多晶电阻、阱电阻、有源电阻等。根据工艺制程的不同，电阻有很多种类型。

1．电阻的计算与基本版图结构

集成电路中的电阻主要是由薄膜材料制作而成的，不同材料可以制成不同阻值的电阻，根据所需阻值的不同，可以考虑选用不同材料来设计电阻。此外，不同材料的精度和温度特性也会有较大差别，这也是在电阻设计过程中需要考虑的因素。电阻结构示意图如图7.1所示。

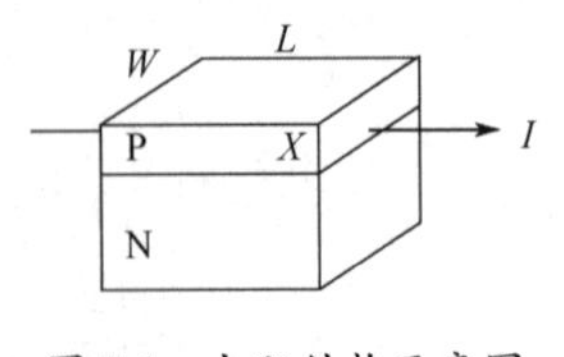

图7.1　电阻结构示意图

以一块长度为L、宽度为W、厚度为X的半导体材料为例，该材料的电阻值R可以表示为

$$R=\rho\frac{L}{WX} \tag{7.1}$$

式中，L——材料的长度；

W——材料的宽度；

X——材料的厚度（结深）；

ρ——材料的电阻率。

与电阻版图设计相关的主要参数是材料的长度和宽度，如果材料的长度和宽度恰好相等，式（7.1）就会变为

$$R = \frac{\rho}{X} \tag{7.2}$$

一般把这样的电阻称为方块电阻，用 R_S 或 $R_\square$来表示。方块电阻的大小只和材料的电阻率和厚度（结深）有关，与材料的具体形状无关。这样，任意一个电阻的阻值就可以表示为

$$R=R_S\frac{L}{W} \tag{7.3}$$

这样在版图设计过程中如果知道了相应材料的方块电阻，设计者就可以很方便地设计出相应电阻的图形。例如，已知需要设计的电阻阻值为 1kΩ，而方块电阻 R_S 为 200Ω/□，在设计电阻版图时只要设计出 5 个方块拼接的图形就可以得到所需要阻值的电阻，如图 7.2 所示。

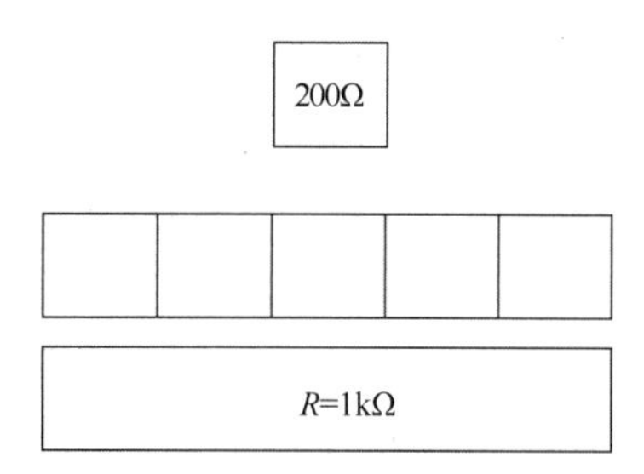

图 7.2　电阻版图示意图

2．常见的电阻版图类型

集成电路中用到的电阻可以分为两大类：一类是无源电阻，另一类是有源电阻。有源电阻可以由 MOS 管等有源器件通过一定连接制成，而无源电阻则需要根据所用薄膜材料的不同选择不同的工艺层制成，如扩散区电阻、多晶电阻等。

图 7.3 所示为扩散区电阻版图，图 7.4 所示为多晶电阻版图。

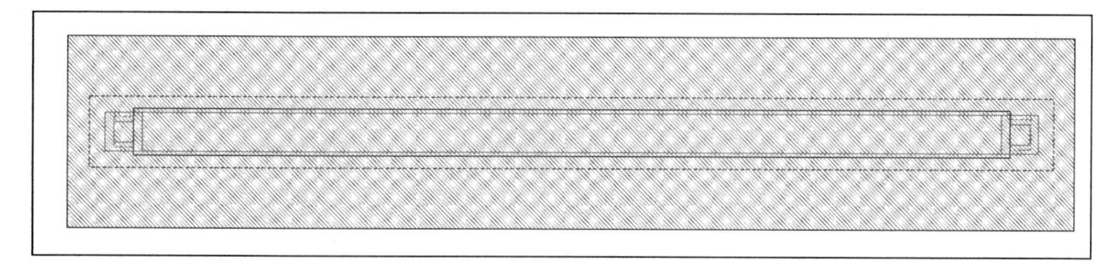

图 7.3　扩散区电阻版图

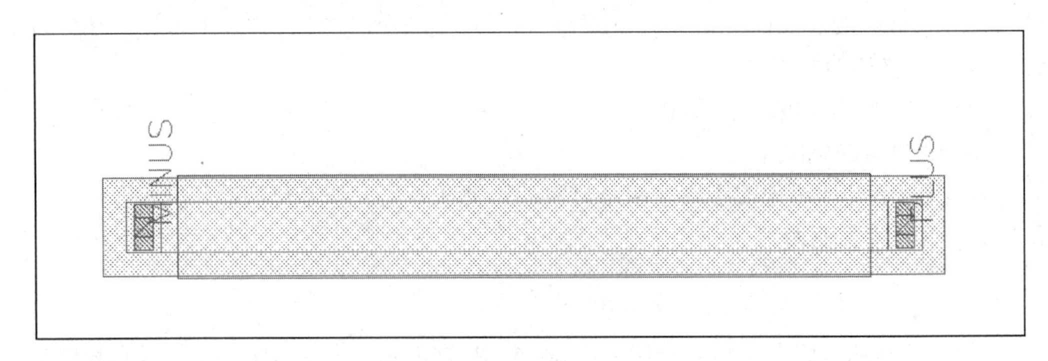

图 7.4　多晶电阻版图

在绘制阱电阻版图时，首先要注意，阱电阻的长度是指有电流流过的半导体材料的长度，也就是电阻两端接触孔之间的长度，而非整个阱区的长度。

其次要注意，在用有些工艺层制作阱电阻时，需要在设计宽度的基础上加以修正，因为在集成电路制造工艺中做阱区往往是最初的一道工序，之后还有许多高温工序，这些工序也会加深阱杂质的扩散，到完成成品时阱区的实际宽度一般会比设计宽度大 20%左右，所以在计算宽度时需要进行修正。但是多晶电阻在计算宽度时不需要修正，因为多晶层不会发生扩散，不需要考虑再扩散带来的影响。

这里有一个问题，如果工艺层会发生继续扩散，扩散后的电阻率和方块电阻显然也会发生变化，那么需不需要对其进行修正呢？答案是否定的，因为实际的方块电阻是根据成品实际测得的，所以工艺厂商给出的方块电阻就是成品的方块电阻值，不用再加以修正。

由于不同工艺层的方块电阻不同，所以用不同工艺层来制作相同阻值的电阻时，其版图是不一样的，如同样制作 1kΩ 的电阻，根据式（7.3）计算可知，若电阻宽度为 2μm，则 n-poly 电阻的长度应该是 6μm 左右，而 p-poly 电阻的长度应该是 8μm 左右。不同工艺层电阻的方块电阻如图 7.5 所示，1kΩ 多晶电阻的版图如图 7.6 所示。

Reset All	Display Parameter Name	Display
Model name	res_n_poly	Off
Device Description	N+ Poly Resistor	Off
Segments	1	Off
Segment Connection	Series	Off
Resistance	6.12641K Ohms	Off
Segment Width	420n M	Off
Segment Length	6u M	Off
Effective Width	420n M	Off
Effective Length	6u M	Off
Calculated Parameter	Resistance	Off
Segment Space	250n M	Off
Left Dummy		Off
Right Dummy		Off
Sheet Resistivity	332.67 Ohms	Off
End Resistance	220.82u Ohms	Off
Delta Width	94.194n M	Off

Model name	res_p_poly	Off
Device Description	P+ Poly Resistor	Off
Segments	1	Off
Segment Connection	Series	Off
Resistance	4.25981K Ohms	Off
Segment Width	420n M	Off
Segment Length	6u M	Off
Effective Width	420n M	Off
Effective Length	6u M	Off
Calculated Parameter	Resistance	Off
Segment Space	250n M	Off
Left Dummy		Off
Right Dummy		Off
Sheet Resistivity	254.96 Ohms	Off
End Resistance	298.62u Ohms	Off
Delta Width	60.885n M	Off
Temperature coefficient 1	-4.04584u	Off

图 7.5　不同工艺层电阻的方块电阻

从前文介绍的一些电阻的版图来看，电阻的主要版图形状都为矩形，这主要是因为受到工艺条件的限制。在集成电路制造工艺中对各个层次都有最大和最小尺寸的限制，如果已经到了最大尺寸还不满足设计要求该怎么办呢？在版图设计中，一般会采用以下两种方法来进行处理。

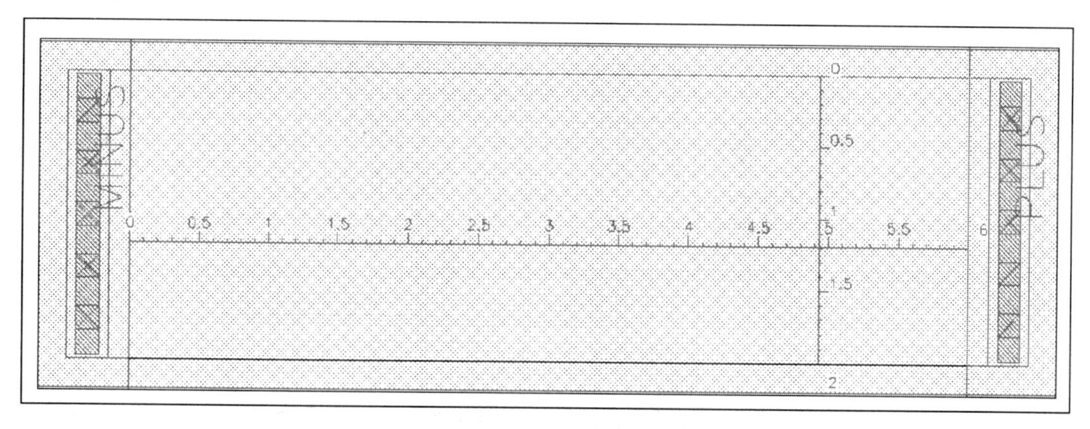

图 7.6　1kΩ 多晶电阻的版图

一种方法是将电阻串联，从而增大电阻阻值，如图 7.7 所示，在版图中把 10 个电阻通过金属导线串联起来，其总阻值就是单个电阻阻值的 10 倍。

另一种方法是将电阻的版图弯折，如图 7.8 所示，弯折电阻的实际长度应该是各分段的长度总和。

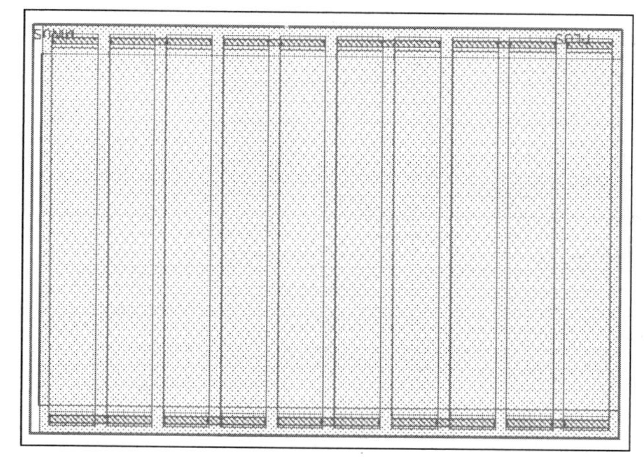

图 7.7　串联电阻的版图

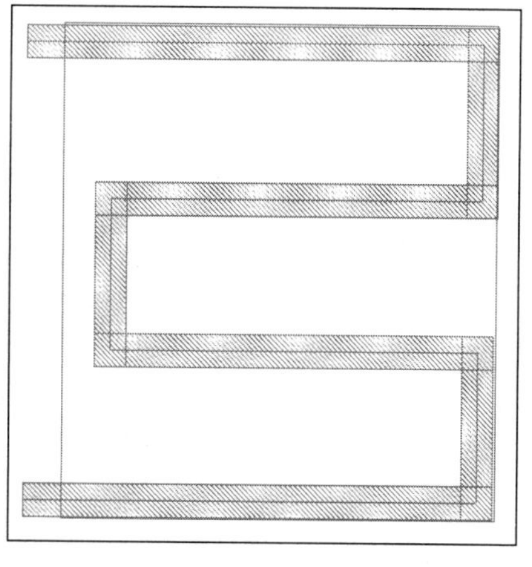

图 7.8　弯折电阻的版图

3. 电阻版图的绘制

假设现在需要制作一个 10kΩ 的电阻。

从 PDK 中调用一个多晶电阻，按 Q 键可以查看该电阻的属性，如图 7.9 所示，可以看到目前该电阻的阻值为 6.12641kΩ，比要求的阻值小。

根据前面的分析，可以通过增大电阻的长度或减小电阻的宽度来调整电阻的阻值，如图 7.10 所示。

Reset All	Display Parameter Name	Display
Model name	res_n_poly	Off
Device Description	N+ Poly Resistor	Off
Segments	1	Off
Segment Connection	Series	Off
Resistance	6.12641K Ohms	Off
Segment Width	420n M	Off
Segment Length	6u M	Off
Effective Width	420n M	Off
Effective Length	6u M	Off
Calculated Parameter	Resistance	Off
Segment Space	250n M	Off
Left Dummy		Off

图 7.9　n-poly 电阻的属性设置

Edit Instance Properties (1 / 1)

Apply To　Only Current　Instance

Attribute　Parameter　Property

Parameter

Reset All	Display Parameter Name	Display
Model name	res_n_poly	Off
Device Description	N+ Poly Resistor	Off
Segments	1	Off
Segment Connection	Series	Off
Resistance	10.0065K Ohms	Off
Segment Width	420n M	Off
Segment Length	9.8u M	Off
Effective Width	420n M	Off
Effective Length	9.8u M	Off
Calculated Parameter	Resistance	Off
Segment Space	250n M	Off
Left Dummy		Off
Right Dummy		Off

First　Previous　Next　Last

Help　Apply　OK　Cancel

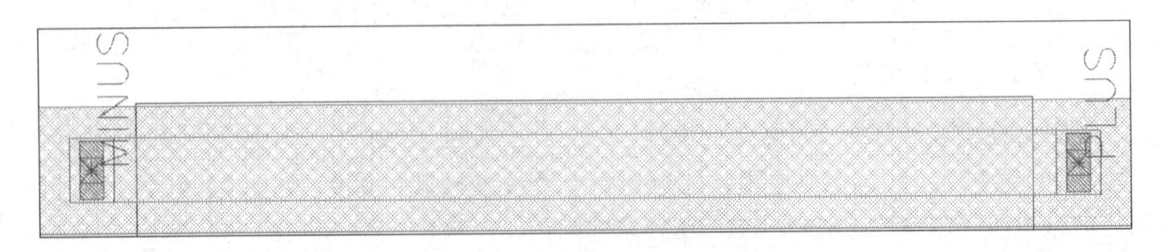

图 7.10　调整电阻的阻值

7.1.2　电容

电容在模拟集成电路中通常会起到重要的作用，可以用于交流信号耦合、构建延迟和相移电路、滤除纹波噪声等场合。电容可存储静电场能量，由于体积较大，所以在集成电路中很难实现大电容的设计，一般制作的电容都不会超过几百皮法，但是这种微小容量的电容对于很多集成电路来说已经足够了。

1. 电容的计算和基本结构

在集成电路，特别是 MOS 集成电路中，常用的电容以平板电容为主，平板电容的容量计算公式如下：

$$C=AC_0 \tag{7.4}$$

式中，A——电容版图面积；

C_0——单位面积电容。

$$C_0=\frac{\varepsilon_0\varepsilon_{\mathrm{OX}}}{T_{\mathrm{OX}}} \tag{7.5}$$

式中，$\varepsilon_{\mathrm{OX}}$——二氧化硅的相对介电常数；

ε_0——真空介电常数；

T_{OX}——氧化层厚度。

根据式（7.4）、式（7.5）可以看出，电容的大小主要由电容版图面积、二氧化硅的相对介电常数及氧化层厚度来决定，而和版图设计主要相关的就是电容版图面积。

这里要注意的是，电容版图面积是指电容两极板的两个图层交叠部分的面积，而不是某一层材料的面积。

当然，介质类型不同，其相对介电常数也不一样。表 7.1 所示为常用材料的相对介电常数。

表 7.1　常用材料的相对介电常数

材料	相对介电常数
硅	11.8
二氧化硅	3.9
正硅酸乙酯	4
氮化硅	6～7

从表 7.1 中可以看到，二氧化硅的相对介电常数是最小的，也就是说，要想获得相同的电容值，用二氧化硅作为介质材料需要更大的面积，这会影响集成电路的集成度。由于氮化硅的相对介电常数接近二氧化硅的 2 倍，并且容易制备，因此常常将其作为替代二氧化硅的介质材料。但是制备氮化硅时容易形成针孔，会降低电容的可靠性，另外氮化硅和二氧化硅的热膨胀系数相差较大，这会导致应力问题，也会影响元器件的可靠性和使用寿命，这个问题在制作电容这种面积较大的元器件时尤为突出。

一般工艺中会给定单位面积电容 C_0，在绘制版图时，应该根据需要的电容容量设计电容的尺寸，绘制实际电容版图。电容版图的结构示意图如图 7.11 所示。

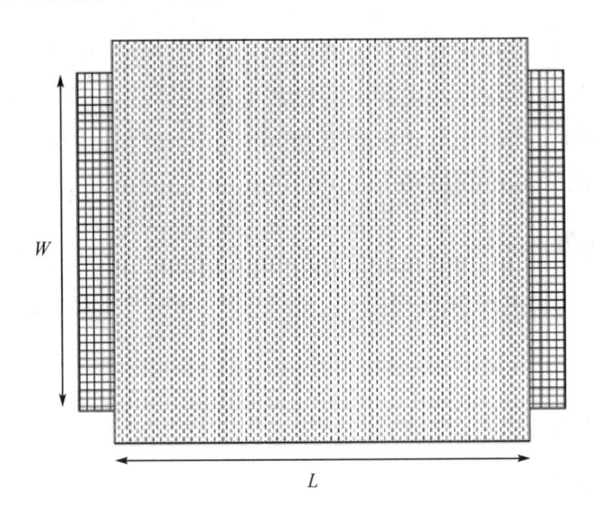

图 7.11　电容版图的结构示意图

另外还要注意，集成电路中的平板电容由于氧化层厚度有限，因此击穿电压比较低，工艺中会给出击穿电压参考值，在设计电容版图时也需要考虑相关平板电容的击穿电压。

2．常用的电容类型

根据材料的不同，在集成电路中用到的电容可分为多种类型，在 MOS 集成电路中应用较为广泛的电容有 PIP 电容、MIM 电容等。

PIP 电容是指双层多晶电容，多晶 2 作为电容的上极板，多晶 1 作为电容的下极板，栅氧化层作为介质，其版图如图 7.12 所示。

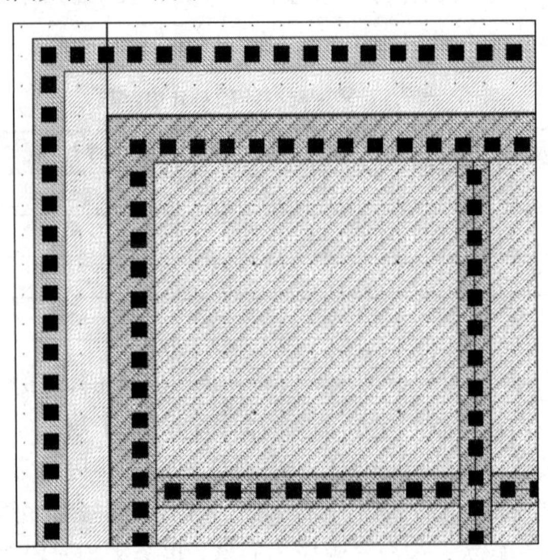

图 7.12　双层多晶电容版图

在绘制 PIP 电容版图时要注意尽可能多且均匀地摆放接触孔，这样可以保证在电容充、放电时电流均匀，并且减小寄生电阻带来的延迟。

有些工艺无法实现 PIP 电容的制作，此时可以利用多晶-掺杂扩散区电容，也就是利用掺杂扩散区作为电容的下极板，栅氧化层作为电容的绝缘氧化层，多晶作为电容的上极板。这种电容的结构与 MOS 电容的结构有相似之处，但是 MOS 电容的容值是不固定的。

根据栅电压的不同，MOS 电容可能会处于表面电荷积累工作状态、表面耗尽工作状态或反型工作状态。在表面电荷积累工作状态和反型工作状态下，MOS 电容的容值基本不变，类似于平板电容。但是在表面耗尽工作状态下，MOS 电容的容值会随着栅电压的升高而减小，无法在电路中作为固定电容使用。

因此，在实际设计中，当用到 MOS 电容时，一般需要将其固定在表面电荷积累工作状态。如果下极板掺杂区采用 N 型材料来制作，那么下极板的电位应该始终为整个电路的最低电位。当然，这样一来，该电容在电路中的使用范围就有所限制，一般只能用作滤波电容等，无法用于交流信号耦合。

绘制的电容版图如图 7.13 所示。

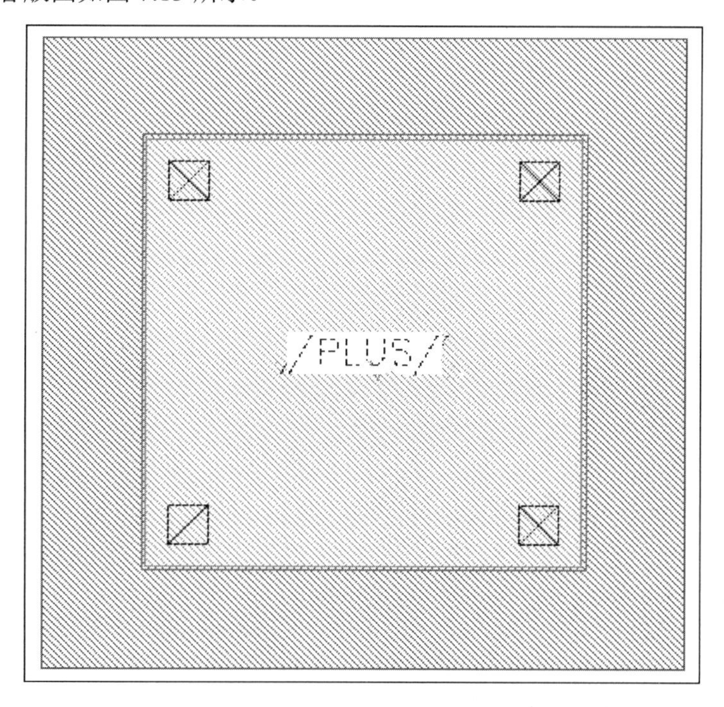

图 7.13　绘制的电容版图

7.2　基本数字模块的设计

前面章节已经介绍了 CMOS 反相器等基本逻辑门的版图设计与验证，本节将主要介绍基本数字模块的设计思路和方法。

7.2.1　复合逻辑门的设计

常规逻辑电路的设计都是根据逻辑表达式来实现的，基本的数字逻辑关系为与、或、非，想要实现特定的逻辑功能，不仅要用到基本逻辑门，还要用到由基本逻辑门构成的复合逻辑门。下面以三输入与或非门为例来介绍复合逻辑门的设计方法。

1. 三输入与或非门的版图设计

三输入与或非门的逻辑表达式为 $F=\overline{AB+C}$，单元名称一般设置为 AOI21。该电路共有 3 个输入端、1 个输出端。根据 MOS 集成电路的构成特点可以知道，该电路应该由 3 个 NMOS 管和 3 个 PMOS 管构成。AOI2I 的电路结构如图 7.14 所示。

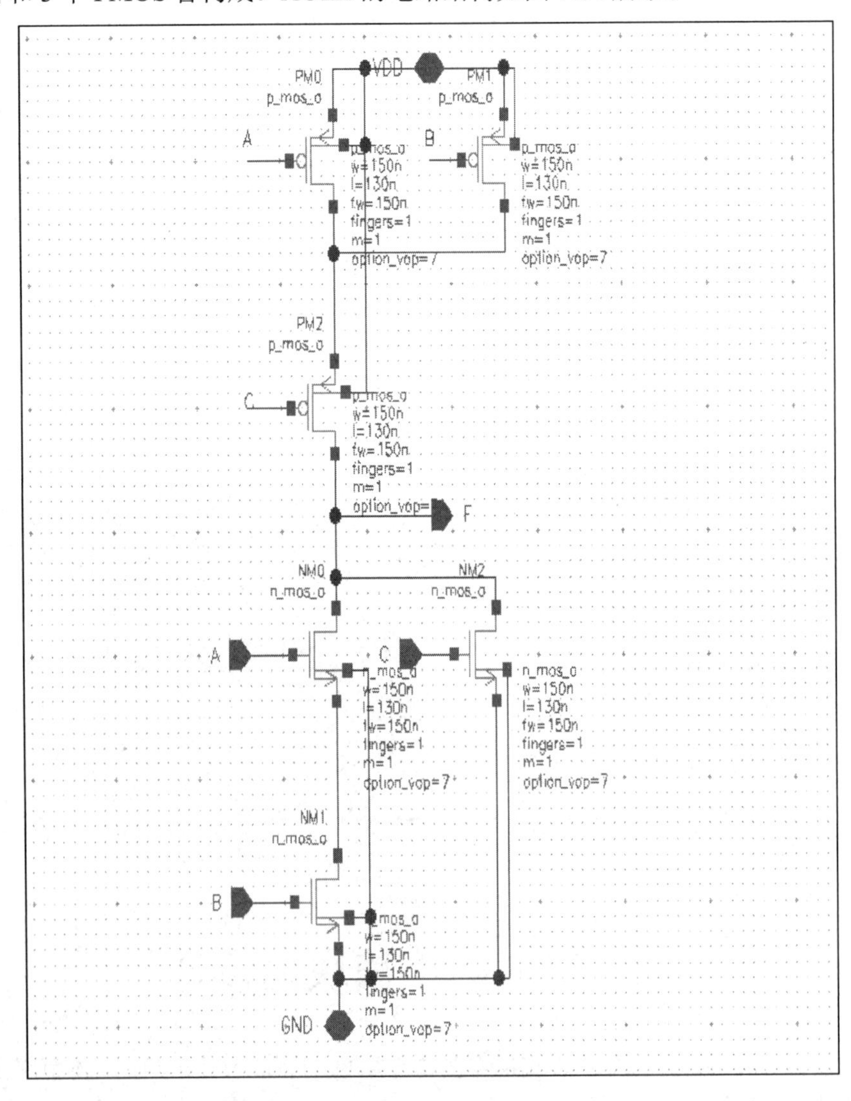

图 7.14　AOI21 的电路结构

从图 7.14 中可以看到，该电路涉及 MOS 管的串联和并联，其电路连接关系相较基本逻辑门来说要复杂一些。接下来介绍版图绘制的思路。

在华大九天 EDA 软件中完成 AOI21 的原理图绘制后，使用 SDL 功能，创建 AOI21 的版图单元，选择自动生成电路中所有元器件的版图，如图 7.15 所示。

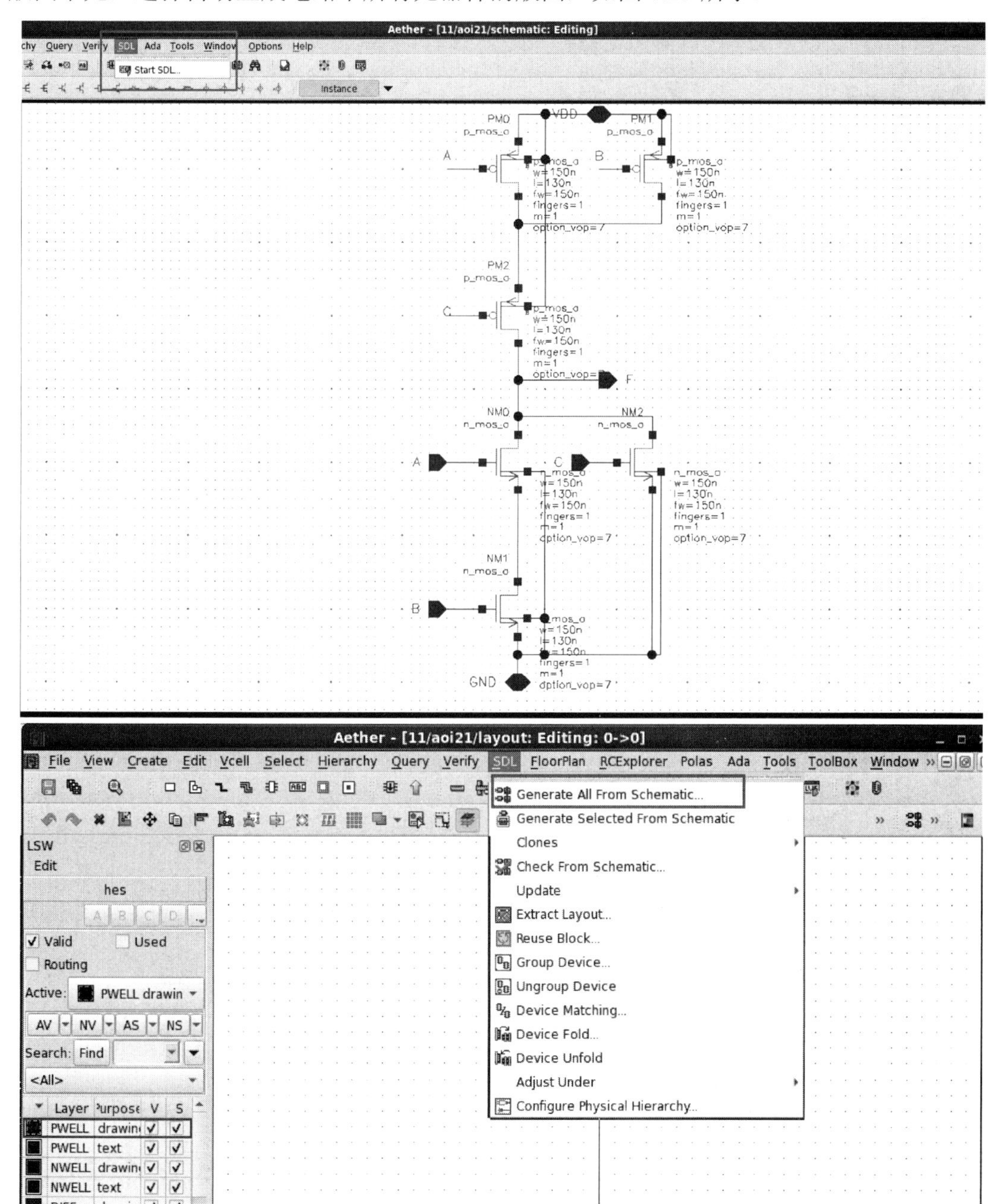

图 7.15　使用 SDL 功能自动生成电路中所有元器件的版图

此时，在版图窗口中会根据原理图中元器件的顺序自动摆放元器件版图，如图 7.16 所示。在进行版图绘制的过程中，需要考虑尽可能缩小面积、方便连线，所以还需要手动调整元器件版图的摆放位置。

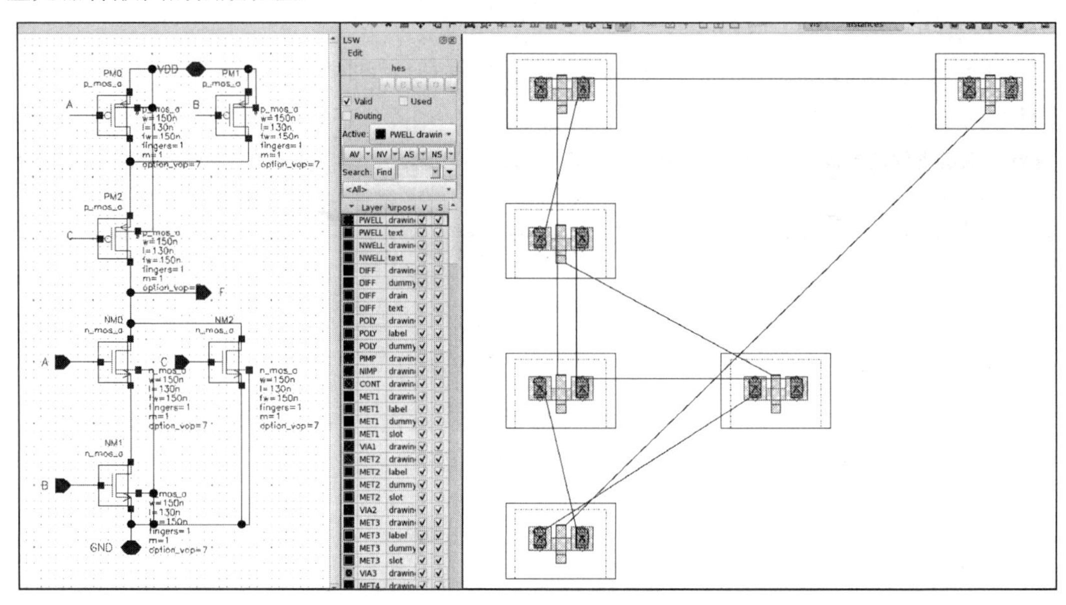

图 7.16　根据原理图自动生成的版图布局

在 SDL 模式下，版图中会有对元器件端口连接关系的提示，同时还有飞线提示，这有助于设计人员对照原理图，结合提示，完成版图的连线。

例如，通过观察可以发现，版图中 PM0 管的 D 和 PM2 管的 S 之间有飞线连接提示，应把这两部分连接在一起。在这里可以直接利用有源区共用实现连接，如图 7.17 所示。

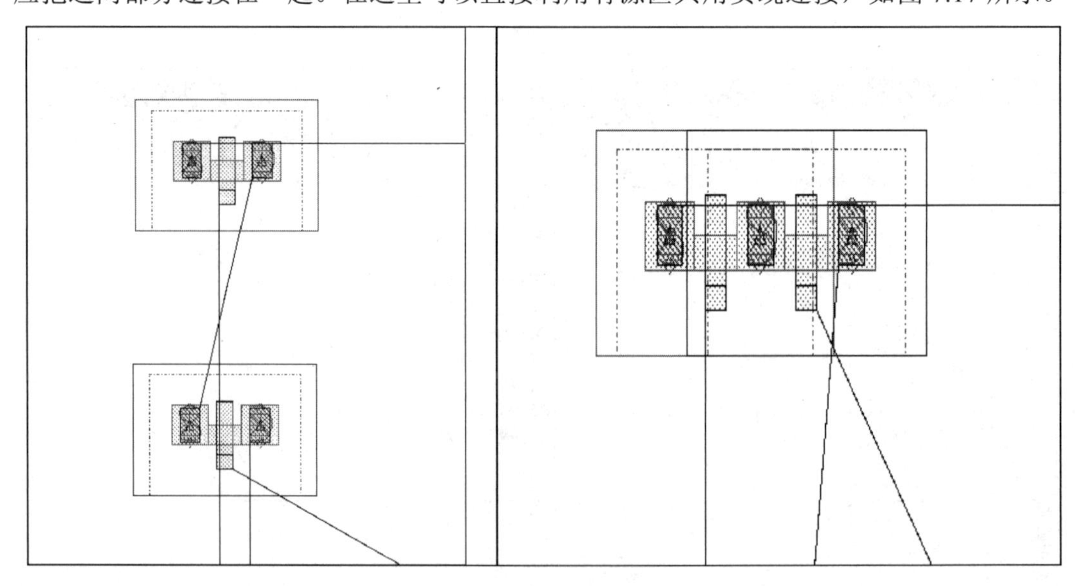

图 7.17　根据飞线提示利用有源区共用实现连接

以此类推，可以将所有 NMOS 管和 PMOS 管的版图分别摆放好，如图 7.18 所示。

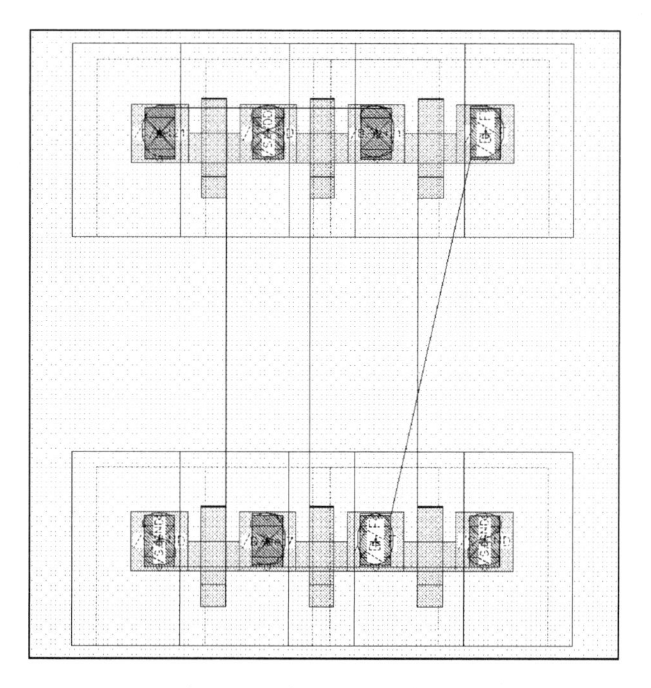

图 7.18　将所有 NMOS 管和 PMOS 管的版图分别摆放好

接下来，可以使用 POLY 图层将对应的 NMOS 管和 PMOS 管的版图连接起来，如图 7.19 所示。

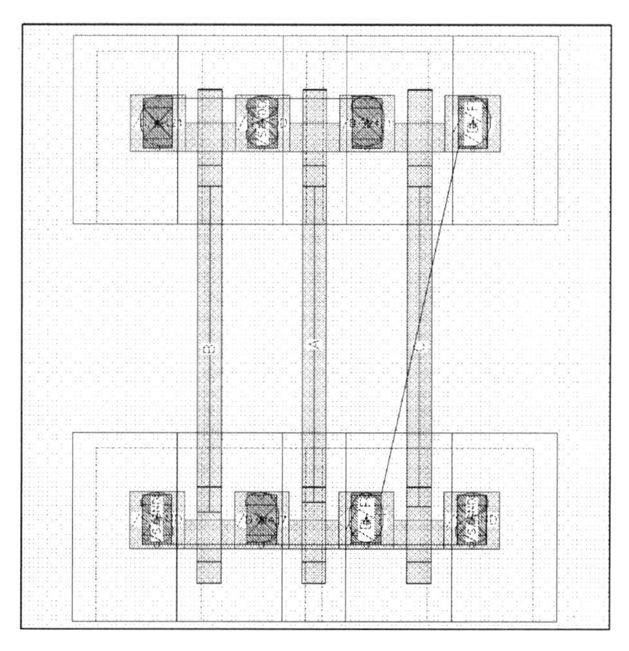

图 7.19　使用 POLY 图层连接对应的 NMOS 管和 PMOS 管的版图

源漏区的连接一般利用金属层（MET1）来完成，在连接过程中要注意软件中的相关提示，如果连接错误，则会有红框报警，如图 7.20 中黑框框出的部分所示，以提示设计人员及时调整。

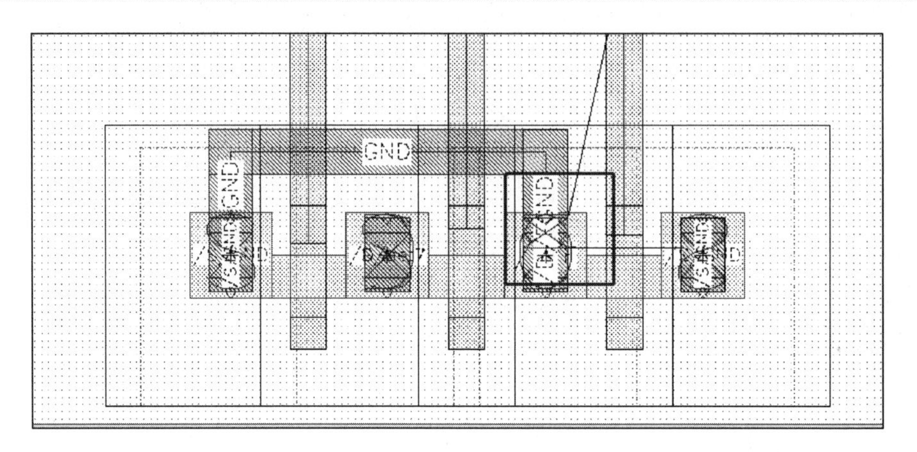

图 7.20　连接错误提示

按照上述方法，对照原理图，即可完成对应版图的连线，如图 7.21 所示。

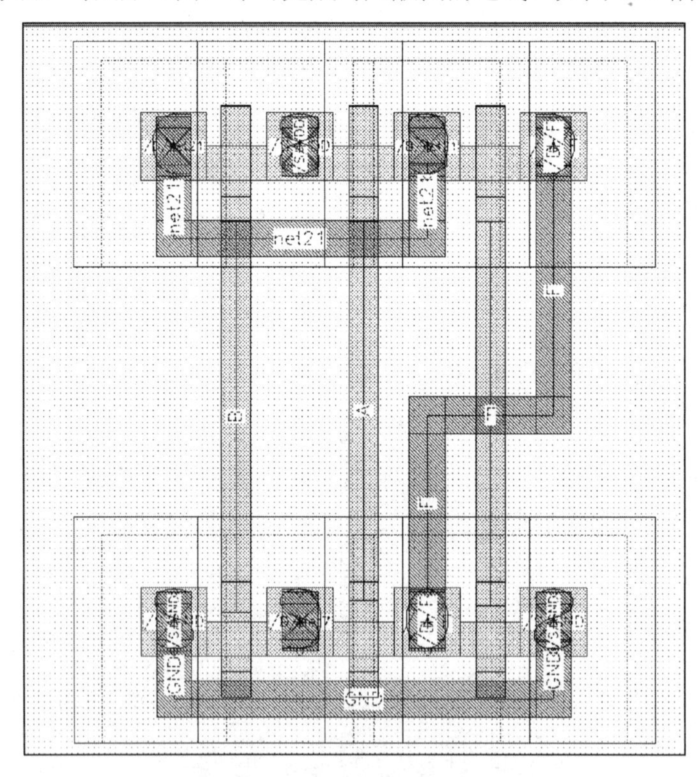

图 7.21　完成对应版图的连线

虽然元器件间的连接关系已经在版图中实现了，但是要注意，因为 MOS 管是四端器件，所以还要按照电路的要求，将衬底接地或接电源。

本节中采用的是双阱工艺，也就是说，NMOS 管需要做在 P 阱中，PMOS 管的衬底则是 N 阱。根据原理图可知，NMOS 管的衬底全部接地，PMOS 管的衬底全部接电源，在版图中需要给 NMOS 管所在的 P 阱加上地电位，给 PMOS 管所在的 N 阱加上电源电压。

可以通过 Create→Via 菜单命令来创建衬底，如图 7.22 所示。选择 M1_NWELL，就可以得到 N 阱的衬底区，可以通过调整接触孔的数量来调整阱接触区的长度。N 阱接触区是由有源区、N 掺杂区、NWELL、接触孔、金属等图层构成的。

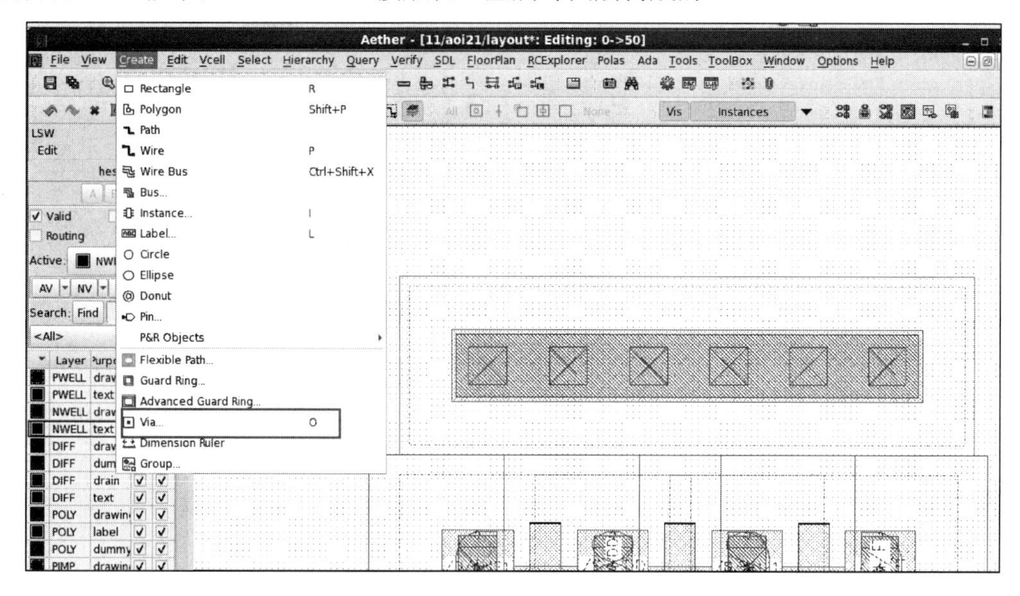

图 7.22　通过 Create→Via 菜单命令创建 PMOS 管的衬底

采用同样的方法创建 NMOS 管的衬底，此时应该选择 M1_PWELL。考虑到衬底一般都要连接电源/地，所以接触孔数量一般稍微多一点，如图 7.23 所示。

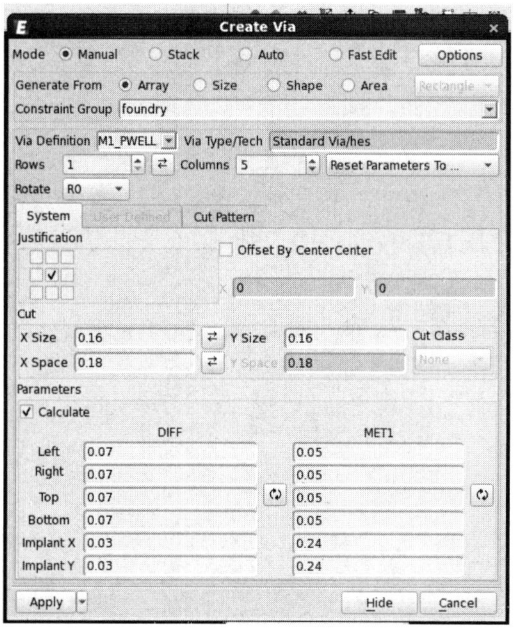

图 7.23　创建接触孔的对话框

最后要根据原理图完成衬底和相应 MOS 管的电连接，并将电源端和地端 Label 摆放好，如图 7.24 所示。

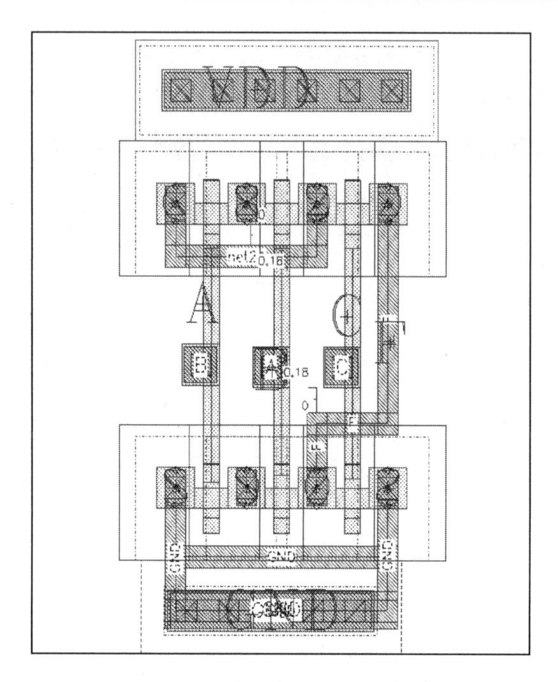

图 7.24　完成衬底和相应 MOS 管的电连接

2．三输入与或非门的版图验证

在完成版图设计后，还需要对版图进行 DRC 验证和 LVS 验证。DRC 验证结果如图 7.25 所示。

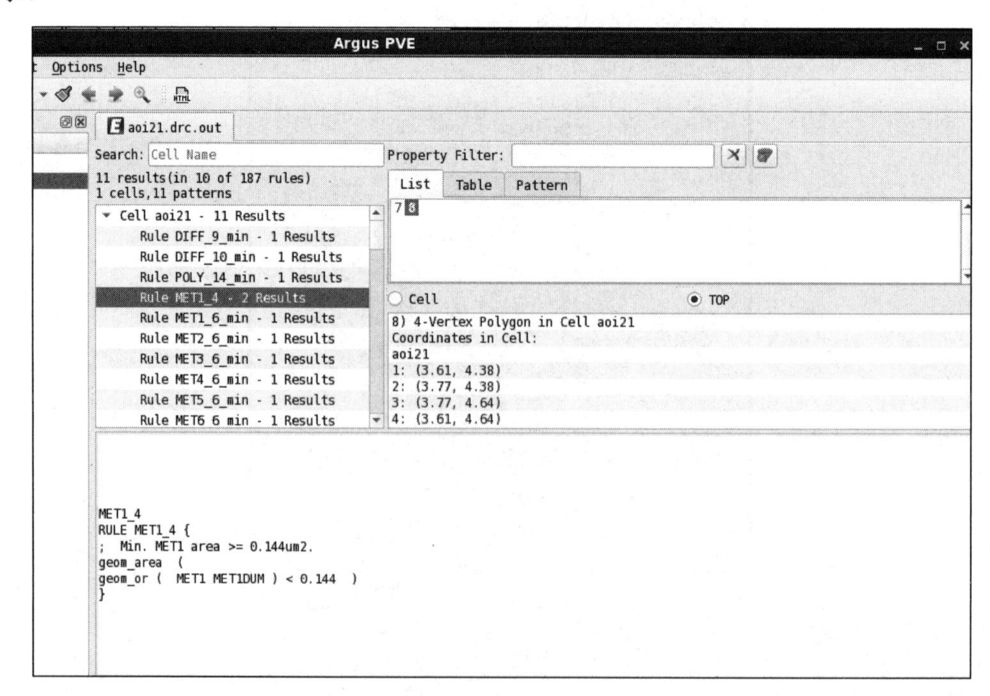

图 7.25　DRC 验证结果

如图 7.26 所示，可以看到版图中有违反设计规则的地方，双击版图窗口中的数字可以看到版图中出现错误的具体位置在哪里。结合版图窗口中的高亮显示（见图 7.26 中标有 MET1_4 处）可以知道，这里的金属面积偏小，需要补金属。

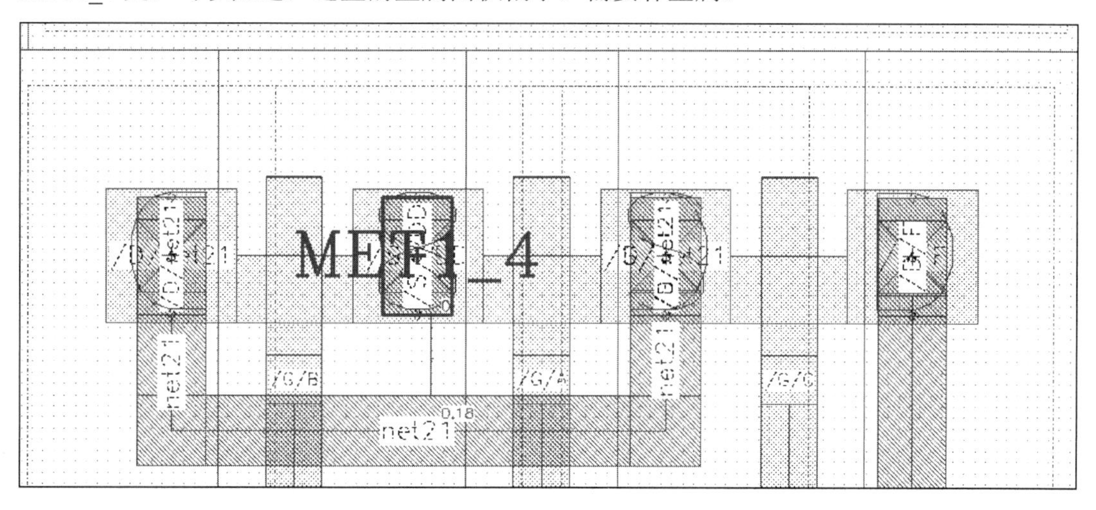

图 7.26　版图窗口中的错误提示

修改完成后的版图如图 7.27 所示，可以看到，在 DRC 验证结果中，除了图层密度问题就没有别的报错了，因为三输入与或非门只是一个逻辑单元，所以在这里可以不处理图层密度问题。

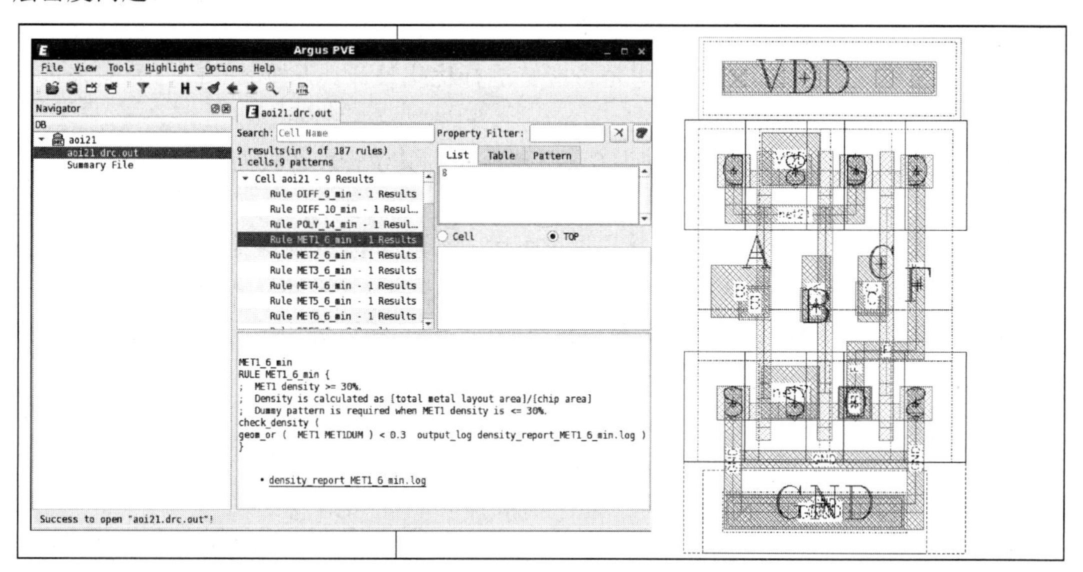

图 7.27　修改完成后的版图

进行 DRC 验证是为了检查所绘制的版图与设计规则是否相符。此外，为了保证版图的准确性，还必须进行 LVS 验证，也就是将所绘制的版图与原理图进行对比，确保其一致性。LVS 验证结果如图 7.28 所示。

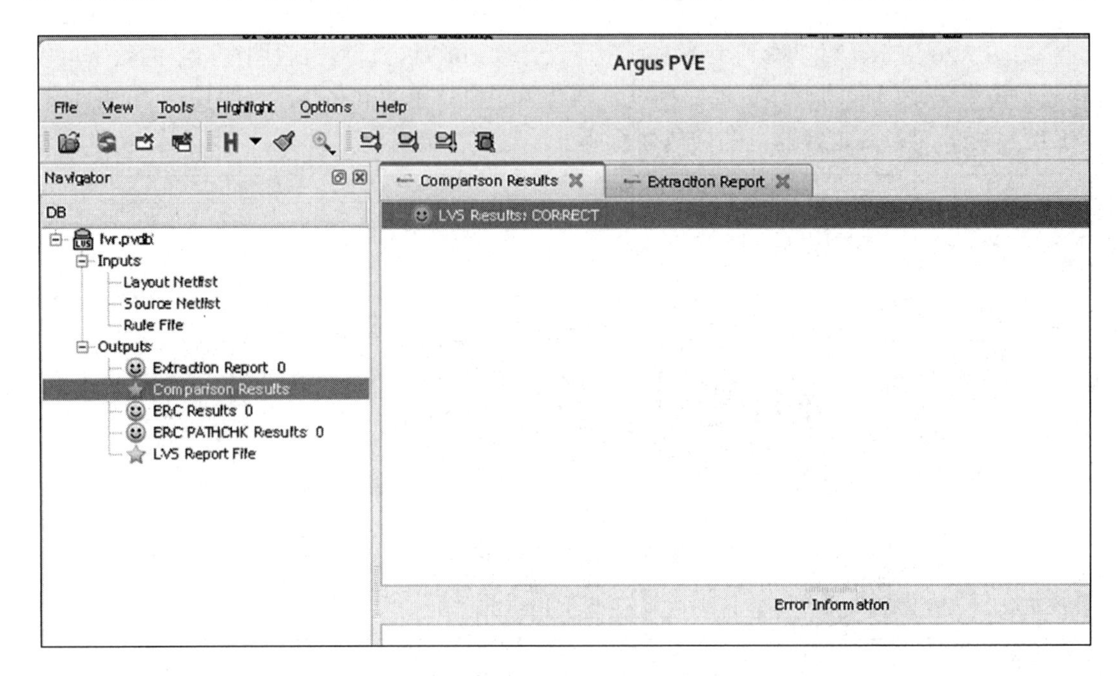

图 7.28　LVS 验证结果

7.2.2　复合逻辑门的优化设计

7.2.1 节以三输入与或非门为例介绍了复合逻辑门的设计方法。在进行逻辑电路设计时，应该尽量使用最简单的方法来实现电路功能，这也是设计电路的一大原则。因此，在绘制逻辑电路之前，一定先要考虑是否能够进行优化设计。下面以异或门为例来进行分析。

异或门实现的逻辑功能是“相同为 0，相异为 1”，其逻辑表达式为

$$F=\bar{A}B+A\bar{B} \tag{7.6}$$

该表达式并不复杂，但是如果直接根据该表达式来设计电路，则共需要用到 14 个 MOS 管。CMOS 异或门基本电路结构如图 7.29 所示。

因为每增加 1 对 MOS 管，就需要相应地增加连线，所以需要对这个表达式进行变换处理。根据异或与同或互为反函数这一关系，可以将式（7.6）变换为

$$F=\bar{A}B+A\bar{B}=\overline{\bar{A}\bar{B}+AB}=\overline{\overline{A+B}+AB} \tag{7.7}$$

通过这样的变换之后，只需要用 10 个 MOS 管即可实现异或逻辑功能。优化设计后的 CMOS 异或门电路结构如图 7.30 所示，较之前节省了 4 个 MOS 管。

通过优化设计，MOS 管的数量减少了，相应的元器件连线数量也会减少。因此，在进行逻辑电路设计时，逻辑关系的简化非常重要，一方面可以简化电路，减少使用的元器件数量，达到节约成本的目的；另一方面可以减小元器件过多而引起的寄生效应。因此，在设计逻辑电路之前，首先要进行的就是简化逻辑关系，找到最简单的逻辑关系来搭建电路。

电路设计完成后，还需要对电路进行验证，以确保电路设计无误，能够实现所需功能。CMOS 异或门电路的仿真设置如图 7.31 所示，CMOS 异或门电路的仿真结果如图 7.32 所示。

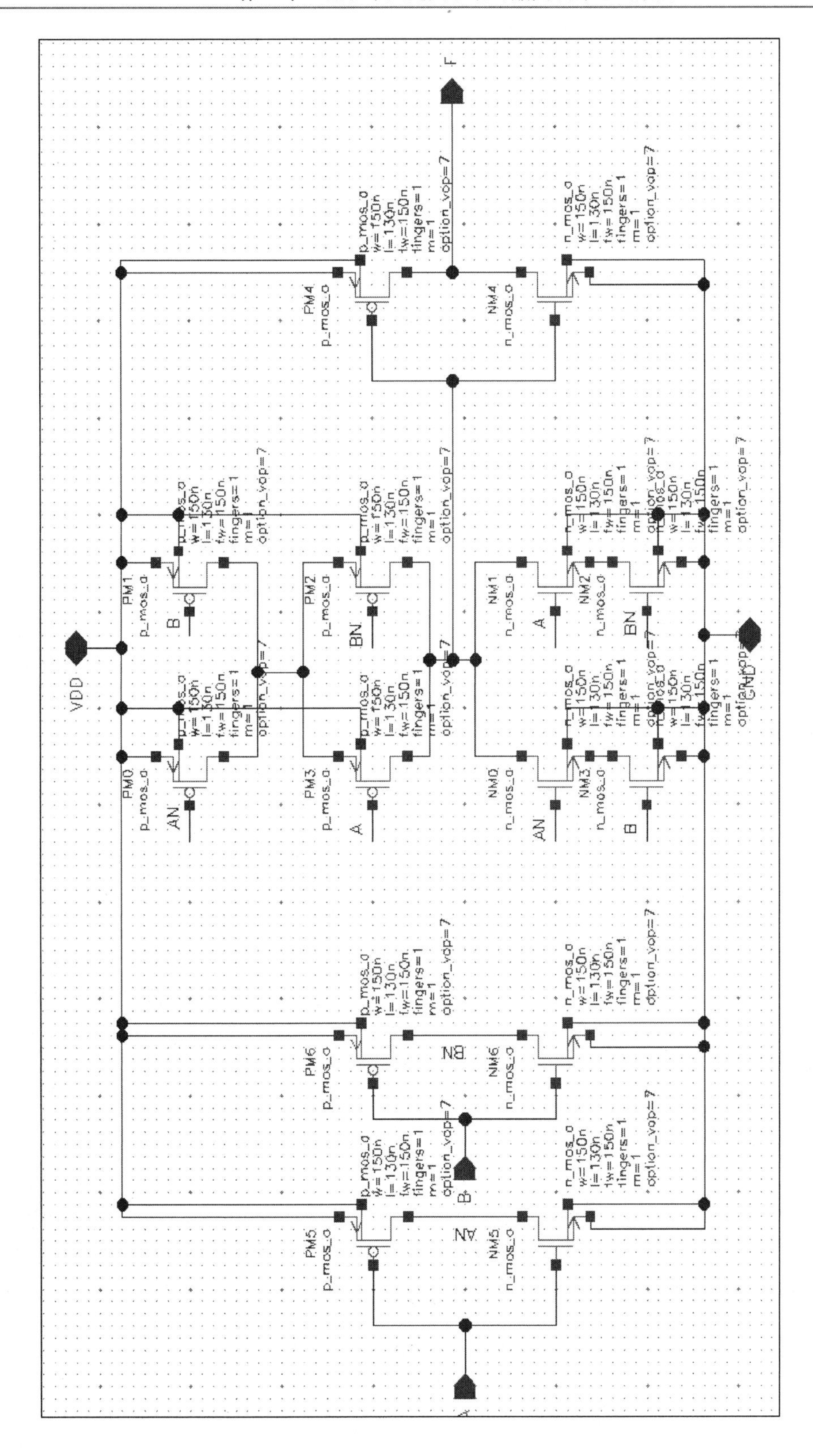

图 7.29　CMOS 异或门基本电路结构

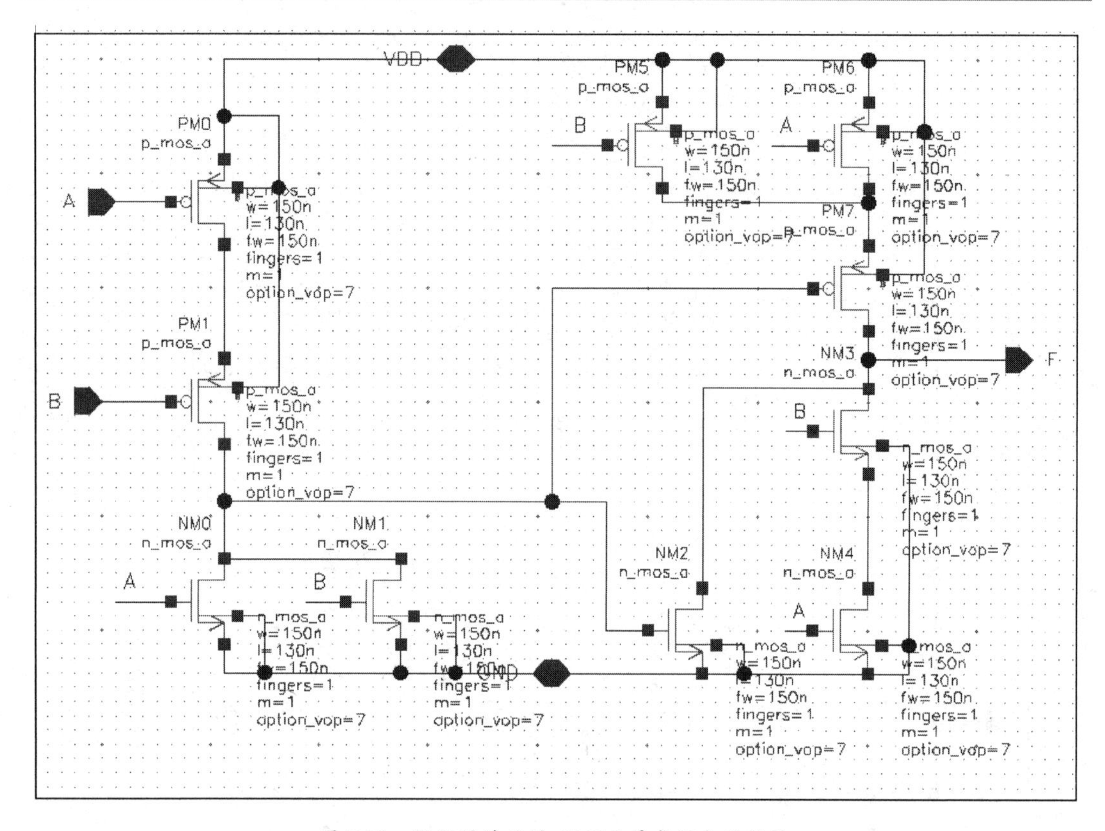

图 7.30　优化设计后的 CMOS 异或门电路结构

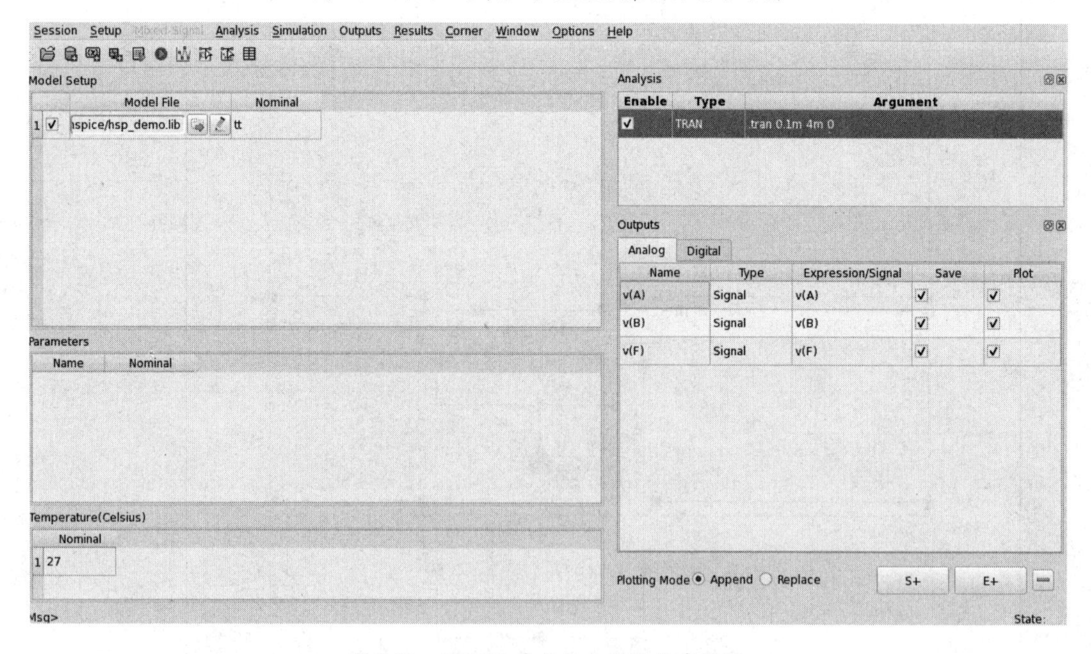

图 7.31　CMOS 异或门电路的仿真设置

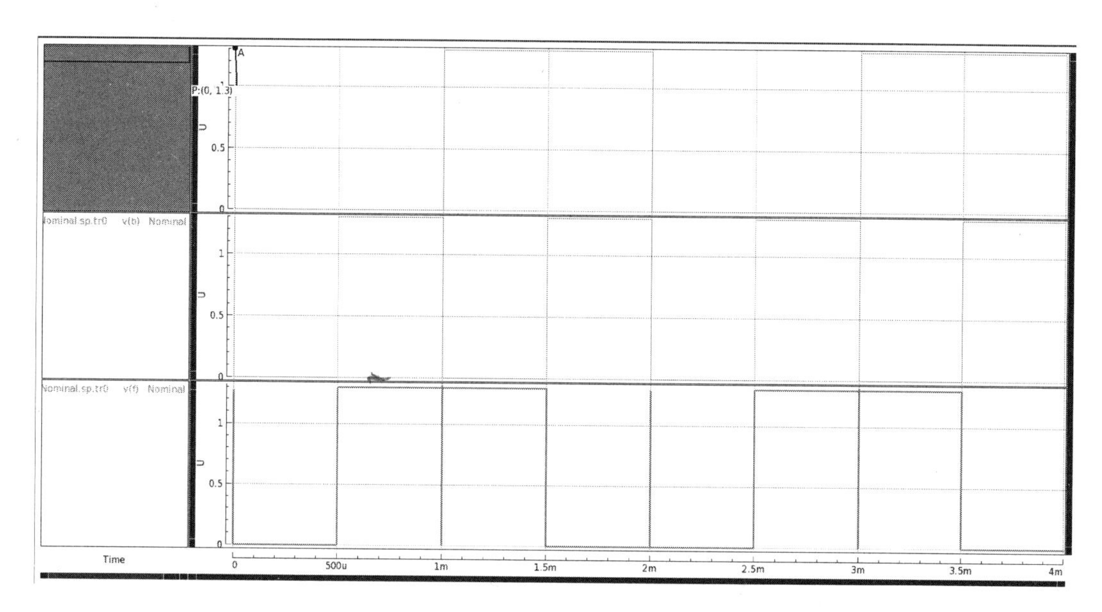

图 7.32　CMOS 异或门电路的仿真结果

复合逻辑门的电路规模相较 CMOS 反相器、与非门等基本逻辑门更庞大，随着元器件数量的增加，在版图绘制过程中需要考虑的问题也变多。在本案例中，经过优化设计的 CMOS 异或门电路是一个典型的二级电路，第一级电路由或非门构成，第二级电路由与或非门构成。在进行版图绘制时，不仅要考虑元器件的布局、布线是否可以布通，还要考虑芯片面积，以及如何合理使用各种材料进行布线、能否用单层金属布线等问题。这需要系统地考虑版图的布局和布线。

平面布局是一种单纯的总体轮廓设计方法，它确定了所有模块将如何相互联系及信号将如何在这些模块之间传输。一个好的平面布局不仅能节省时间，还能使信号流更有效，特别是在电路十分复杂、到处都要布线的情况下。

一般来讲，平面布局主要有以下三种思路。

（1）引线驱动布局：根据总体 I/O 信号、电源和地安排平面布局。好的引线方案可以减少寄生参数，并且有助于掩膜版设计者绘制出干净利索的版图。引线方案决定了内部模块间布线的复杂程度。

（2）模块驱动布局：根据模块之间的连接安排平面布局。基本原则有三个：使模块之间的接线尽可能短；避免在集成电路上到处布线；尽可能按某种对称性来布线（对称的版图可使集成电路更好地工作，并且可以减少布线工作量）。

平面布局是从引线开始还是从模块布置开始，要视情况而定，具体取决于它们中哪个更重要。如果内部模块之间的联络更重要，那么内部模块安排将决定引线位置；如果引线间如何相互作用和连接更重要，那么引线位置将决定如何在内部布置模块。制订好的引线方案和好的模块布置方案是一个需要反复试验的过程。

（3）信号驱动布局：根据前后级信号来安排元器件（模块）的平面布局。平面布局要考虑高频或射频电路信号如何流向每个模块。对称性是电路最需要考虑的因素。在完成平面布局时一定要记住一件事，即布线。信号线、电源线、时钟线、屏蔽及保护模块等都要占用空间，要根据情况决定电路模块之间的距离，要为电源地线和地信号留出空间，同时要为特殊的匹配（差分信号、对称性）和噪声方面的考虑（额外的隔离技术）留有余地。

根据优化设计后的 CMOS 异或门电路原理图进行版图设计，如图 7.33 所示。

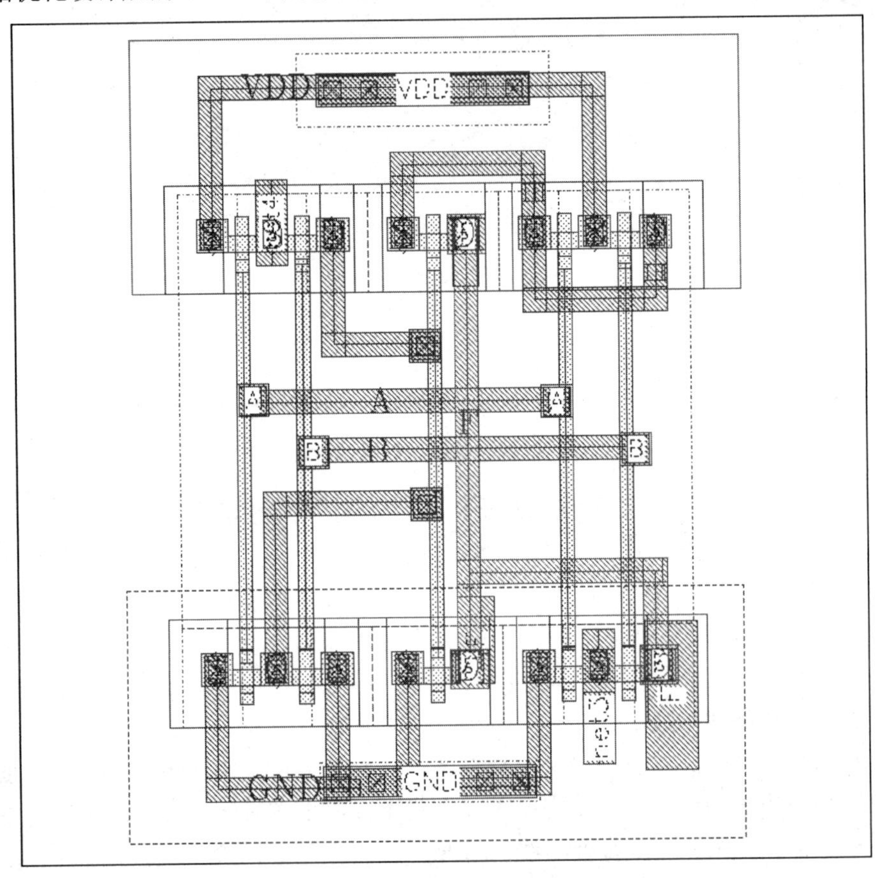

图 7.33　CMOS 异或门电路版图

在进行版图绘制时，为了方便走线，用到了两层金属。随着电路规模的扩大，在有限的空间内实现元器件间全部连接关系的难度也增大了。为了便于实现连接关系，很多工艺中都包含多层金属。从工艺结构上来说，因为不同层金属间都隔有二氧化硅等绝缘材料，所以不同层金属间不会产生连接关系，在版图中即使第二层金属和第一层金属相交，也不会发生短路。如果需要让信号从第一层金属转移到第二层金属上，就需要在两层金属间打通孔。

按 O 键，弹出 Create Via 对话框，如图 7.34 所示，在 Via Definition 下拉列表中选择 M2_M1c 选项，这样就能产生两层金属间的通孔了，如图 7.35 所示。

该通孔版图由三个图层构成，如图 7.36 所示，分别是 MET1、MET2 和 VIA1。只需要将该通孔放在 MET1 和 MET2 上，就可以让两层金属间产生电连接关系，使信号能够进行转移。

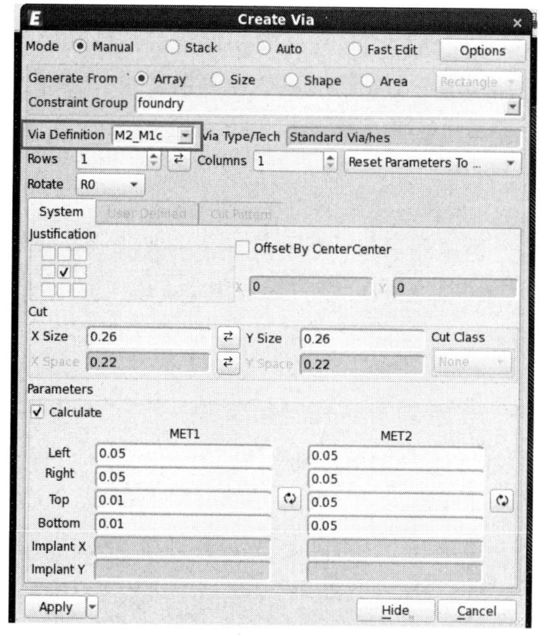

图 7.34　Create Via 对话框

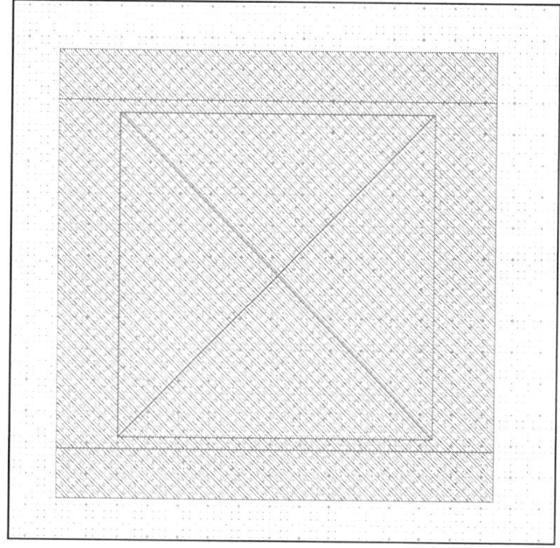

图 7.35　两层金属间的通孔

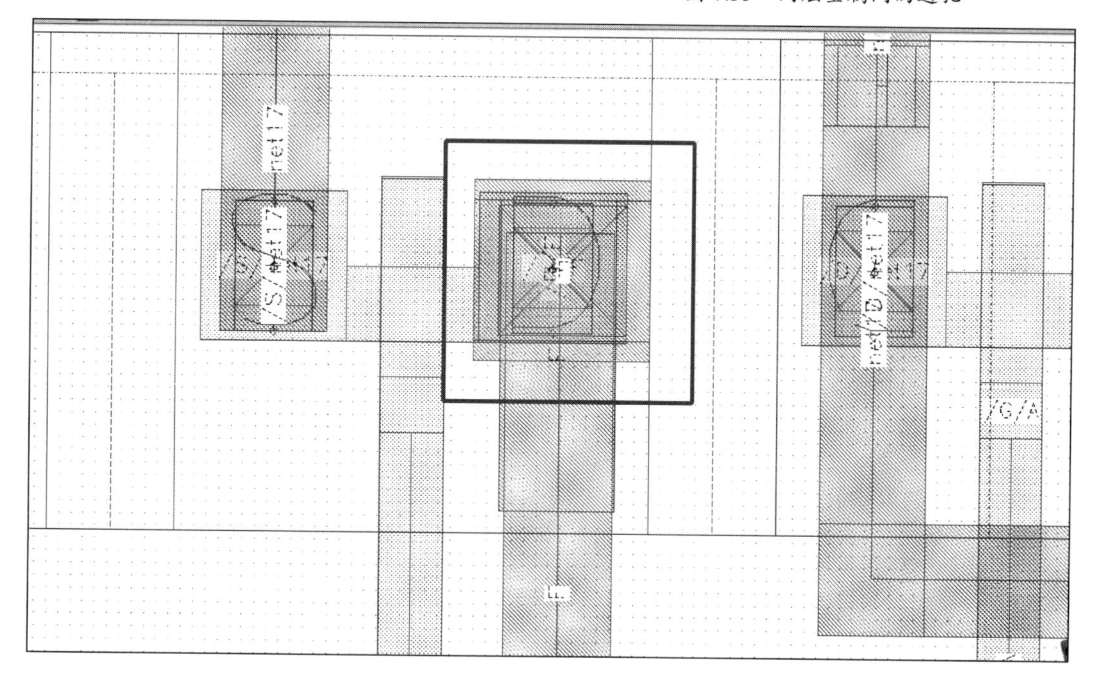

图 7.36　CMOS 异或门电路中的通孔版图

7.2.3　CMOS D 锁存器的设计

本节将介绍时序逻辑电路中的基本单元——D 锁存器的设计方法。

D 锁存器是时序逻辑电路中的一个基本单元，它的电路结构相较前面介绍的复合逻辑门复杂了很多，它也会用到包括 CMOS 反相器、与非门在内的一些基本逻辑门。在已经有基本逻辑门或逻辑单元的情况下，可以不重复设计电路，而是直接使用已有的基本逻辑门或逻辑单元。因此，电路的层次化设计非常重要，本节就以 CMOS D 锁存器的设计为例来介绍电路的层次化设计。

1. CMOS D 锁存器的工作原理

图 7.37 所示为 CMOS D 锁存器的电路图，分析电路可知，框中是一个由或非门构成的高电平有效 RS 锁存器。电路中除了有一个输入端 D，还有一个时钟控制端 CP。

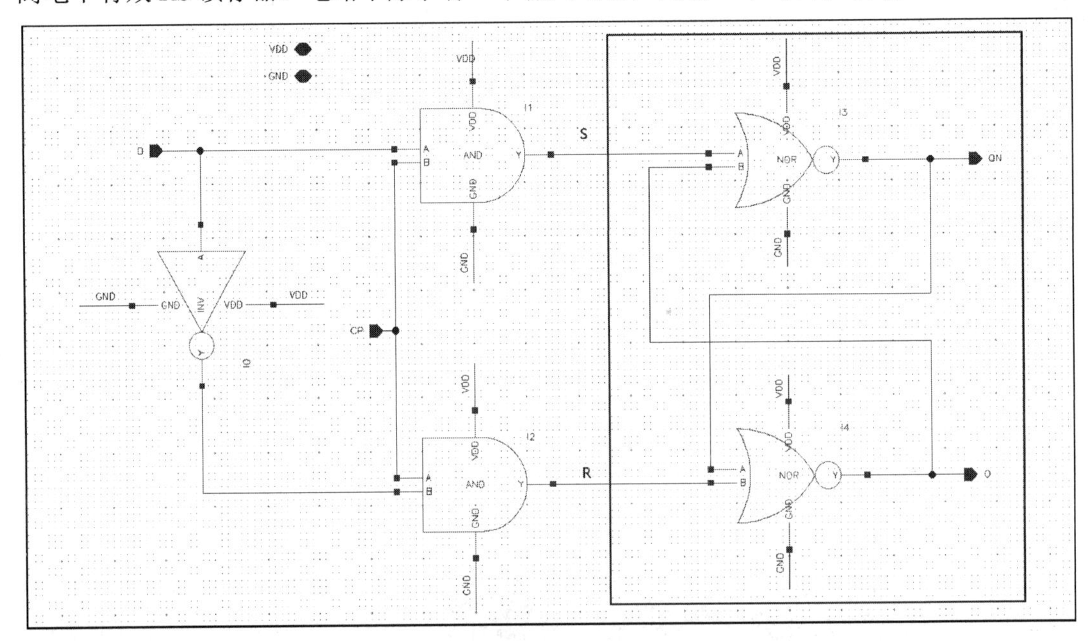

图 7.37　CMOS D 锁存器的电路图

当 CP=0 时，S 和 R 都为 0，即 RS 锁存器无有效输入，输出状态保持不变。

当 CP=1 时，R= $\overline{D}$ ，S=D，即输出 Q=D，QN= $\overline{D}$ 。

因此，可以得到结论，该 CMOS D 锁存器在 CP=0 时状态为锁存，在 CP=1 时 Q^{n+1}=D。

2. 电路的层次化设计

在如图 7.37 所示的电路中有与门、或非门、非门等基本逻辑门，这是因为在设计这个 CMOS D 锁存器电路时调用了这些已有的基本逻辑单元。这就是电路的层次化设计。在该电路中看到的这些基本逻辑门都是以符号的形式存在的。

电路层次化设计的一个显著特点是用一个简单的符号来代替整个电路结构。例如，当在集成电路设计中用到非门时，可以直接调用其符号，而不需要考虑其内部的电路。由此可见，当需要用到大量的单元电路去构建一个整体项目时，使用符号比完全使用晶体管更简洁、更清晰。

在华大九天软件 Aether 中，每个单元中都有很多种视图模式，晶体管级的电路是画在 Schematic 视图下的，而符号电路一般是画在 Symbol 视图下的。Aether 中设计单元的不同视图如图 7.38 所示。

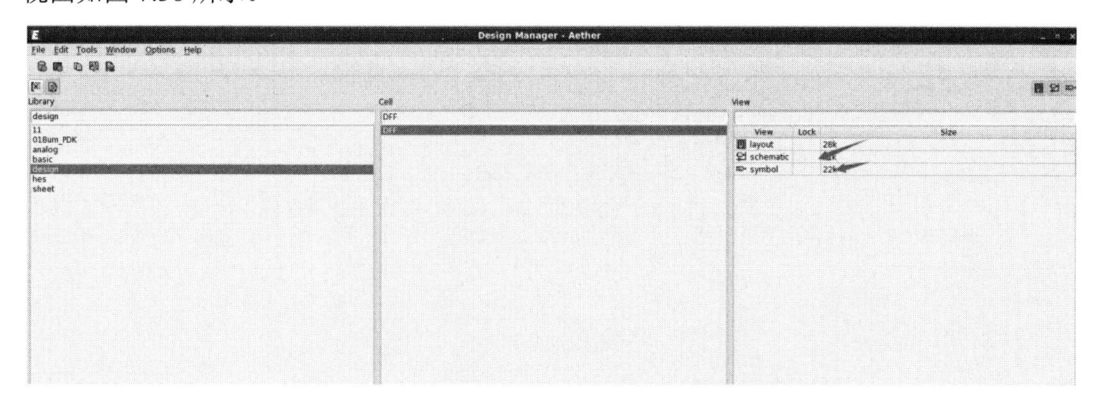

图 7.38　Aether 中设计单元的不同视图

想要在设计时能够调用单元电路的符号，需要先创建单元电路的 Symbol 视图。下面以与非门为例介绍 Symbol 视图的创建过程。

在与非门电路单元的 Schematic 视图中，单击菜单栏中的 Create→Symbol View，如图 7.39 所示，打开 Create Symbol View 对话框，如图 7.40 所示。

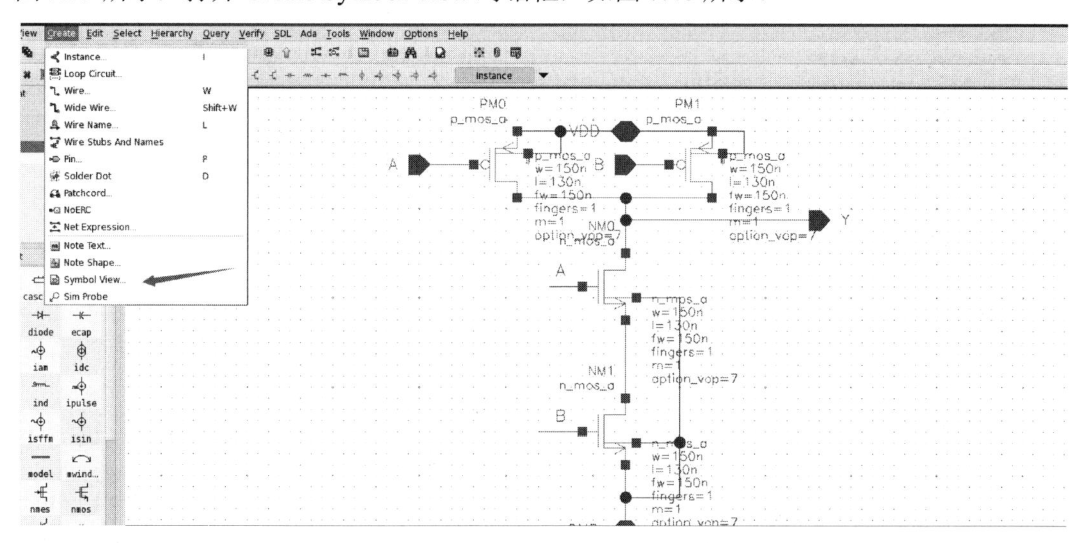

图 7.39　Schematic 视图

在 Create Symbol View 对话框中，可以看到软件自动识别电路图中的输入端为 Left Pins（左端口），输出端为 Right Pins（右端口），双向端口为 Top Pins（上端口）。在该对话框的下方还提供了该符号的备选外形。

考虑到一般会将电源 VDD 放在符号的上端，将地 GND 放在符号的下端，还可以对软件默认的引脚符号摆放进行调整。

先选中列表框中的 GND，再单击 Bottom Pins 右侧的箭头按钮，就可以将 GND 引脚改到符号的下端了，如图 7.41 所示。

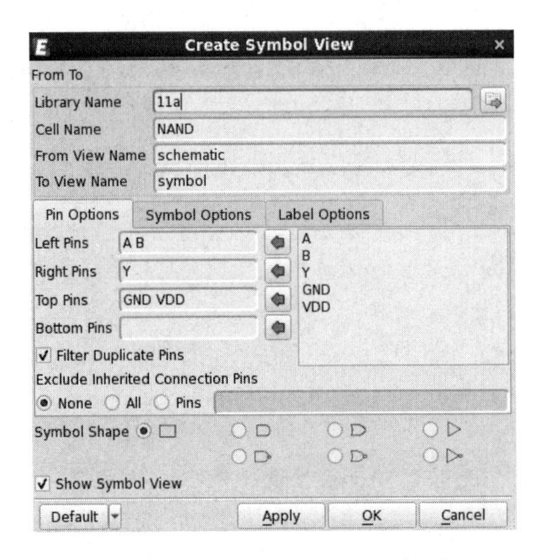

图 7.40　Create Symbol View 对话框

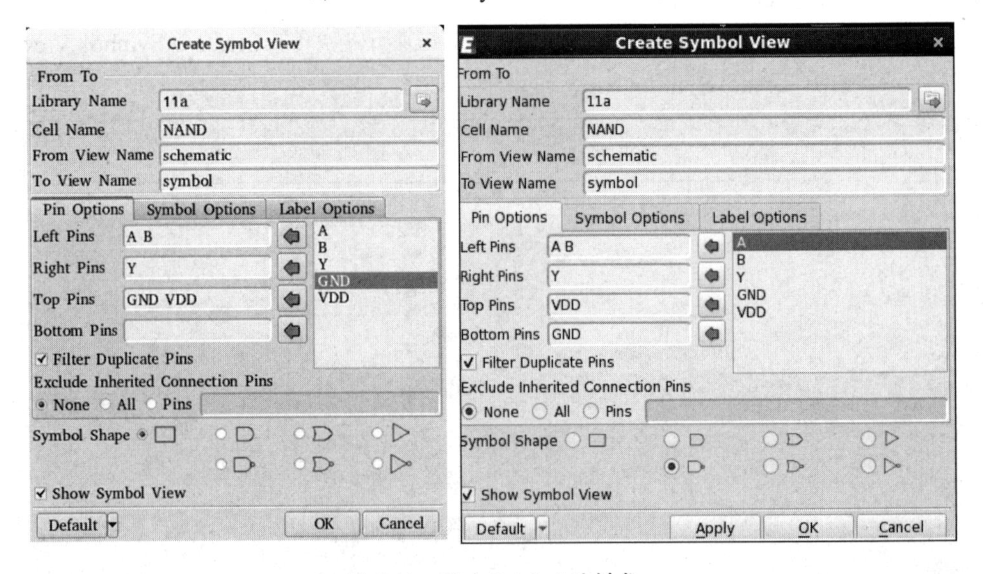

图 7.41　更改 Symbol 的样式

设置完成后，单击 OK 按钮，就可以得到自动生成的 Symbol 视图。与非门的 Symbol 视图如图 7.42 所示。

在图 7.42 中，矩形框表示符号的选择框，当在电路中调用该符号后，只要在选择框范围内单击都可以选中该符号。

@cellName 表示该单元的名称，一般不需要填写，软件会根据设计单元的名称自动填写。

@instanceName 表示标示名称，当在电路中调用该符号后，会自动生成标示名称，如图 7.43 所示。设计者也可以把该项删除，自己根据需要进行标注。

Symbol 视图中的引脚是根据电路图自动生成的，一般不需要修改。如果设计者在 Schematic 视图中进行了修改，但没有在 Symbol 视图中做出相应修改，在进行电路检查时就会报错。例如，将 Schematic 视图中的输出引脚名称改为 F，而 Symbol 视图中不变，则在单击工具栏中的 Check and Save 图标后，会弹出警告信息，如图 7.44 所示。

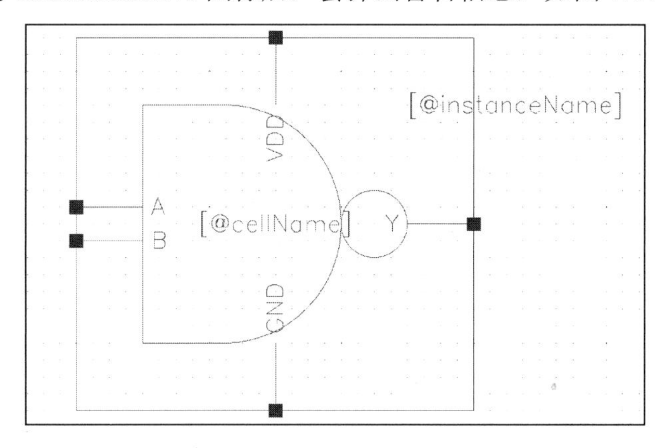

图 7.42　与非门的 Symbol 视图

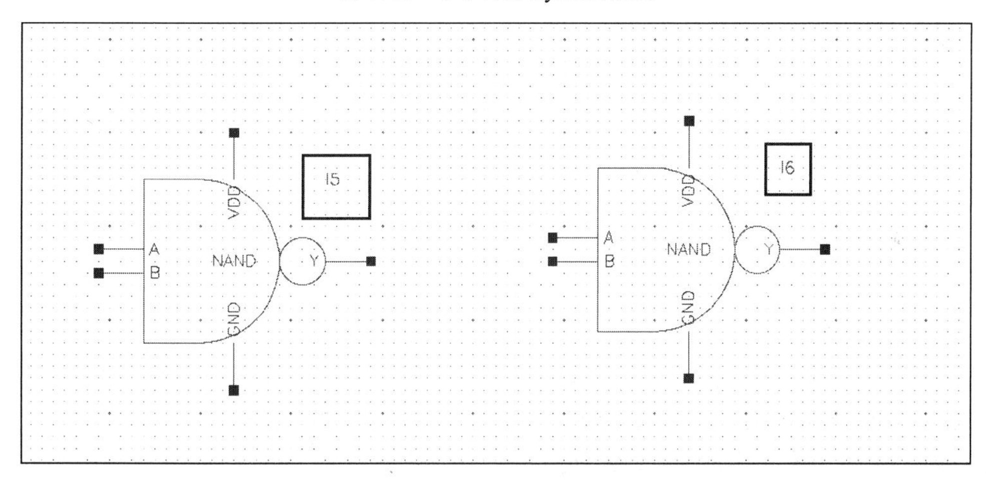

图 7.43　电路符号的标示名称

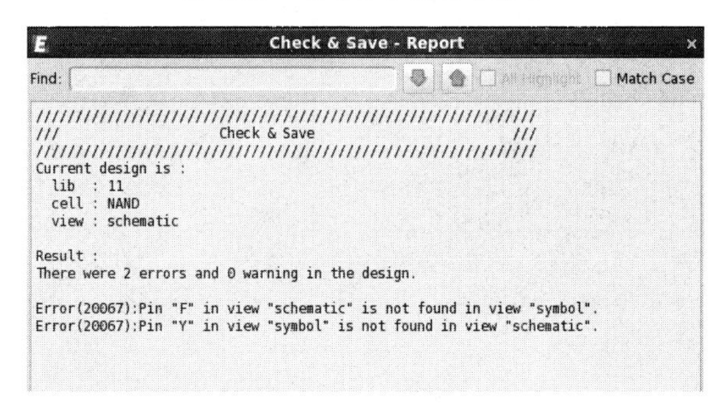

图 7.44　警告信息

从图 7.44 中的警告信息可以看出，在 Schematic 视图中有 F 端口，没有 Y 端口，而在 Symbol 视图中有 Y 端口，没有 F 端口。这就造成了 Schematic 视图与 Symbol 视图的不匹配。

如果要进行修改，则只需要进入该单元的 Symbol 视图，找到出问题的端口，选中该端口后按 Q 键，打开端口属性设置对话框，如图 7.45 所示，在该对话框中将端口的名称从原本的 Y 改成 F 即可。

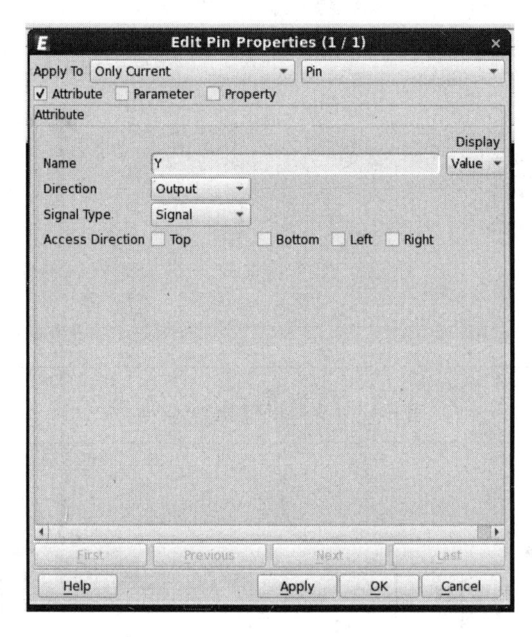

图 7.45　端口属性设置对话框

在端口属性设置对话框中，还可以修改端口的方向、信号类型等。

确认无误后保存，该 Symbol 就可以在其他电路中被调用了，这就是电路的层次化设计。

根据 CMOS D 锁存器的原理图，依次完成非门、或非门、与门的电路及逻辑符号的设计。新建一个单元，在其中调用设计好的逻辑符号，并按原理图连接起来，就完成了 CMOS D 锁存器的电路设计，其完整电路图如图 7.46 所示。

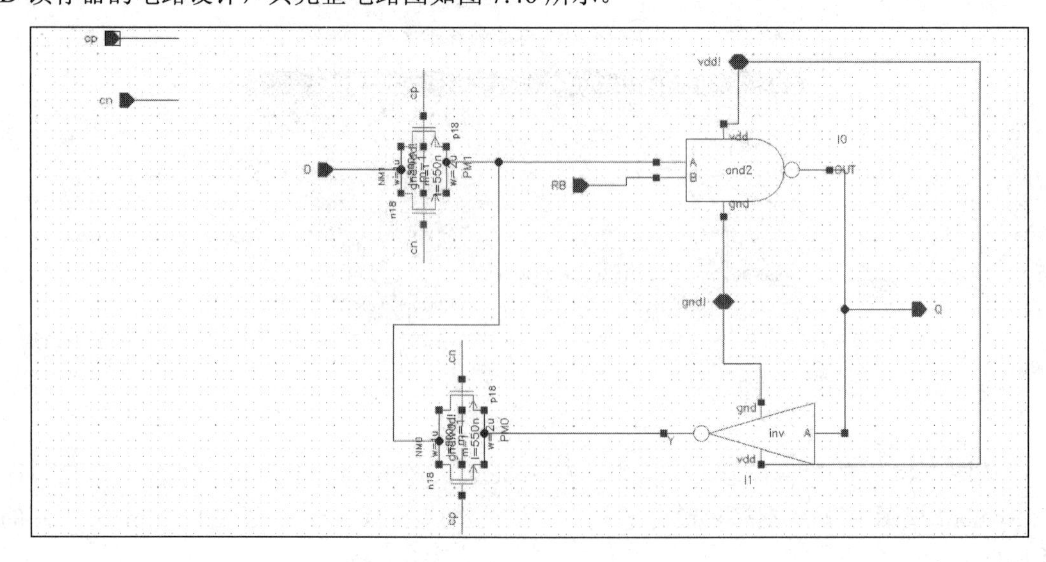

图 7.46　CMOS D 锁存器的完整电路图

3. CMOS D 锁存器的仿真

完成电路设计后，可以将这个 CMOS D 锁存器也做成一个符号，新建一个仿真单元调用该符号，并进行仿真。CMOS D 锁存器的仿真电路如图 7.47 所示，仿真激励信号设置如图 7.48 所示，CMOS D 锁存器的仿真结果如图 7.49 所示。由图 7.49 可以看出，当 CP=0 时，不管 D 信号是否变化，输出始终不变；当 CP=1 时，输出随 D 信号变化而变化，功能验证无误。

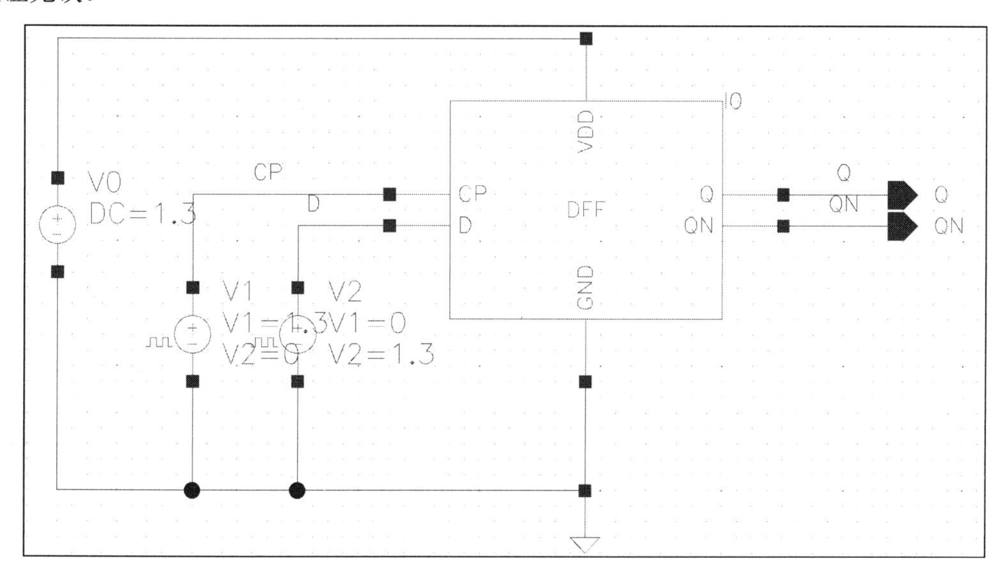

图 7.47　CMOS D 锁存器的仿真电路

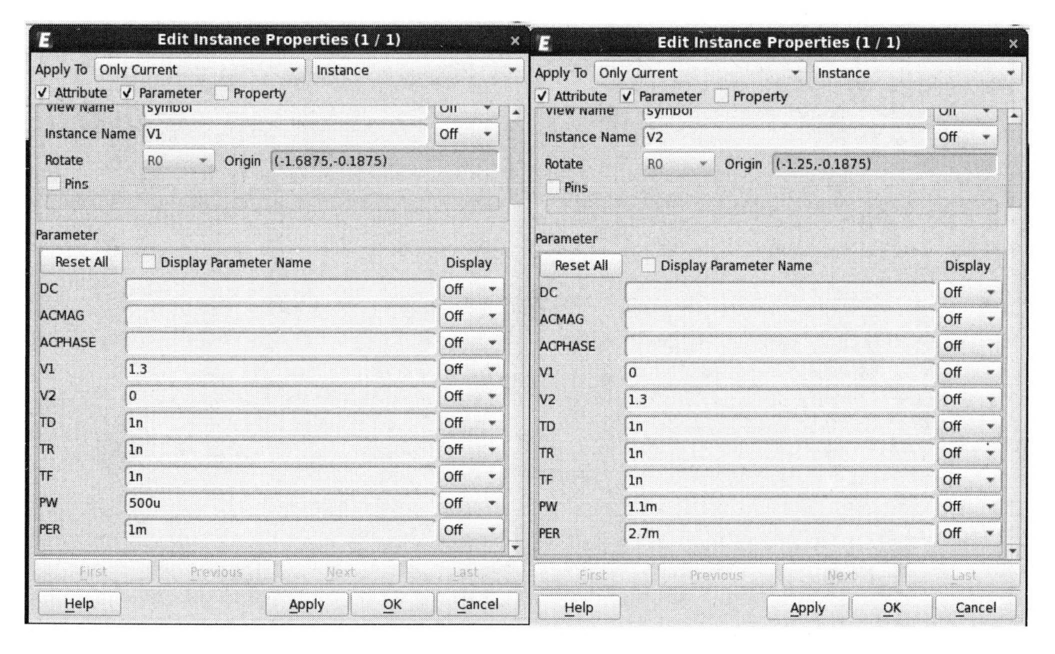

图 7.48　仿真激励信号设置

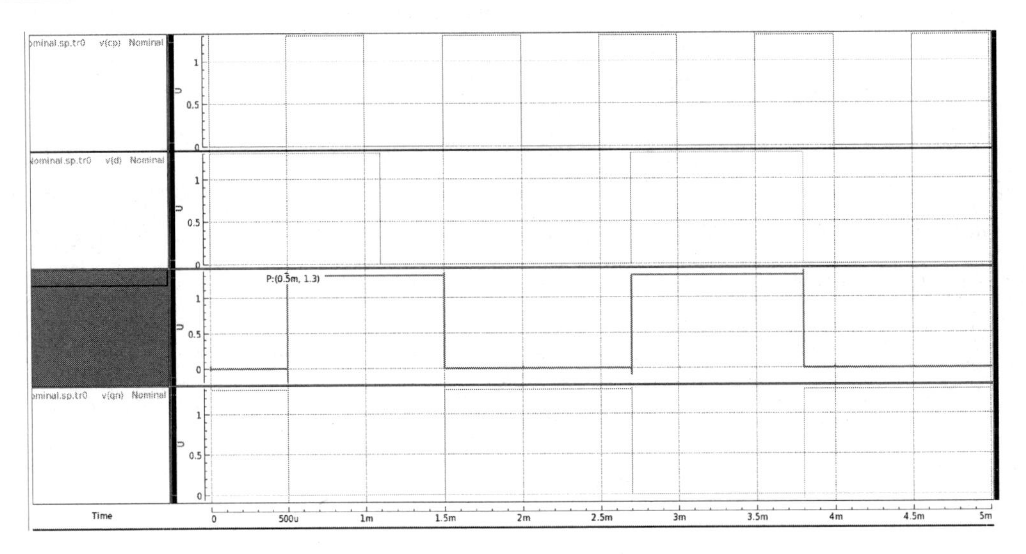

图 7.49　CMOS D 锁存器的仿真结果

4．CMOS D 锁存器的版图设计

在进行 CMOS D 锁存器的电路设计时，使用了层次化设计方法，在进行版图设计时，也可以使用类似的方法。

首先，把电路内部的非门、或非门和与门三个单元的版图画好，如图 7.50 所示。为了方便实现 CMOS D 锁存器版图的拼接，三个单元的版图高度应该一致。以三个单元中面积最大的与门为基准，根据与门版图的高度，确定其他单元版图的高度。

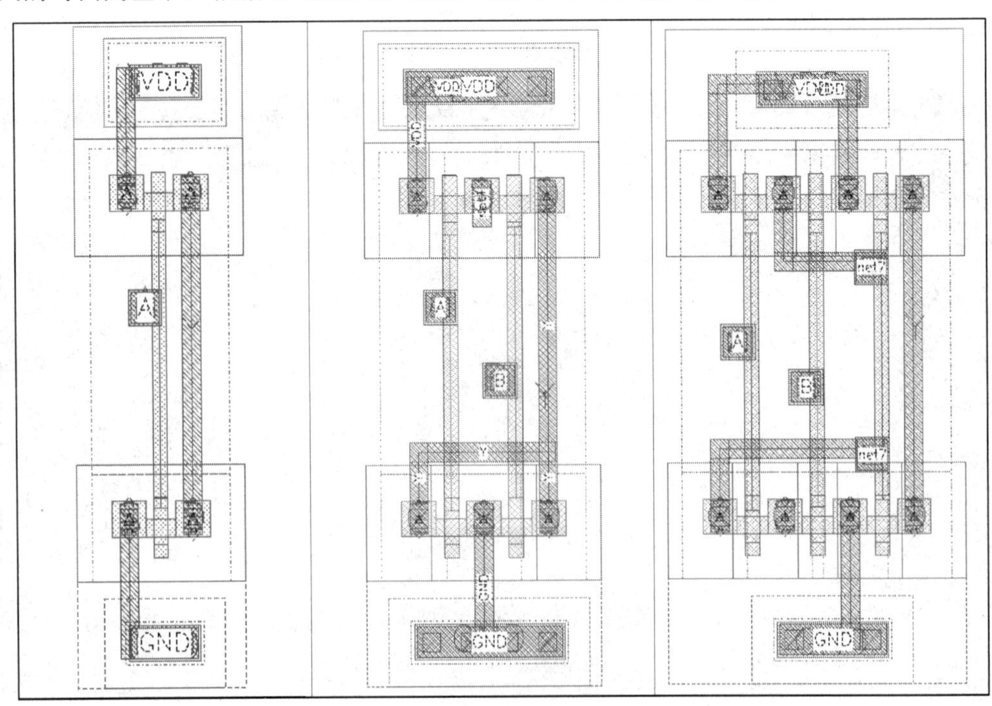

图 7.50　CMOS D 锁存器中三个单元的版图

其次，打开 CMOS D 锁存器的版图，如图 7.51 所示，利用 SDL 工具调入电路中所有 Symbol 对应的版图，并按顺序拼接摆放好。

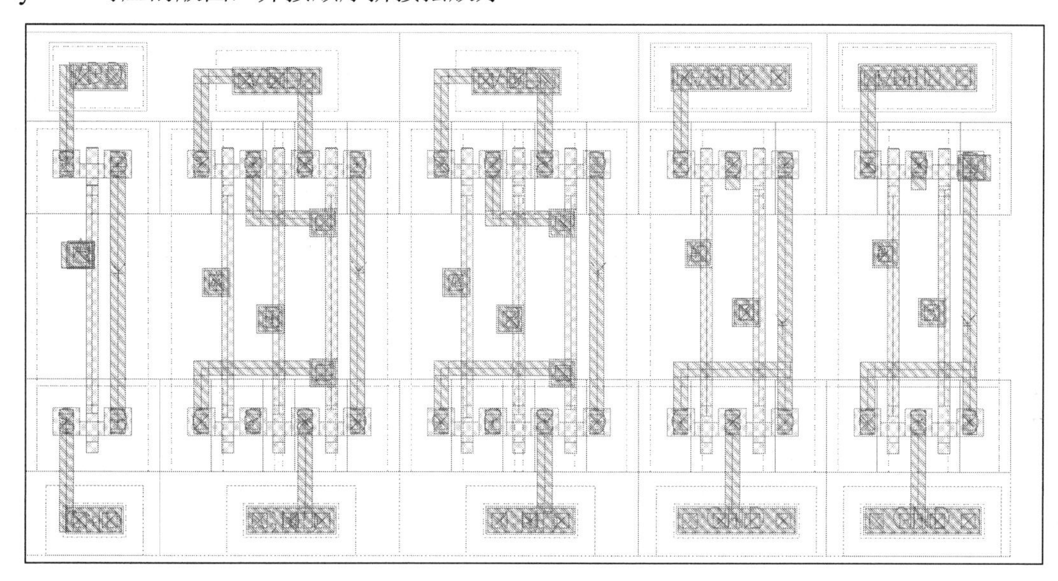

图 7.51　CMOS D 锁存器的版图

最后，用 MET1 将所有单元版图中的 VDD 和 GND 全部连起来，并根据电路中单元与单元间的连接关系完成金属布线。设计完成的 CMOS D 锁存器的版图如图 7.52 所示。这类电路版图的典型特点是，顶部为电源线，底部为地线，上半部分放置 PMOS 管，下半部分放置 NMOS 管，整个版图的高度是确定的，而宽度则可以根据 CMOS D 锁存器中所包含的单元个数增加而向右延伸。

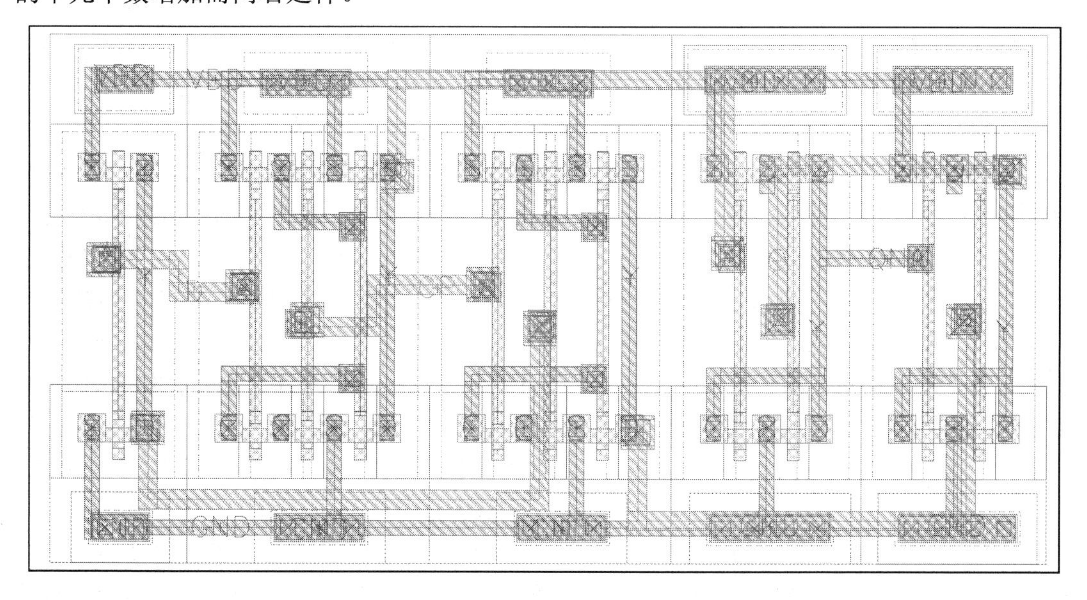

图 7.52　设计完成的 CMOS D 锁存器的版图

7.2.4 SRAM 单元电路的设计

1. 案例简介

存储器是用来存放数据和程序的一种电路，其基本功能是保存大量代码，可按需要取出来（读出）或把新的代码存进去（写入）。按功能不同，存储器可分为 ROM（Read Only Memory，只读存储器）和 RAM（Random Access Memory，随机存取存储器）两大类。ROM 中所存储的信息在断电后仍能保留，不存在信息挥发问题，而 RAM 中所存储的信息在断电后会全部挥发。

RAM 是一种在运行过程中可以随时将外部信息写入存储器，也可以从存储器中读出信息的存储器类型，将信息写入某个存储单元或从某个存储单元读出信息都是随机的，并且写入和读出的时间与信息所在的位置无关。

MOS 管 RAM 因集成度高、功耗小而成为目前主要的 RAM 类型，根据存储单元结构及工作方式不同，其可分为 DRAM（Dynamic RAM，动态 RAM）和 SRAM（Static RAM，静态 RAM）两大类。

（1）DRAM。

DRAM 由门控管和存储电容构成，数据以电荷形式聚集在存储电容上，如果存储电容上有电荷，则表示存储数据“1”，否则表示存储数据“0”。由于存储电容总是存在漏电现象，其保存的信息不能长久保持，需要定期进行刷新，因此 DRAM 是一种动态存储器。

（2）SRAM。

与 DRAM 相比，SRAM 不需要再生操作，因此也就不需要时钟，其外围电路简单，工作状态较稳定，易于测试，使用方便。

目前集成电路中的 SRAM 单元电路大部分采用如图 7.53 所示的六管存储单元结构。

在图 7.53 中，M_1 与 M_3、M_2 与 M_4 构成两个首尾相接的反相器，即构成一个基本触发器，这个基本触发器的输出端 A、B 分别连接门控管 M_5、M_6，门控管的栅极连接字线 W。这个存储单元有两种存储状态：若 M_1 和 M_3 构成的反相器工作，则 A=0，B=1；若 M_2 和 M_4 构成的反相器工作，则 A=1，B=0。这两种存储状态可以通过连接在基本触发器上的两个门控管来切换。当连接门控管栅极的字线 W 为高电平时，M_5、M_6 导通，允许互补的位线 D、DN 信号输入，存储单元处于工作状态，可以写入或读出；当连接门控管栅极的字线 W 为低电平时，M_5、M_6 截止，存储单元处于维持状态。在实际的 SRAM 单元电路设计中，有时还会增加其读写使能信号，对此可在图 7.53 中的 A、B 端分别连接一个接地的 MOS 管，这两个使能管的栅极接 SRAM 读写使能信号。

在六管存储单元结构的 SRAM 单元电路的版图（见图 7.54）设计过程中，必须确保两个反相器及两个门控管在版图中完全对称。另外，还要注意 6 个 MOS 管的宽长比，如两个反相器的 PMOS 管宽长比为 0.8/0.8，NMOS 管宽长比为 1.2/0.6，两个门控管的宽长比为 0.8/0.6。如果不注意这些版图设计的细节，则有可能导致 SRAM 单元电路的功能不正确。

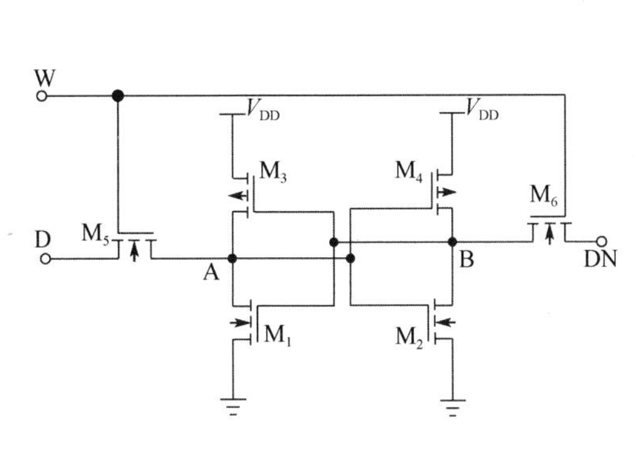

图 7.53　六管存储单元结构的 SRAM 单元电路

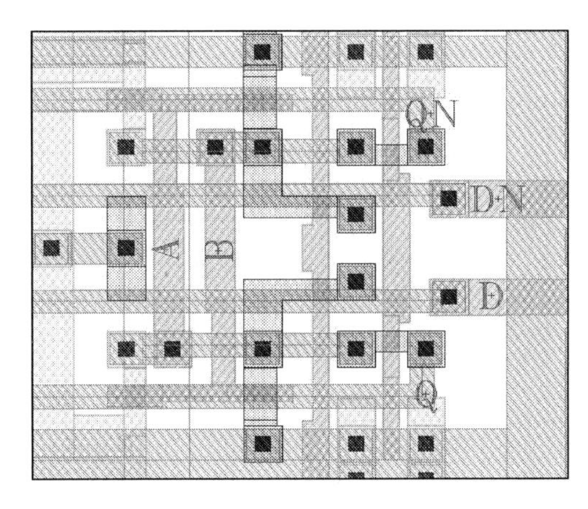

图 7.54　六管存储单元结构的 SRAM 单元电路的版图

2．SRAM 单元电路的设计与仿真

（1）SRAM 单元电路的设计。

对如图 7.53 所示的 SRAM 单元电路进行仿真，其版图如图 7.54 所示。在华大九天系统中完成该单元电路原理图的输入，如图 7.55 所示。需要注意的是，两个 trigger 模块用于波形整形，上升时间和下降时间会使最后的波形产生毛刺，可用 trigger 模块将毛刺消除。

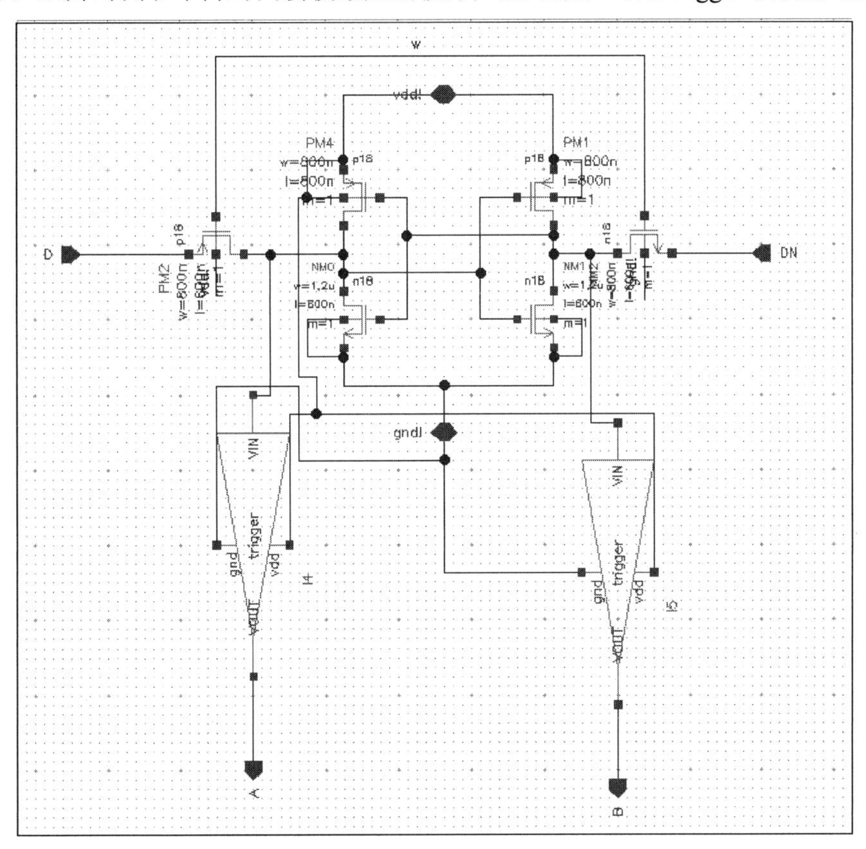

图 7.55　SRAM 单元电路的原理图

添加电源信号并为输入信号添加激励，具体参数如图 7.56、图 7.57、图 7.58 所示。

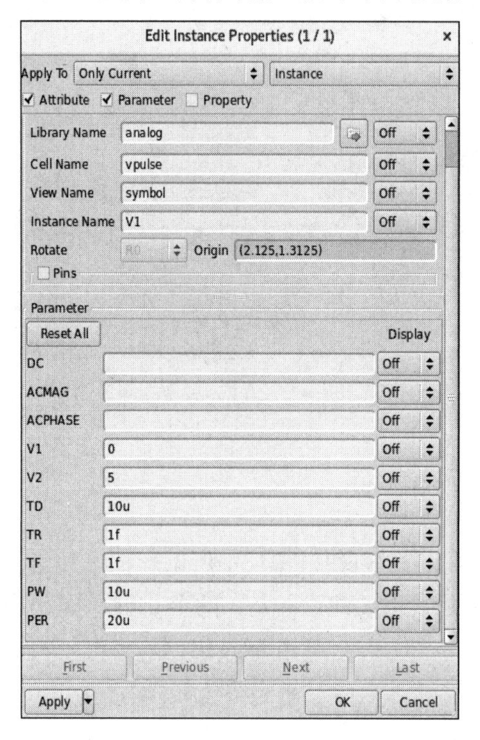

图 7.56　为信号 w 添加激励

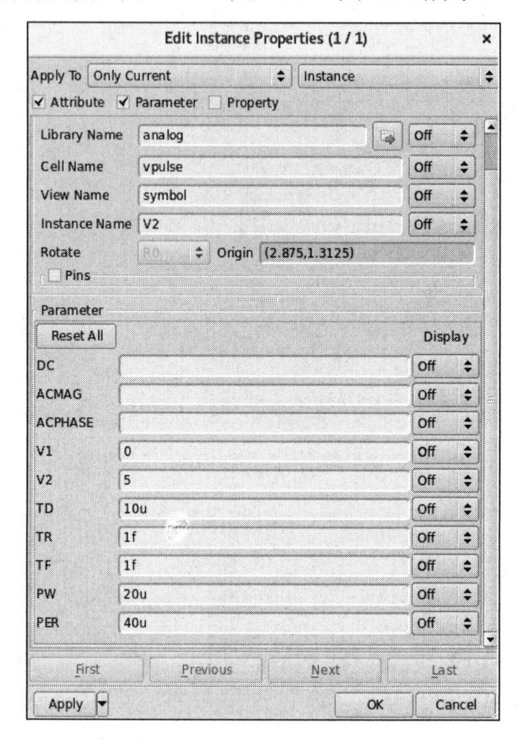

图 7.57　为信号 D 添加激励

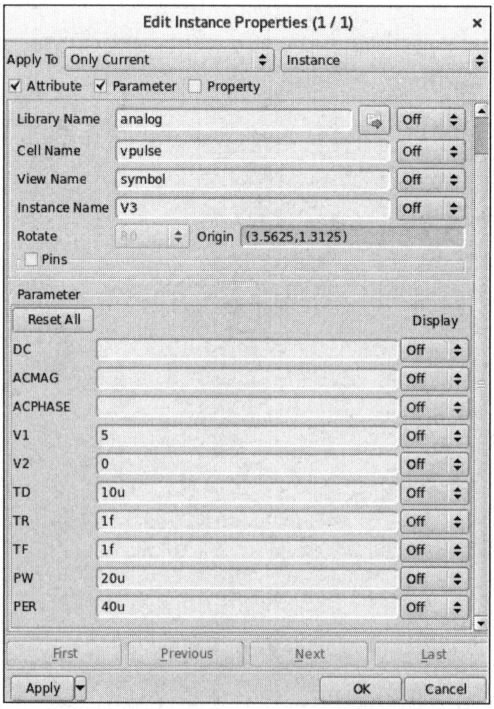

图 7.58　为信号 DN 添加激励

（2）仿真状态的设置。

此处的仿真模型的选择、仿真类型和时间的确定及输出信号的选择等同前面所举的例子类似，这里不再详述。仿真状态的设置如图 7.59 所示。

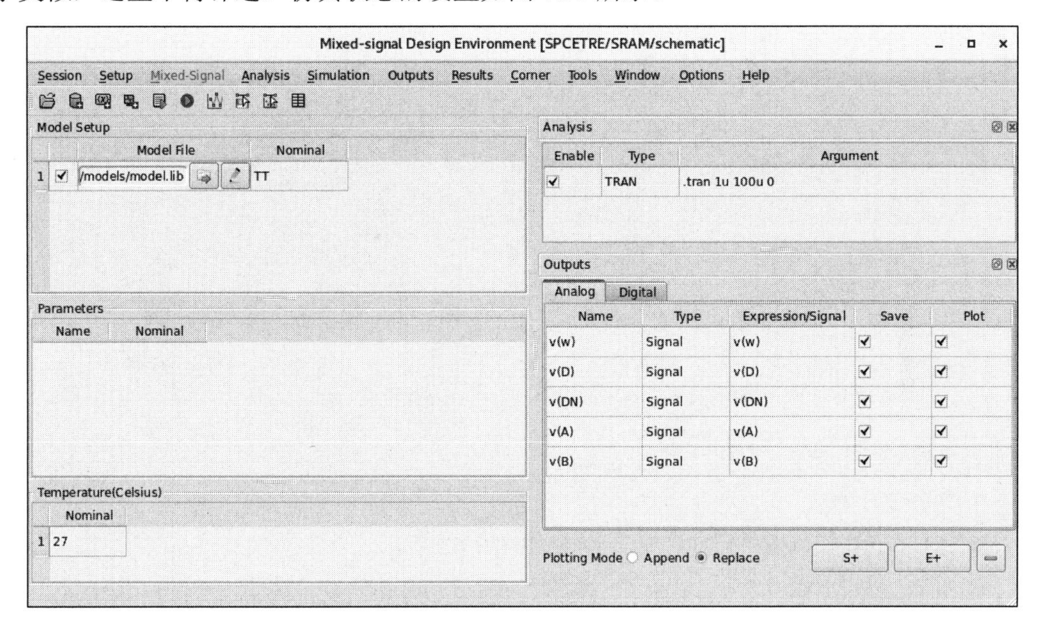

图 7.59　仿真状态的设置

（3）仿真运行和波形分析。

SRAM 单元电路的仿真结果如图 7.60 所示。

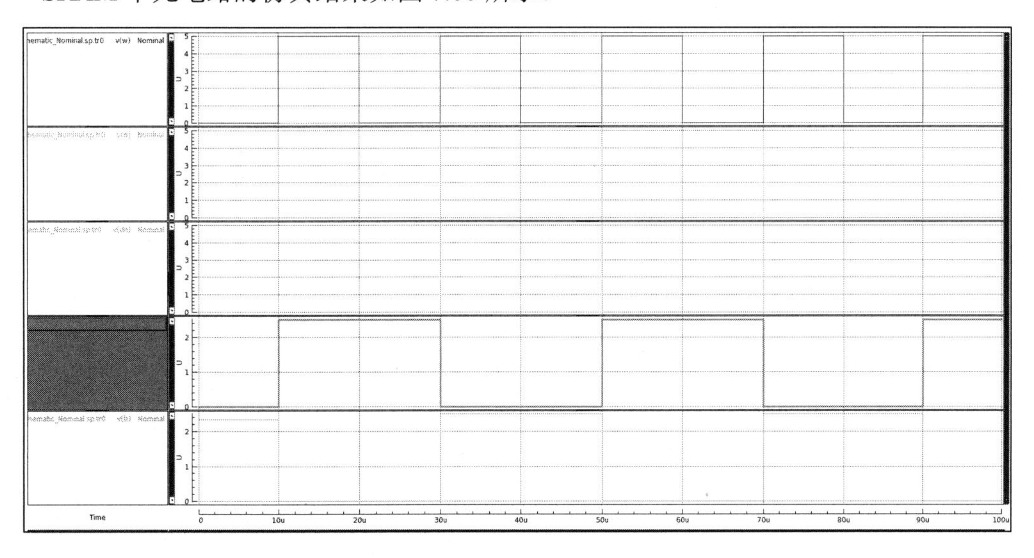

图 7.60　SRAM 单元电路的仿真结果

从图 7.60 中可以看出，当信号 w 为低电平时，SRAM 单元电路处于保持状态；当信号 w 为高电平时，D 和 DN 允许被写入。

3．SRAM 单元电路的版图设计与验证

SRAM 单元电路的版图如图 7.61 所示。

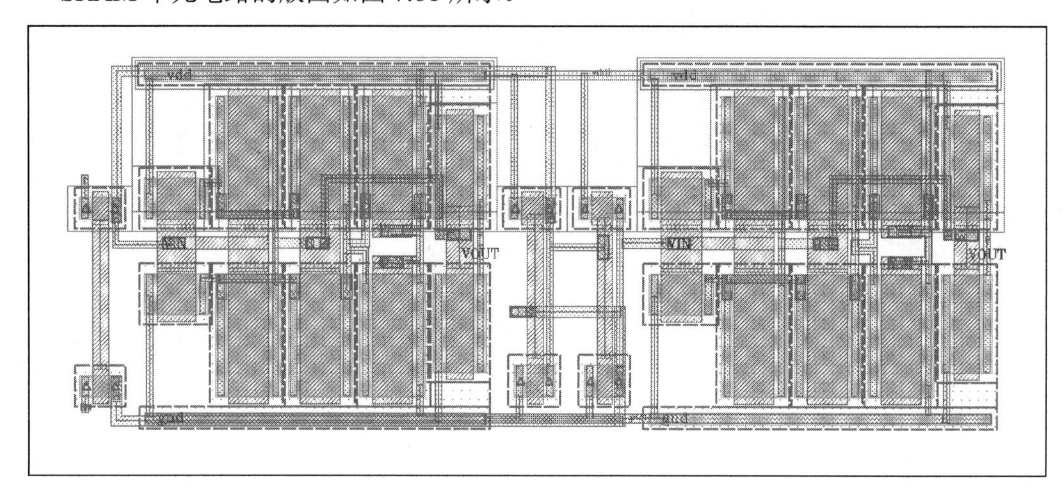

图 7.61　SRAM 单元电路的版图

SRAM 单元电路版图的 DRC 验证结果如图 7.62 所示。

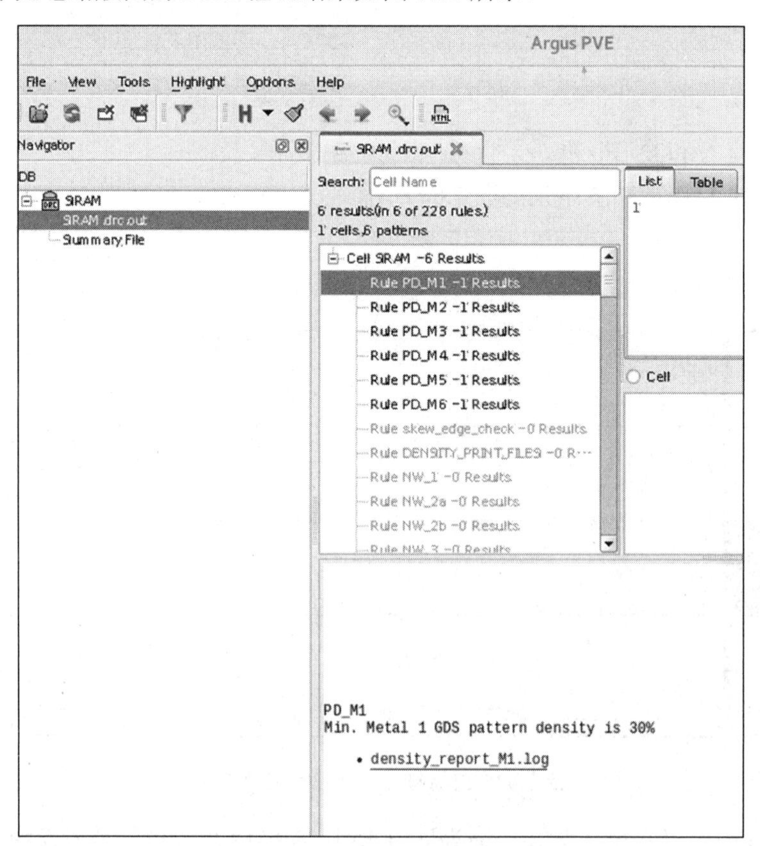

图 7.62　SRAM 单元电路版图的 DRC 验证结果

Metal 单元内部密度问题可以忽略。

SRAM 单元电路版图的 LVS 验证结果如图 7.63 所示。结果显示，LVS 验证通过。

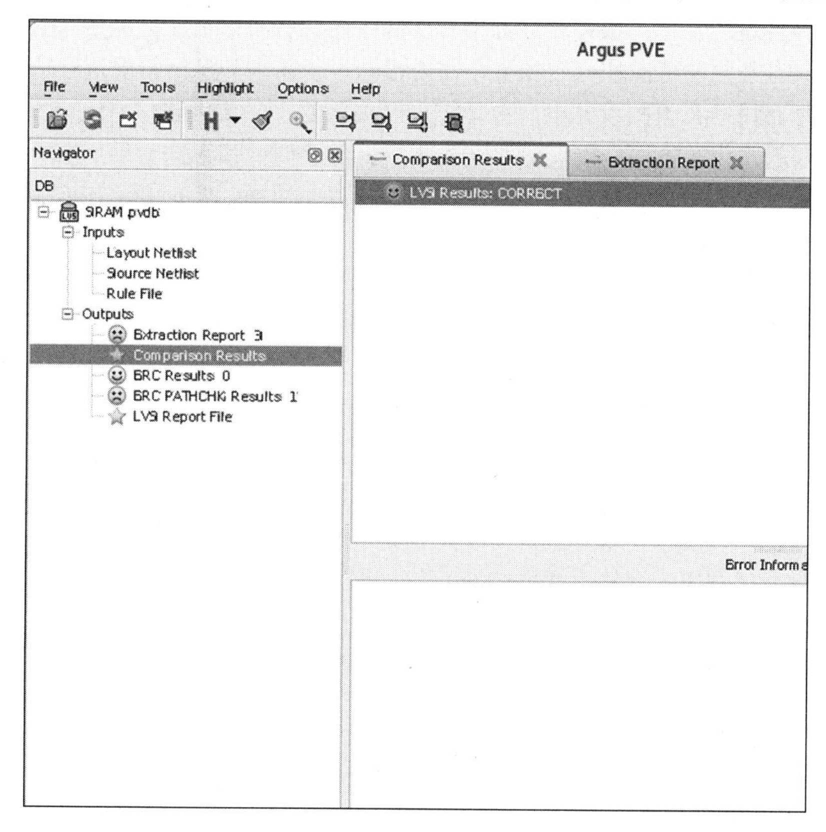

图 7.63　SRAM 单元电路版图的 LVS 验证结果

7.3　基本模拟模块的设计

数字电路是依赖逻辑门执行各种逻辑运算的电路。数字电路版图设计主要关注的是电路逻辑功能、连接关系及时序控制，追求面积的最小化。

模拟电路是处理连续变化信号的电路。模拟电路版图设计主要关注的是元器件的物理布局、连接关系及元器件参数的精确控制。

相对来说，模拟电路版图的设计规则和约束条件更加复杂。由于模拟电路的性能受到元器件参数和物理布局的直接影响，因此在模拟电路版图设计过程中需要精确控制元器件的物理尺寸、形状、位置及连接关系。此外，模拟电路版图设计还需要考虑元器件之间的寄生效应、噪声干扰等问题。

不同于数字电路版图设计，模拟电路版图设计对性能的要求高于对面积的要求，合理的版图设计是保障模拟电路性能的前提，版图设计的方法和效果会直接影响到模拟电路的性能。模拟电路版图设计的注意事项如下。

（1）了解设计需求：在进行版图设计之前，首先要充分了解设计需求，包括功能、性能、功耗、成本等方面的要求。只有充分了解设计需求，才能确保版图设计的合理性和有效性。

（2）选择合适的工艺：根据设计需求和实际情况选择合适的工艺是版图设计的关键。不同的工艺具有不同的特点和应用领域，需要根据设计需求和实际情况进行选择。

（3）合理布局：在版图设计中，合理布局至关重要，需要考虑信号流向、电源分布、功能模块之间的连接等方面，确保电路结构紧凑、易于调试和维修。

（4）电流密度：清楚各支路的电流注入其他模块的情况，从而初步确定版图中的导线宽度及各导线上的接触孔数量。

特别要注意，对于电源线和地线等关键导线的设计，不仅要考虑导线所能承受的电流，还要考虑导线和接触孔的电阻对电路性能的影响。电源线和地线要尽量宽一些，以减小电流密度，保证电路的性能。

（5）电路精度：由于制造工艺的限制，电阻和电容的精度相对较低，有时加工误差甚至能达到 20%，因此在进行版图设计时可以采用较宽的尺寸范围以减小误差。

在进行高精度版图设计时，还需要考虑噪声的影响，需要和电路设计者确认哪些信号线容易受到干扰，以及哪些信号线容易干扰到其他部分，从而采取相应的措施尽量避免噪声的影响，如合理布线、增加去耦电容等。

（6）考虑热设计：热设计会直接影响电路的稳定性和可靠性，在版图设计中，需要充分考虑电路的散热问题并采取相应的措施，如合理排列元器件、适当增加散热片等。

7.3.1　电阻负载的共源放大电路的设计

1. 电阻负载的共源放大电路的设计与仿真

电阻负载的共源放大电路是最基本的一种单级放大电路，如图 7.64 所示。

图 7.65 所示为电阻负载的共源放大电路的电压传输特性，信号从 MOS 管的栅极输入，从漏极输出。该电路先利用 MOS 管将栅电压的变化转变为源漏电流的变化，再通过负载电阻将源漏电流的变化转变为输出电压的变化。

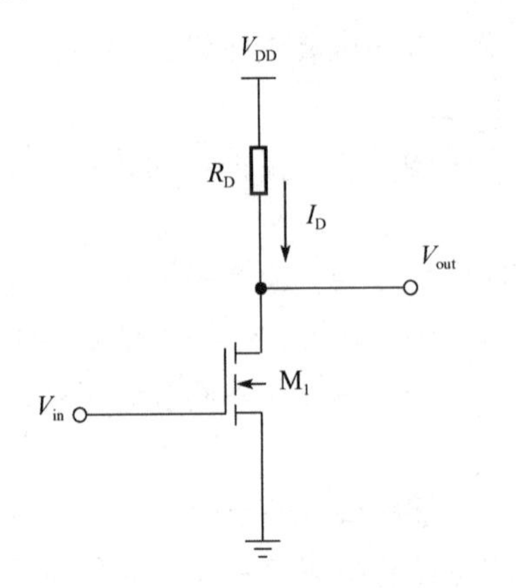

图 7.64　电阻负载的共源放大电路

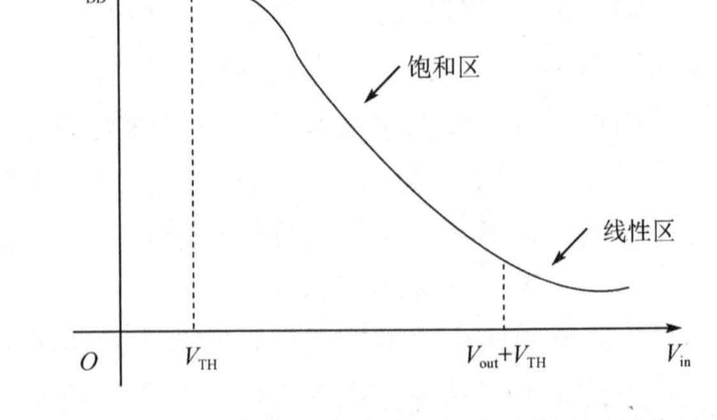

图 7.65　电阻负载的共源放大电路的电压传输特性

当输入电压 V_{in} 为 0 时，MOS 管截止，此时输出电压 $V_{out}=V_{DD}$。

当输入电压 V_{in} 增大到接近 V_{TH} 时，MOS 管开始导通，产生漏源电流 I_D，从而在负载电阻上产生电压降，使输出电压 V_{out} 减小。

当 $V_{TH}<V_{in}<V_{out}+V_{TH}$ 时，MOS 管工作在饱和区。MOS 管工作在饱和区时具有较好的放大性能，其放大性能可以用跨导 g_m 来表示，即

$$g_m = \frac{\partial I_D}{\partial V_{gs}} \tag{7.8}$$

式中，V_{gs}——MOS 管的栅源电压。

跨导大表示能够用很小的电压变化引起较大的电流变化，说明器件的放大特性较好。

电阻负载的共源放大电路的小信号模型如图 7.66 所示，由此可以看出，其电压增益为

$$A_v = \frac{v_{out}}{v_{in}} = -g_m(r_d \| R_D) \approx -g_m R_D \tag{7.9}$$

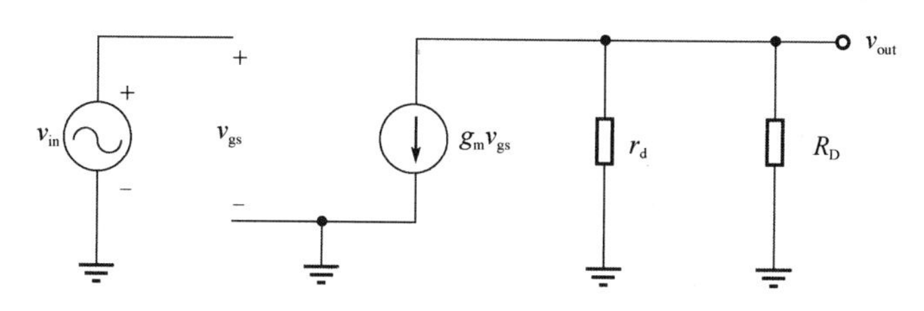

图 7.66　电阻负载的共源放大电路的小信号模型

搭建如图 7.67 所示的电阻负载的共源放大电路的仿真电路，将电源电压设计为 1.3V，输入信号为正弦信号，其设置如图 7.68 所示。

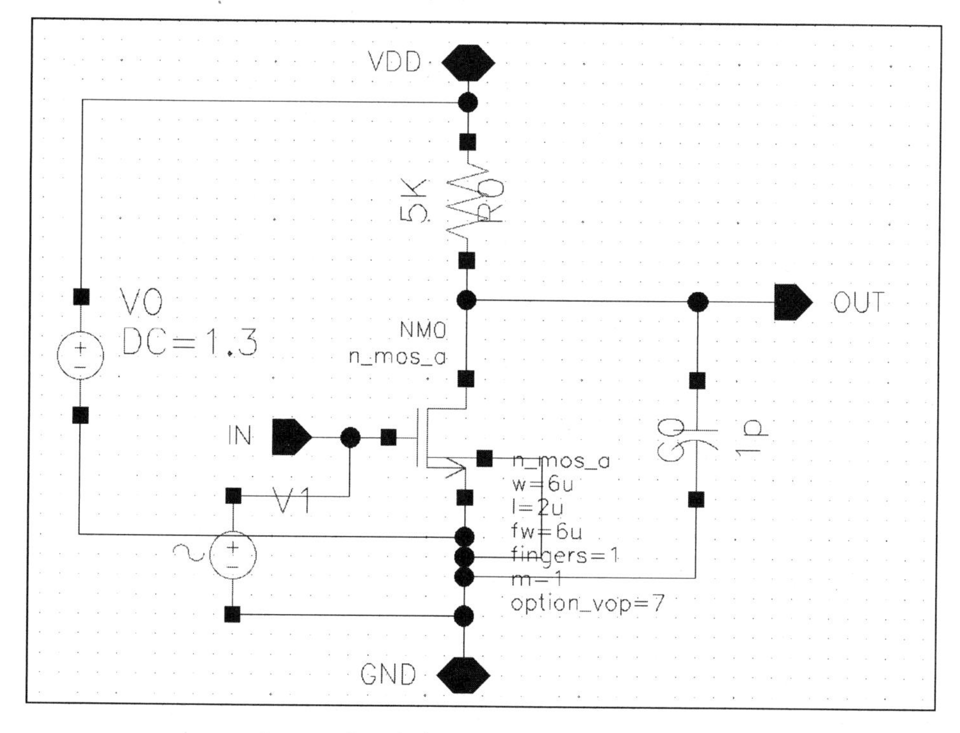

图 7.67　电阻负载的共源放大电路的仿真电路

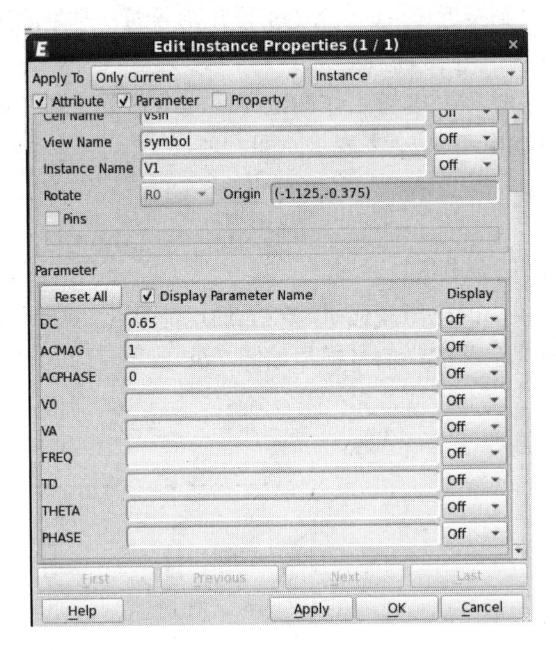

图 7.68　正弦信号的设置

首先，在 Empyrean Aether SE 界面中，通过 Tools 菜单功能打开 Empyrean Aether MDE 界面，选择 AC 仿真，AC 仿真的参数设置如图 7.69 所示，扫描范围设为从“10”到“1G”，也就是 10Hz～1GHz。这里要注意，一般起始值不能是 0，否则仿真结果可能会出现问题。图 7.69 中设置了线性扫描点个数为 5000。

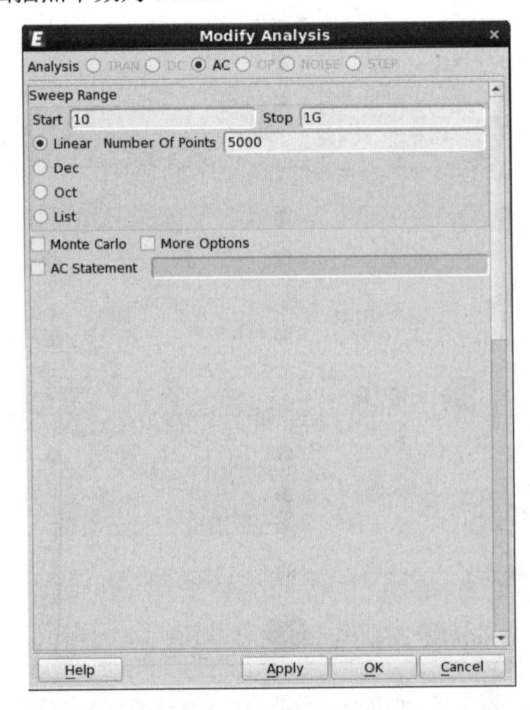

图 7.69　AC 仿真的参数设置

其次，在 Outputs 窗口中选择输出 v(OUT)作为观察对象，运行仿真。MDE 设置如图 7.70 所示。

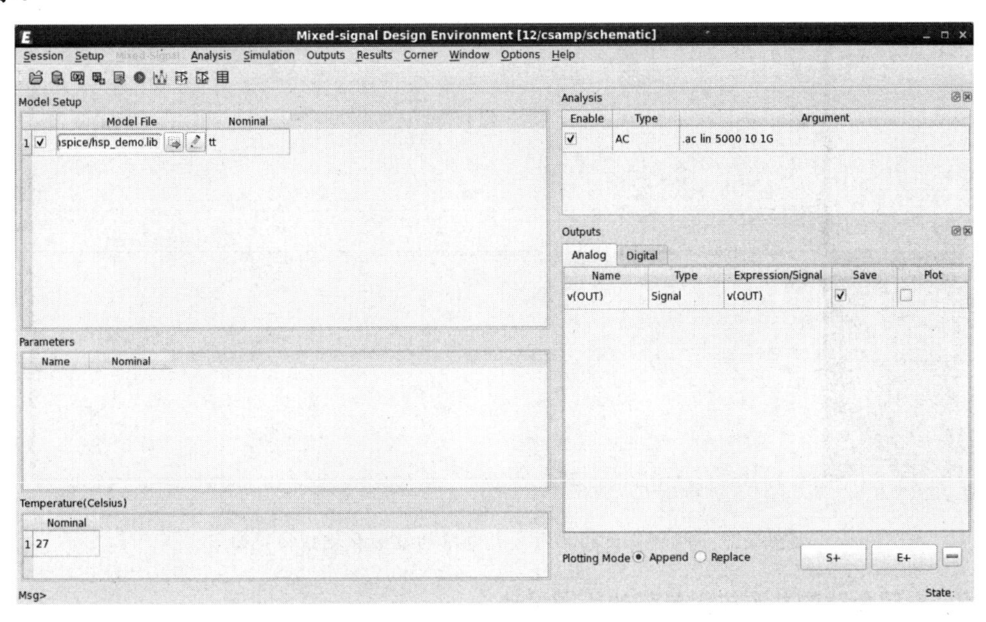

图 7.70　MDE 设置

最后，单击菜单栏中的 Results→Direct Plot→AC dB20&Phase，如图 7.71 所示，观察电路的幅频和相频特性。执行菜单命令后还需要在电路中单击选中待观察的节点，这样就能看到仿真结果了。

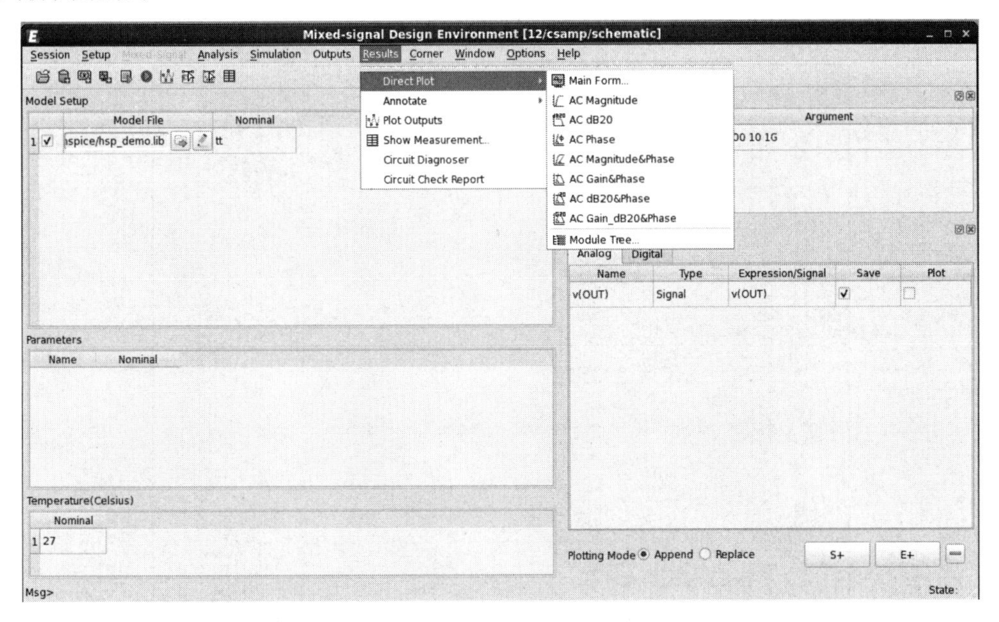

图 7.71　查看仿真结果

通过如图 7.72 所示的电阻负载的共源放大电路的幅频和相频特性曲线可以看出，该电路低频时的电压增益接近 2dB，但是随着频率的增大，电压增益明显减小。相位在低频时从 180° 开始随着频率的增大而减小。

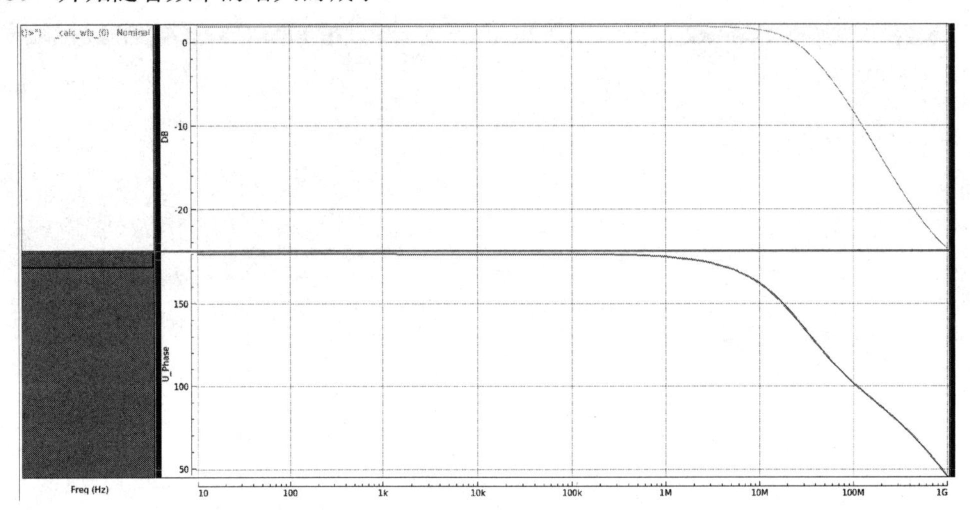

图 7.72　电阻负载的共源放大电路的幅频和相频特性曲线

2. 电阻负载的共源放大电路的版图设计

电阻负载的共源放大电路结构较为简单，只有 MOS 管和电阻两个元器件，对于电阻，可以使用 PDK 中的 poly，将其放入电路，并通过 SDL 工具打开版图。

从图 7.73 中可以看到 SDL 工具自带的飞线提示，设计者可以根据提示调整版图中电阻和 MOS 管的位置，并利用 MET1 实现连接。按 O 键，添加 M1_NDIFF 和 M1_PDIFF 之间的孔，分别作为电源线和地线的接触孔。电阻负载的共源放大电路的版图如图 7.74 所示。

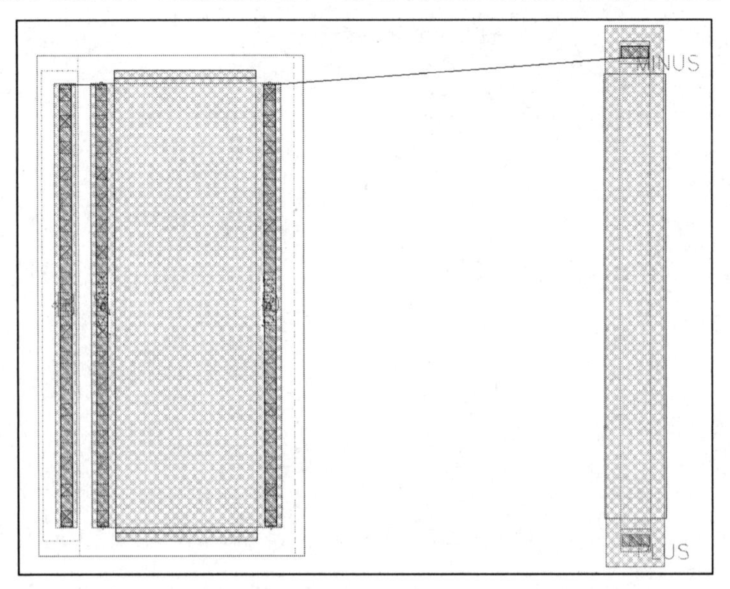

图 7.73　利用 SDL 工具生成的初始版图

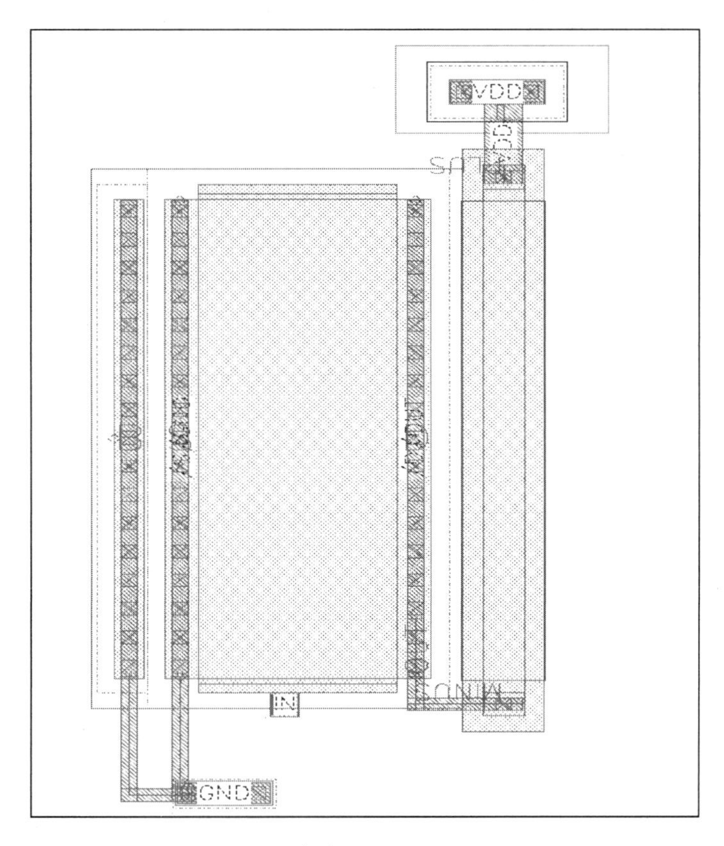

图 7.74　电阻负载的共源放大电路的版图

7.3.2　输出驱动电路的设计

1. 案例简介

在保证性能的前提下，为了使占用的面积尽可能小，集成电路内部 MOS 管的尺寸通常都设计得比较小，其宽长比通常只比 1 稍大一些。这种 MOS 管本身的输入电容很小，MOS 管之间的连线也很短，因而分布电容小，工作速度可以做得比较高。但这种小尺寸 MOS 管对负载的驱动能力较小，也就是说不能驱动大的电容负载，也不能提供大电流以驱动外部的电流负载。输出驱动电路的性能衡量指标为驱动电流，本节的介绍将围绕该指标进行。

集成电路的输出驱动结构有多个。

（1）CMOS 输出驱动：为了在不增加集成电路内部负载的条件下获得大的输出驱动能力，在 CMOS 集成电路设计中广泛采用缓冲输出的方法，即在内部电路的输出端串联两级反相器，两级反相器的尺寸是逐级增大的，由小尺寸的反相器驱动大尺寸的反相器，驱动能力逐级增大，后一级反相器直接连接到压焊点上，这就是 CMOS 输出驱动。

（2）开漏输出驱动：经过缓冲之后的信号直接驱动一个 NMOS 管，NMOS 管连接到压焊点上。

上面所说的反相器及 NMOS 管通常称为大驱动器，其尺寸可以根据输出电流的大小和输出电压波形参数的要求进行设计。如果两级反相器的缓冲输出达不到输出驱动的要求，还可以再增加两级反相器。图 7.75 所示为输出驱动电路的逻辑图。

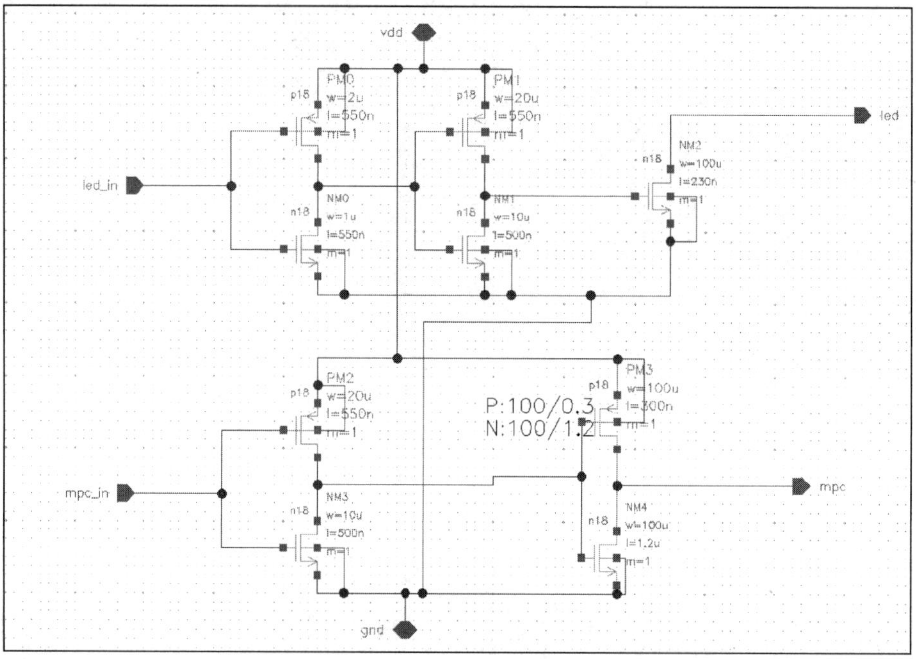

图 7.75　输出驱动电路的逻辑图

一个输出驱动结构的驱动电流通常是在某个测试条件下测出的，图 7.75 中两个输出驱动结构的驱动电流如表 7.2 所示。

表 7.2　图 7.75 中两个输出驱动结构的驱动电流

参数名称	符号	最小值	测试条件
LED 驱动电流	I_{LED}	10mA	V_{OL}=0.5V
MPC 驱动电流	I_{MPC}	20mA	V_{OH}=0.5V_{DD}

从图 7.75 中可以看出，LED 驱动管（开漏输出驱动）的宽长比为 100/0.23，电动机驱动（CMOS 输出驱动）MPC 反相器 PMOS 管的宽长比为 100/0.3，NMOS 管宽长比为 100/1.2。MOS 管的电流与其宽长比是直接相关的，因此接下来先进行理论计算，然后进行仿真，验证以上宽长比能否满足表 7.2 中所列出的驱动电流要求。

（1）LED 驱动。

LED 驱动为开漏输出驱动，当输出电压为低电压时，灌电流 I_L 越大，输出电压 V_{out} 越大。现在要计算的驱动电流 I_{Lmin} 为 $V_{out}=V_{OL}$ 时的输出电流，在这里定义 V_{DD}=4.5V，V_{OL}=0.5V。

采用华润上华的 0.18μm 工艺，V_{TN}=0.72V，由于 $V_{DS}=V_{OL}<V_{GS}-V_{TN}$=4.5V−0.72V=3.78V，因此 LED 驱动管工作在非饱和区（线性区），其驱动电流计算公式为

$$I_{Lmin}=\mu_n C_{OX}\frac{W}{L}\left[(V_{GS}-V_{TN})V_{OL}-\frac{V_{OL}^{2}}{2}\right] \tag{7.10}$$

式中，μ_n——电子迁移率，μ_n=450 cm²/(V· s)；

C_{OX}——单位面积氧化层电容，$C_{OX}=\varepsilon_0\varepsilon_{OX}/t_{OXn}$；

ε_0——真空介电常数，$\varepsilon_0=8.854\times10^{-12}$ F/m；

ε_{OX}——二氧化硅的相对介电常数，$\varepsilon_{OX}=3.9$；

t_{OXn}——氧化层厚度，$t_{OXn}=1.25\times10^{-8}$ m。

通过计算得到 I_{Lmin}=27.4 mA。

（2）电动机驱动。

电动机驱动为 CMOS 输出驱动，当输出电压为高电压时，拉电流 I_M 越大，输出电压 V_{out} 越大。现在要计算的驱动电流 I_{Mmin} 是 $V_{out}=V_{OH}$ 时的输出电流，在这里定义 $V_{OH}=0.5V_{DD}=2.25$V。

采用华润上华的 0.18μm 工艺，V_{TP}=0.97V，由于 $V_{DS}=V_{OH}<V_{GS}-V_{TP}$=4.5V−0.97V=3.53V，因此电动机驱动中宽长比为 100/0.3 的 PMOS 管也工作在线性区，采用式（7.10），其中空穴迁移率 μ_p=160cm²/(V· s)，氧化层厚度 $t_{OXp}=1.25\times10^{-8}$m，计算得到 I_{Hmax}=49.8mA。

通过上面的计算可以看出，在图 7.75 中两个输出驱动结构中，驱动管的宽长比能满足表 7.2 中所列出的驱动电流要求。

接下来进行仿真验证。

2．输出驱动电路的设计与仿真

（1）设计的准备。

采用与前面几个电路设计相同的方法将 drive 复制成 drive_test，添加电源信号，也可以简单添加 vdc，如图 7.76 所示。

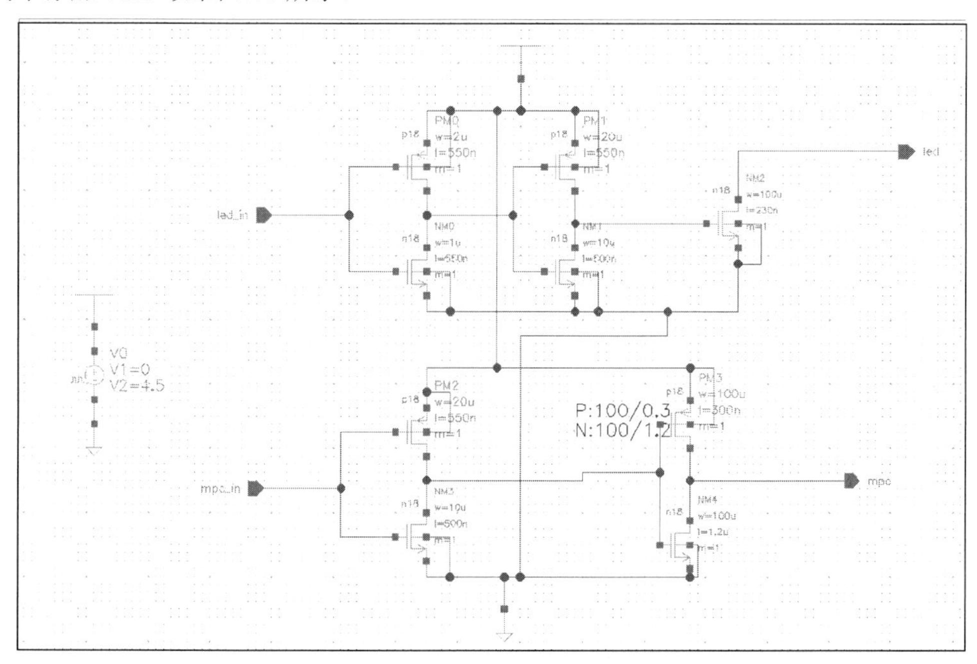

图 7.76　用于仿真的输出驱动电路

在这里 V_{DD} 的典型值定义为 4.5V。

（2）仿真状态的设置。

① 仿真模型文件的选择。

② 仿真类型和时间的确定。

③ 输出信号的选择。由于要进行电流仿真，因此选择单元的红色端口，单击后会出现一个高亮显示的圆圈。

上述步骤在前面章节中详细介绍过，这里不再赘述。

仿真环境如图 7.77 所示。

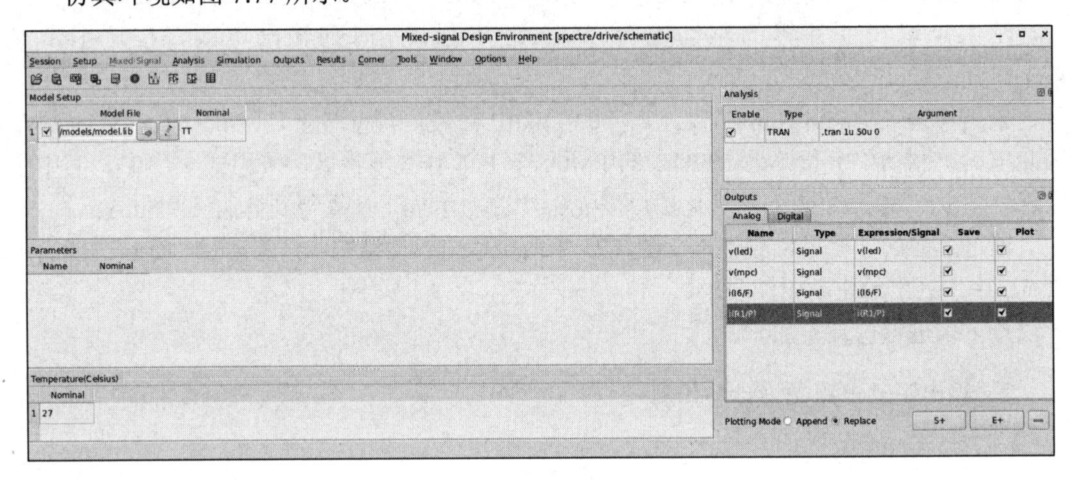

图 7.77　仿真环境

（3）仿真运行和波形分析。

在以上准备工作完成后就可以进行仿真了，得到的 drive_test 的仿真结果如图 7.78 所示。

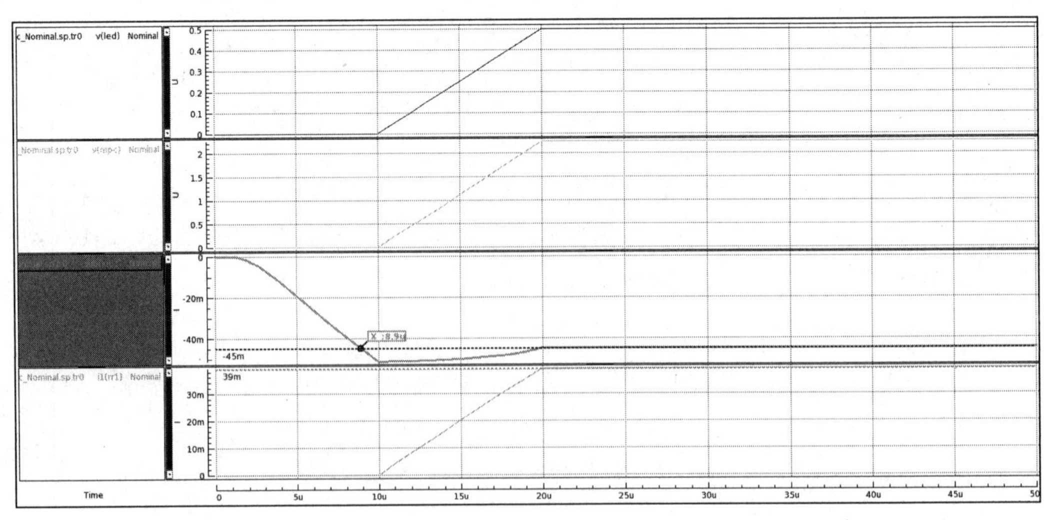

图 7.78　drive_test 的仿真结果

从图 7.78 中可以看出，在 LED 驱动管宽长比为 100/0.23 的情况下，其驱动电流为 39mA，满足大于 10mA 的要求；在 MPC 反相器 MOS 管（由于输出电压等于 V_{OH}，因此 PMOS 管导通）宽长比为 100/0.3 的情况下，其驱动电流为 45mA，满足大于 20mA 的要求。

3. 输出驱动电路的版图设计与验证

用于设计版图的原理图如图 7.79 所示。

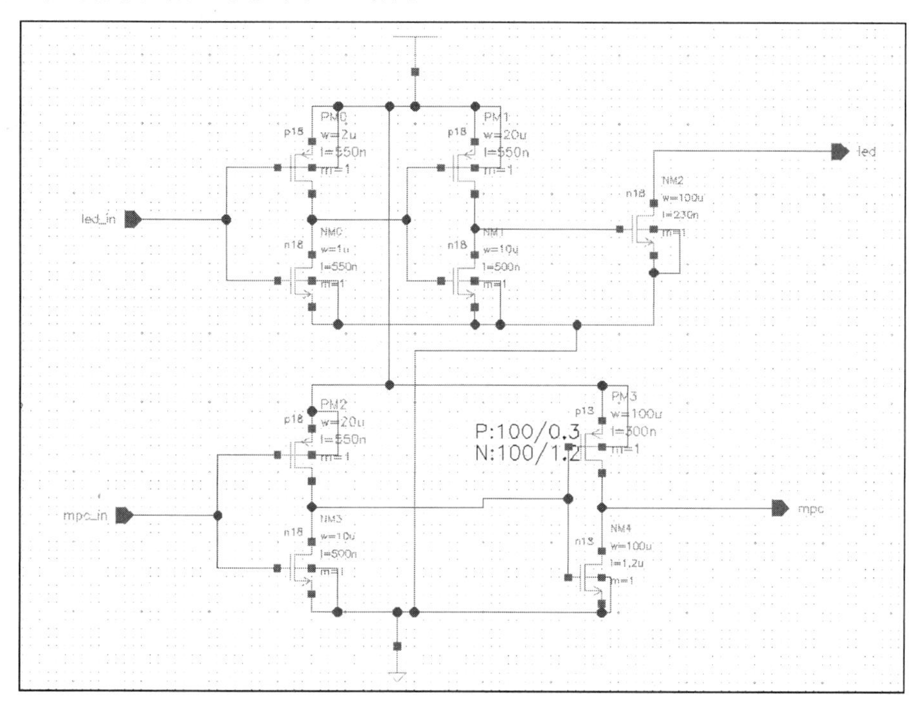

图 7.79　用于设计版图的原理图

如果按照普通 MOS 管的版图设计方法进行版图设计，那么大宽长比的 MOS 管的版图将画成很长的矩形，这样它在整个版图中就很难与相邻的中小尺寸的 MOS 管形成和谐的布局。从元器件性能方面来看，栅极太长也可能会使信号幅度衰减。因此，必须改变 MOS 管的版图形状。在实际版图设计中常采用叉指结构的 MOS 管，在这种结构中，每个指状 MOS 管宽度的选取要保证该 MOS 管的栅极电阻小于其跨导的倒数。把一个 MOS 管分成多个并联指状 MOS 管虽然可以减小栅极电阻，但是源漏区的周边电容却变大，这就需要在指状数目和指状宽度之间进行折中，或者采用在栅极两端都接金属引线的方法来减小栅极电阻，这样做的缺点是会增加走线的复杂性。

改变 MOS 管的版图形状主要分为两步。

① 分段：如将一个宽长比为 150/1.2 的 MOS 管分成 3 段，每段长度为 50μm，就变成 3 个宽长比为 50/1.2 的 MOS 管。

② 采用源漏共享的方法，即把相邻 MOS 管的源极与源极合并、漏极与漏极合并，此时第 1 个 MOS 管的漏极也是第 2 个 MOS 管的漏极，第 2 个 MOS 管的源极也是第 3 个 MOS 管的源极，如果再把 3 个 MOS 管的栅极进行连接，它们就并联起来了。并联之后的 MOS 管的宽长比不变，栅极宽度也不变，但是寄生电阻却减小了。由于 3 个 MOS 管并联，因此每个 MOS 管的宽长比为原来大尺寸 MOS 管宽长比的 1/3。如果并联 MOS 管的数目为 N，每个并联 MOS 管的宽长比就只有大尺寸 MOS 管宽长比的 $1/N$。由于源极和漏极的金

属形状像交叉的手指，因此这种布局称为叉指结构，它的优点是整个版图的几何形状可以调整为正方形或接近正方形。输出缓冲级中的大尺寸 MOS 管的栅极长度通常要比设计规则所规定的长度稍大一些，以改善元器件的雪崩击穿特性，如图 7.75 中的大尺寸 MOS 管的长度取 1.2μm，而集成电路内部 MOS 管的长度通常取 0.8μm。在保持宽长比不变的前提下，增大 MOS 管的长度，其宽度也要增大，MOS 管占用的面积也会相应增大。

图 7.80 所示为 RC 环形振荡器的版图。

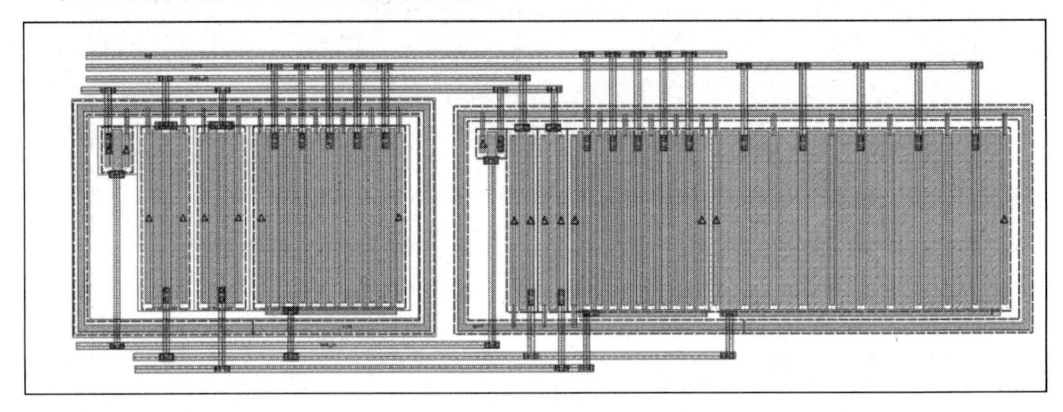

图 7.80　RC 环形振荡器的版图

在进行版图设计时要注意，考虑到 MOS 管尺寸比较大，所以连接要充分。

采用 Argus 工具对上述版图进行验证。

（1）DRC 验证。

RC 环形振荡器版图的 DRC 验证结果如图 7.81 所示。

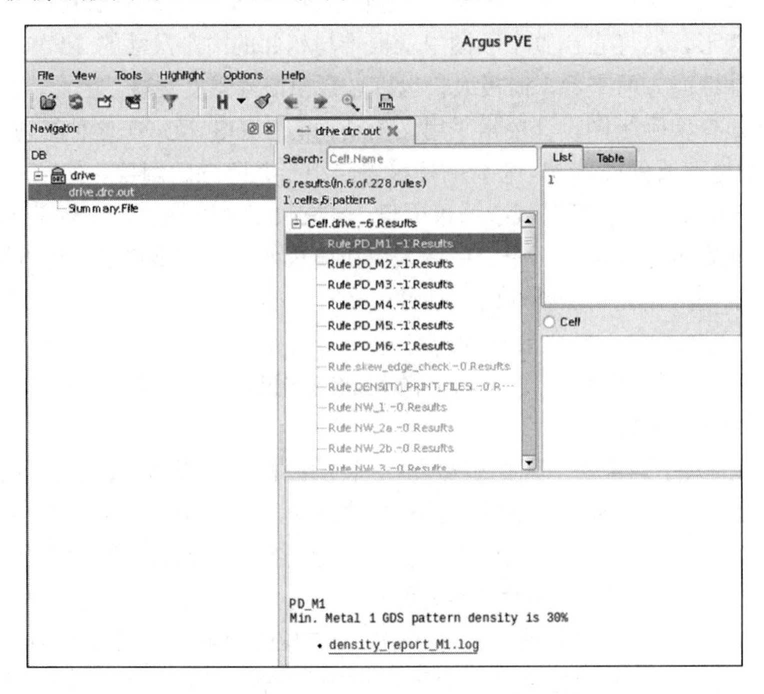

图 7.81　RC 环形振荡器版图的 DRC 验证结果

poly2 单元内部密度问题可以忽略，该输出驱动电路中没有 DRC 错误。

（2）LVS 验证。

RC 环形振荡器版图的 LVS 验证结果如图 7.82 所示。

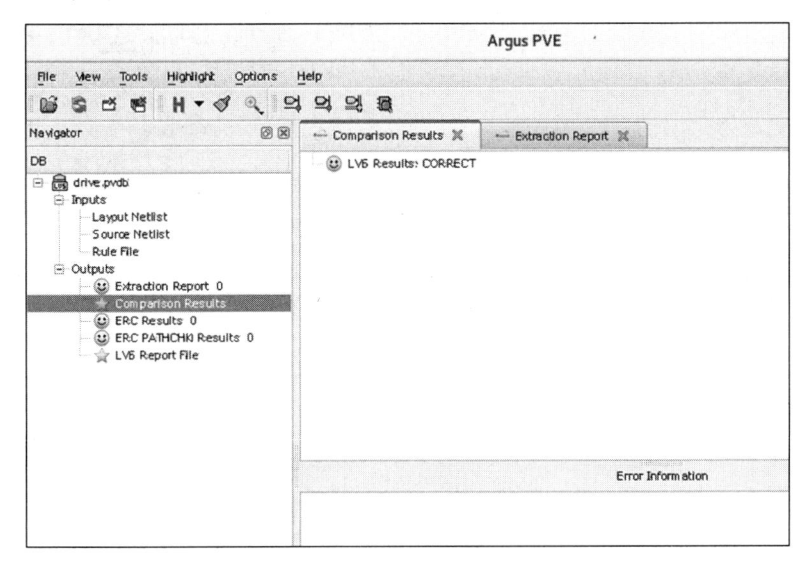

图 7.82　RC 环形振荡器版图的 LVS 验证结果

最终提供的数据要确保版图中没有 LVS 错误。

第 8 章

基于华大九天系统的版图设计进阶案例

本章基于华大九天系统进行一些进阶案例的版图设计，包括前端逻辑设计与仿真、后端版图设计与验证等。

8.1 十六分频电路

本节以一个十六分频电路的设计为例，介绍更大规模数字模块的设计方法。

十六分频电路是一个典型的时序逻辑电路模块。所谓分频，是指将时钟信号频率分成不同的频段，从而实现对信号的处理和控制。二分频是指输出信号频率为时钟信号频率的 1/2，四分频是指输出信号频率为时钟信号频率的 1/4，依次类推可知，十六分频是指输出信号频率为时钟信号频率的 1/16。

实现分频的方式有很多，如采用 D 触发器（DFF）级联、状态机、计数器等。

图 8.1 所示为由 4 个 D 触发器构成的十六分频电路。

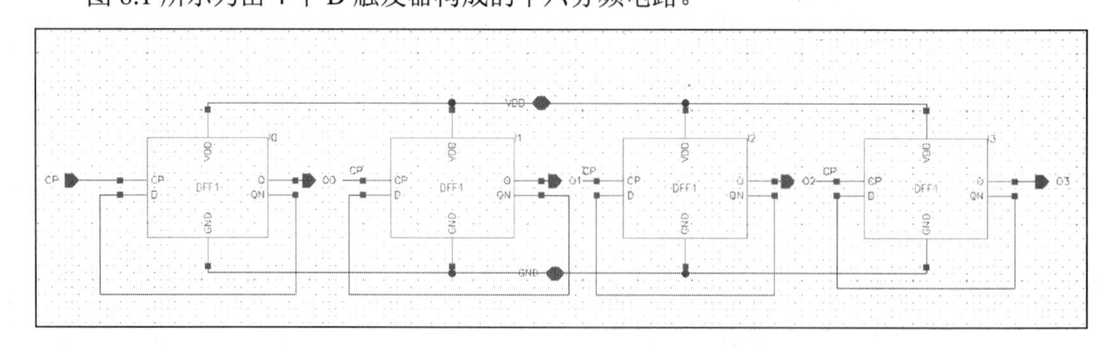

图 8.1　由 4 个 D 触发器构成的十六分频电路

在如图 8.1 所示的电路中，共用到了 4 个 D 触发器。D 触发器和第 7 章中介绍的 D 锁存器有所不同，D 锁存器是一种电平触发的电路单元，而 D 触发器是一种边沿触发的电路单元。

典型的 D 触发器是一种主从结构的电路，如图 8.2 所示，主触发器（Master）和从触发器（Slave）均是 D 锁存器，分别由一对互补的时钟信号进行控制，所以主触发器和从触发器不会同时有效。

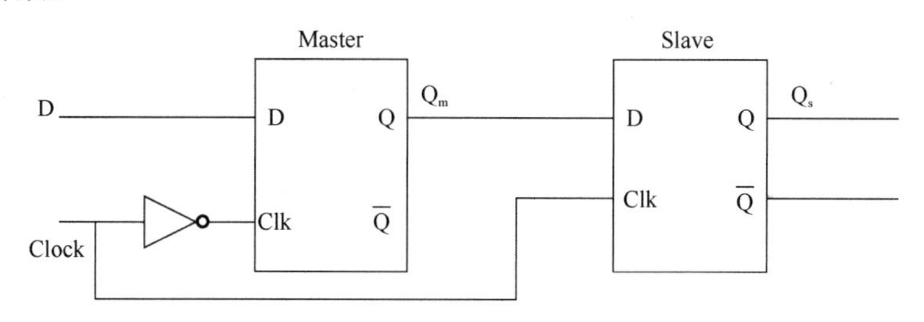

图 8.2　D 触发器的电路结构示意图

当 Clock=0 时，主触发器导通，Q_m=D。由于此时从触发器锁存，因此 Q_s 保持原状态，与当前的输入 D 无关。

当 Clock=1 时，主触发器锁存，Q_m 保持前一时刻的状态不变，与当前的输入 D 无关。虽然此时从触发器导通，但是 Q_s=Q_m，也保持前一时刻的状态不变，与当前的输入 D 无关。

当 Clock 从 0→1 时，输入 D 传到主触发器的输出 Q_m，继而传到从触发器的输出，使 Q_s=D。这样就构成了一个上升沿触发的 D 触发器。

按照上述方法，就可以利用第 7 章中介绍的 D 锁存器构建 D 触发器了。图 8.3 所示为下降沿触发的 D 触发器。

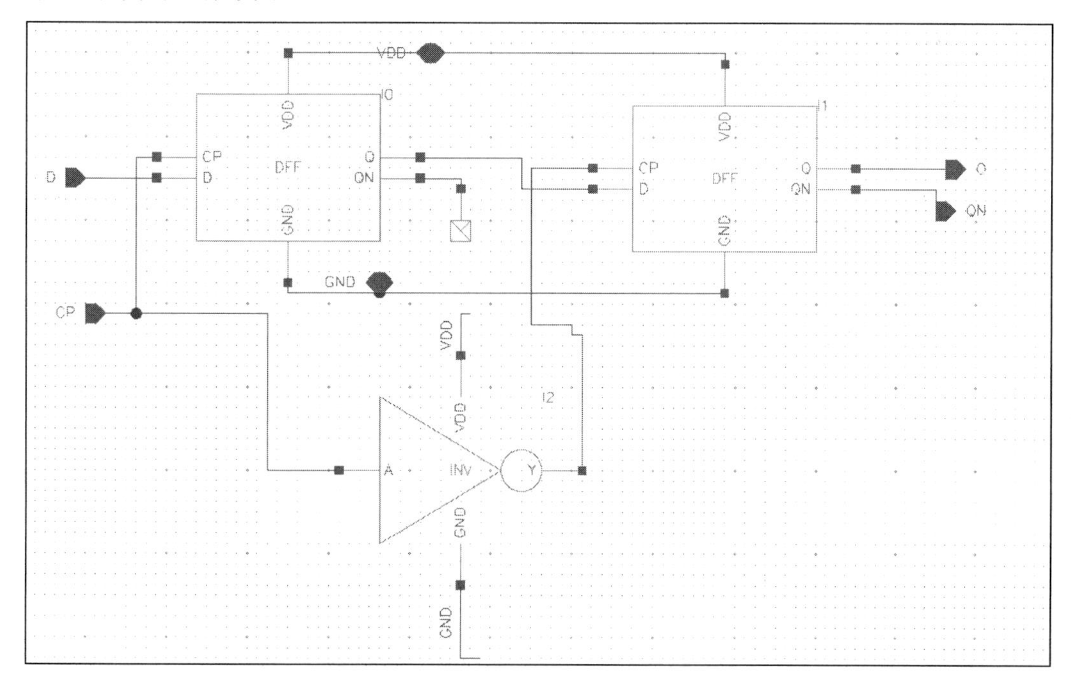

图 8.3　下降沿触发的 D 触发器

下降沿触发的 D 触发器的仿真结果如图 8.4 所示。

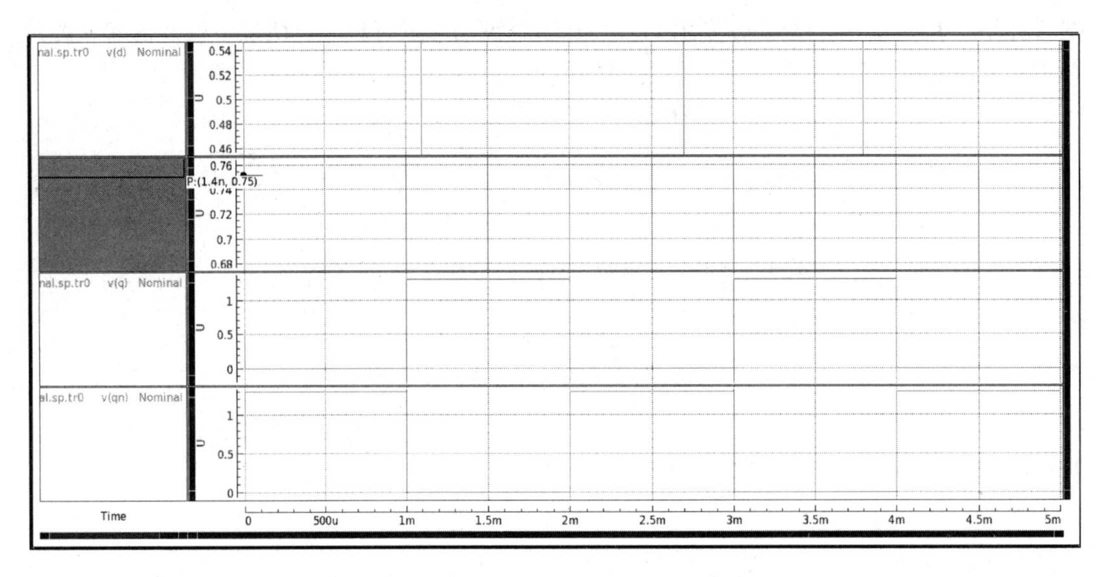

图 8.4　下降沿触发的 D 触发器的仿真结果

从仿真结果中可以看出，输出 Q 和 QN 只有在时钟信号下降沿才能接收 D 信号，在其他时间都处于保持状态，符合 D 触发器的工作方式。

利用层次化设计方法，可以完成该 D 触发器的版图设计。下降沿触发的 D 触发器的版图如图 8.5 所示。

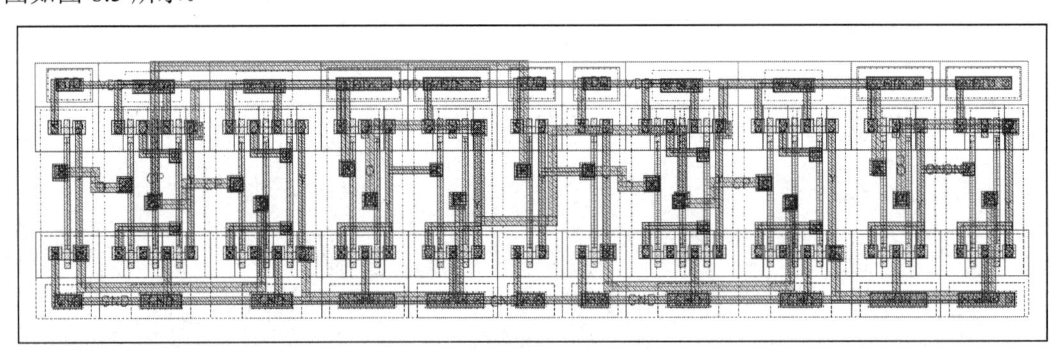

图 8.5　下降沿触发的 D 触发器的版图

将 D 触发器的输出 $\bar{Q}$ 端和输入 D 端连接在一起，可得

$$Q^{n+1}=D=\bar{Q} \tag{8.1}$$

此时 D 触发器具有翻转功能，每当时钟信号有效边沿到来时，输出就会翻转，因而当前的输出信号频率就是时钟信号频率的 1/2。也就是说，当把 D 触发器的输出 $\bar{Q}$ 端和输入 D 端连接在一起时，就得到了二分频电路，如图 8.6 所示。

在此基础上，只需将 4 个 D 触发器级联，就可以构成十六分频电路。十六分频电路的仿真结果如图 8.7 所示。

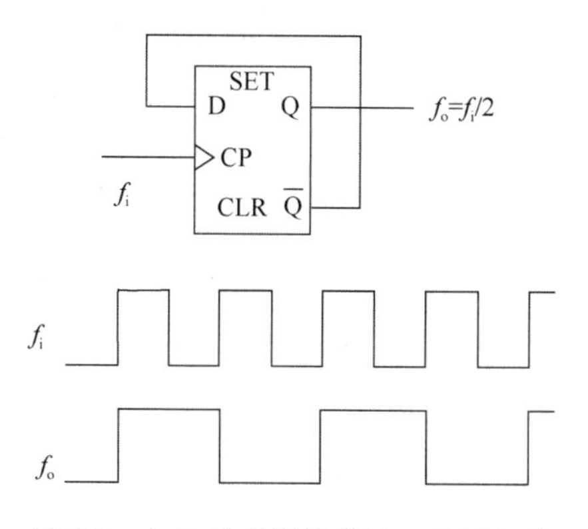

图 8.6　由 D 触发器构成的二分频电路

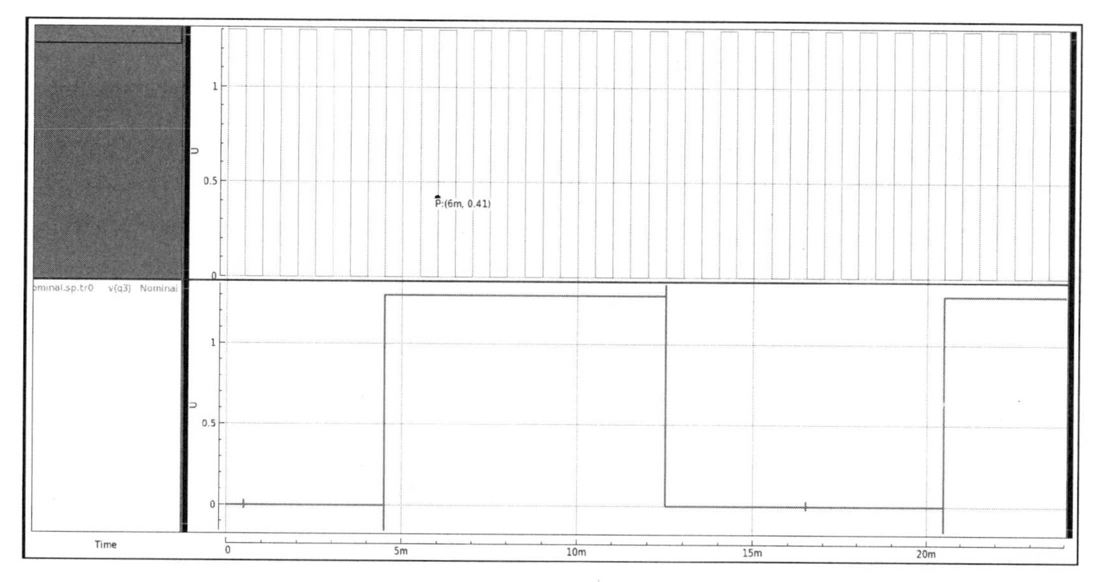

图 8.7　十六分频电路的仿真结果

利用 D 触发器继续进行层次化的版图设计，可以得到十六分频电路的版图，如图 8.8 所示。

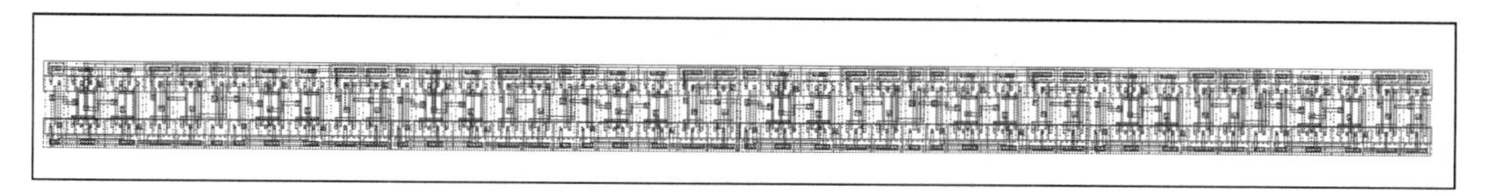

图 8.8　十六分频电路的版图

8.2　上电复位电路

8.2.1　案例简介

集成电路内部通常会有一种被称为复位电路的结构，用于对该集成电路中的其他模块进行复位。采用复位电路，可使集成电路中的其他模块恢复到最初的、稳定的电位或状态。

集成电路的复位电路通常分为外部复位电路和内部复位电路，其中外部复位电路是指专门为集成电路设置的一个复位控制信号引脚，当需要对集成电路内部进行复位时，只需在该引脚上施加一个复位信号；内部复位电路是指在集成电路内部构建的专门的复位电路，该复位电路可以在集成电路内部某种机制触发下产生一个复位控制信号，对内部其他模块进行复位。本案例阐述的是集成电路内部复位电路的设计。目前集成电路内部复位电路不外乎上电复位电路、低电压复位电路等几种。本节主要介绍上电复位电路。

每个集成电路都必须在外部供电的条件下才能正常运行。在外部电源开始供电前，集成电路内部各个模块中的信号往往处于不确定的状态。例如，集成电路内部设计了锁存器、触发器和寄存器等具有记忆功能的模块，在外部电源上一次供电结束前，其内部信号被固定在某个值；或者某种干扰机制使集成电路内部信号出现各种状态；或者集成电路内部电容中残余的电荷没有泄放完全（这种电容可以是集成电路内部设计的电容，也可以是集成电路内部寄生的电容）等。因此，理论上在外部电源开始供电前，集成电路内部各个模块中的信号都处于不确定的状态，或者其他不符合设计者和使用者预期的状态，这些状态会造成逻辑电路的工作混乱。因此，需要通过上电复位电路，在给集成电路供电（上电）的过程中使集成电路内部各个模块中的信号恢复到最初的、稳定的电位或状态。图 8.9 所示为常见的上电复位电路。

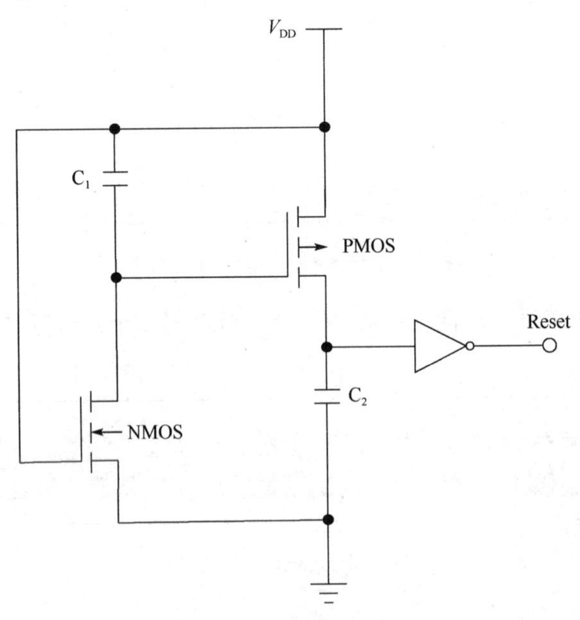

图 8.9　常见的上电复位电路

在电源电压从零上升到稳定值的过程中，复位信号 Reset 会经历一个从高电平变为低电平的过程，在高电平阶段对集成电路内部其他模块进行复位。当 Reset 变为低电平时，表示电路的上电复位过程结束。Reset 保持高电平的时间通常称为电路的上电复位时间。为了保证上电复位过程能够顺利完成，上电复位时间必须达到某个值，以使集成电路内部所有需要进行复位的模块都能够完成复位操作。如果上电复位时间太短，则有可能导致集成电路内部部分模块没有来得及复位。集成电路中之所以会用到上电复位电路，是因为集成电路在上电前有很多不确定的状态，为了将上电时集成电路内部所有状态确定下来，必须使用上电复位电路，由该电路产生一个对整个集成电路的状态进行复位的信号，否则无法保证集成电路功能的准确性和稳定性。

上电复位电路性能的主要指标衡量是上电复位时间。上电复位时间与上电复位电路的设计、集成电路加工工艺及电源电压上升速度等因素有关。因此，仿真也应该针对该指标进行。本节的上电复位电路将基于 CSMC 0.18μm mix 工艺进行设计，具体包括以下内容。

（1）上电复位电路的设计与仿真。

（2）上电复位电路的版图设计与验证，包括给出版图数据、版图验证结果等。

在上述上电复位电路数据的基础上，可以通过适当修改电路结构中的参数，延伸出其他设计结果，从而起到重复使用该上电复位电路的效果。

8.2.2　上电复位电路的设计与仿真

1．上电复位电路的基本结构

图 8.10 所示为实际集成电路中的上电复位电路的原理图，该电路所产生的信号 rst 对整个集成电路进行复位。基于华大九天系统，将该原理图输入到设计库 spectre 中，并将单元名称设置为 pwr_yang。

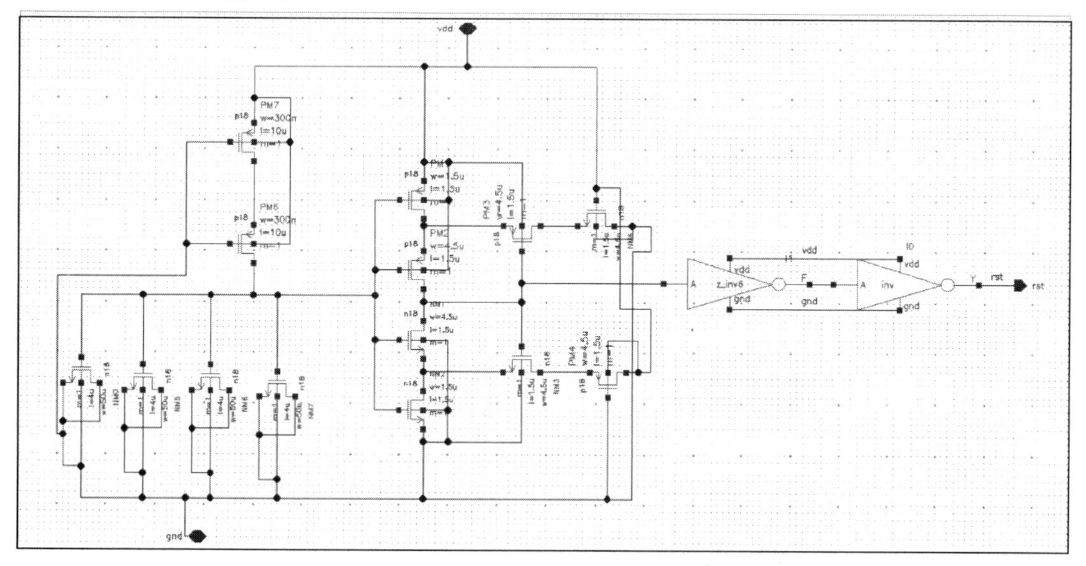

图 8.10　实际集成电路中的上电复位电路的原理图

从图 8.10 中可以看出，该电路是由 2 个串联的 PMOS 管、4 个并联的 MOS 电容、1 个施密特触发器及 2 个反相器构成的。其中，PMOS 管是倒比管（普通 PMOS 管的宽度比沟长大，而倒比管是反过来的，宽度比沟长小），其宽长比为 0.3/10，栅极接 GND，导通电阻比较大，因此其作用相当于一个上拉电阻。2 个 PMOS 管串联是为了增大上拉导通电阻。

MOS 电容的宽长比为 25/4，4 个 MOS 电容并联是为了增大电容，并且在此处起到充放电的作用。

2. 仿真准备

将 pwr_yang 复制成 pwr_yang_test 方法如下：右击 Cell 列表中的 pwr_yang，在弹出的快捷菜单（见图 8.11）中选择 Copy 选项，弹出如图 8.12 所示的对话框，将 pwr_yang 改为 pwr_yang_test，单击 OK 按钮。这样仿真需要的文件就创建好了。接着在 Schematic 视图中添加电源信号，按 I 键，弹出如图 8.13 所示的对话框，在 Cell 列表中选择 vpulse。图 8.14 所示为用于仿真的上电复位电路，其中反相器中 PMOS 管的宽长比为 4.8/1，NMOS 管的宽长比为 3.6/1。

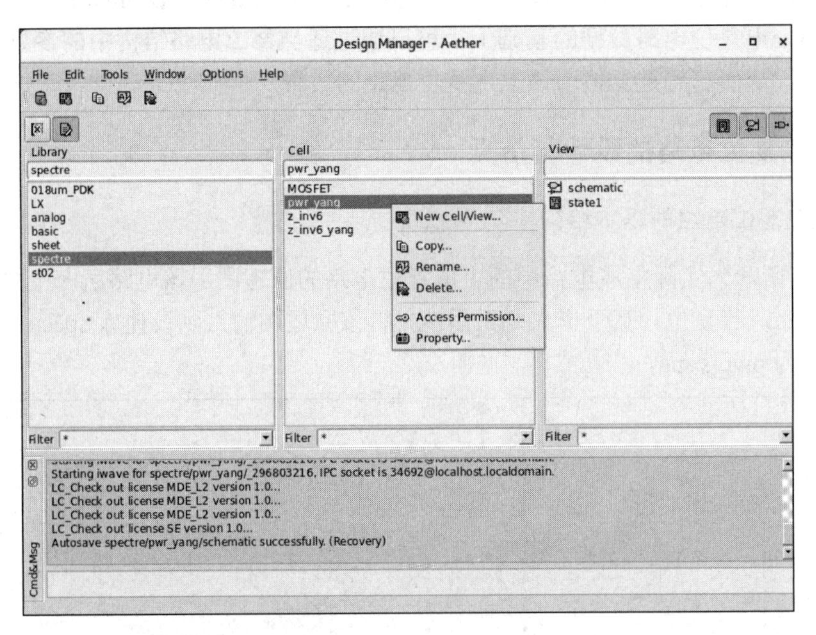

图 8.11　复制 pwr_yang

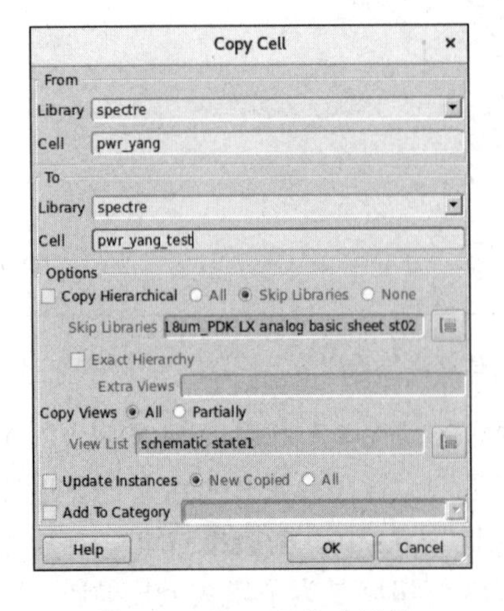

图 8.12　Copy Cell 对话框

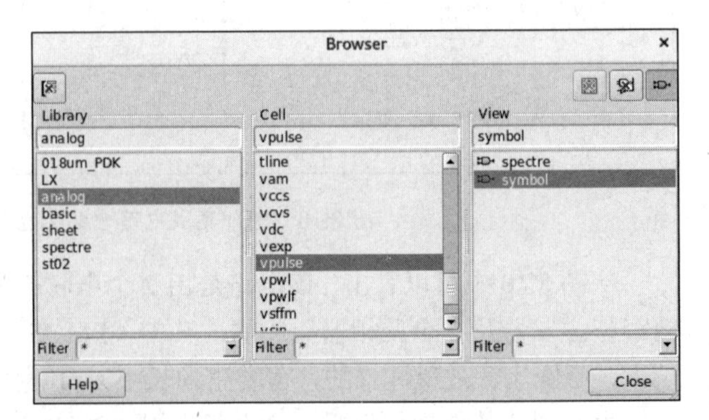

图 8.13　添加 vpulse 信号

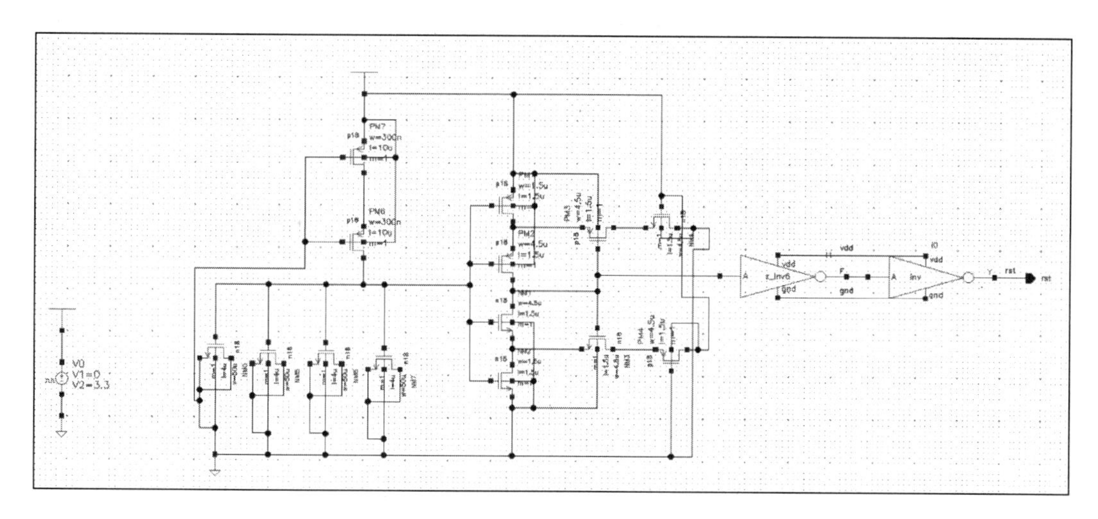

图 8.14　用于仿真的上电复位电路

图 8.14 中所添加的电源信号为 vpulse，主要采用其中的上升时间这个指标，而不采用稳定的直流电源 vdc，因为采用上电复位电路就是为了体现电源电压从零上升到稳定值的过程。vpulse 参数的设置如图 8.15 所示。

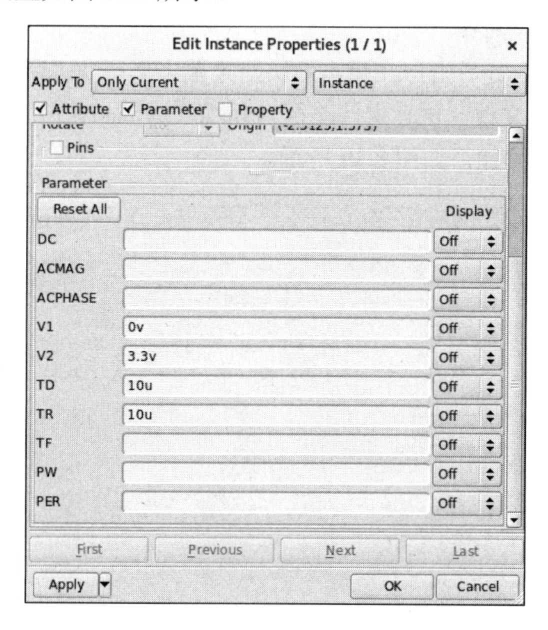

图 8.15　vpulse 参数的设置

3. 仿真步骤

（1）打开仿真环境。

单击菜单栏中的 Tools→MED，或者单击工具栏中方框内的图标（见图 8.16），打开仿真环境，如图 8.17 所示。

图 8.16　工具栏中方框内的图标

图 8.17　仿真环境

（2）仿真模型文件的选择。

在左上方窗口的空白处右击，在弹出的快捷菜单中选择 Add Model Library 选项，如图 8.18 所示，添加仿真文件，仿真文件路径为/opt/empyrean/labs/inputs_files/models，单击 Choose 按钮，完成路径添加，如图 8.19 所示。

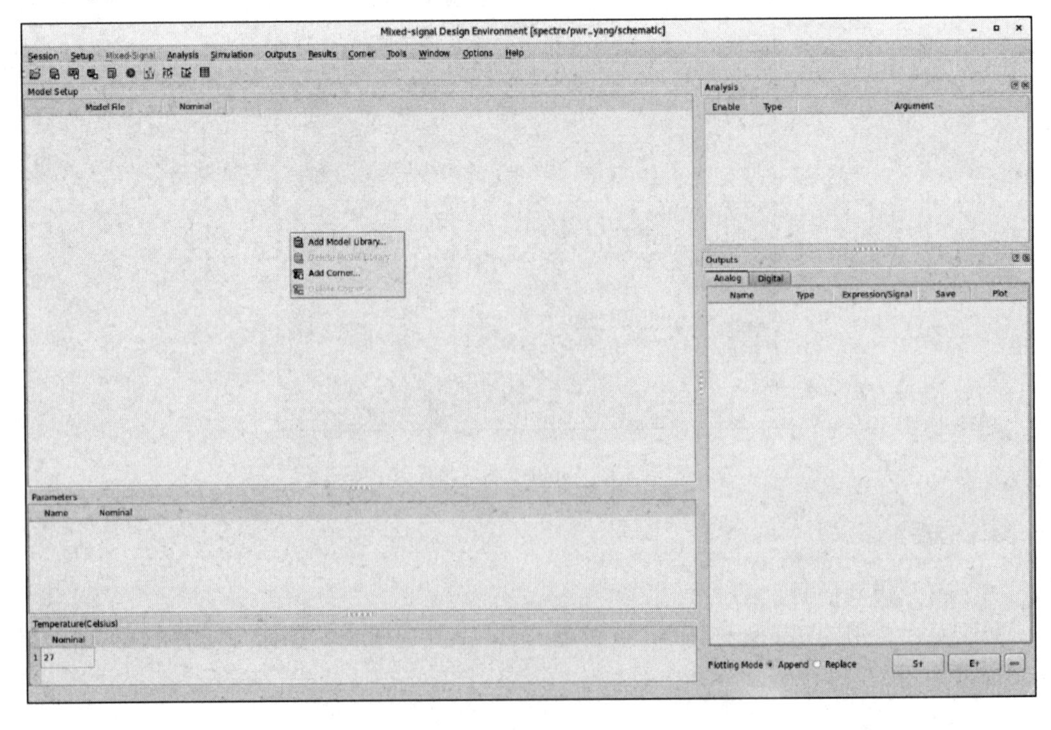

图 8.18　添加仿真文件

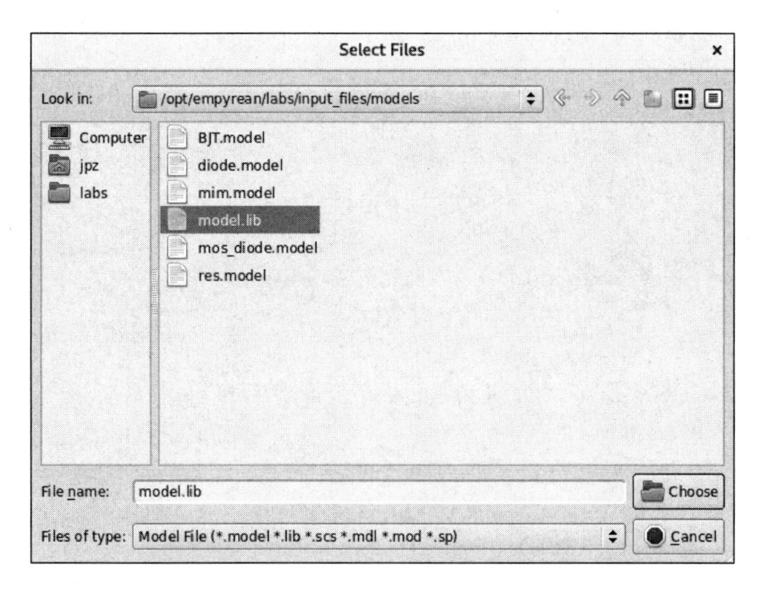

图 8.19　仿真文件路径

工艺角选择 tt。

（3）仿真类型和时间的确定。

设置仿真类型为“TRAN”，Start 为“0”，Stop 为“50u”，Step 为“1n”，如图 8.20 所示，随后，单击 OK 按钮。

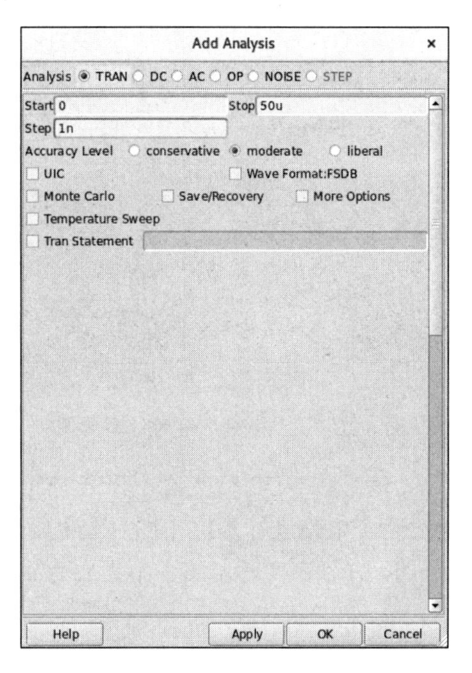

图 8.20　仿真类型和时间的确定

（4）输出信号的选择。

单击菜单栏中的 Outputs→To Be Plotted，选择所需要的线路，如图 8.21 所示。

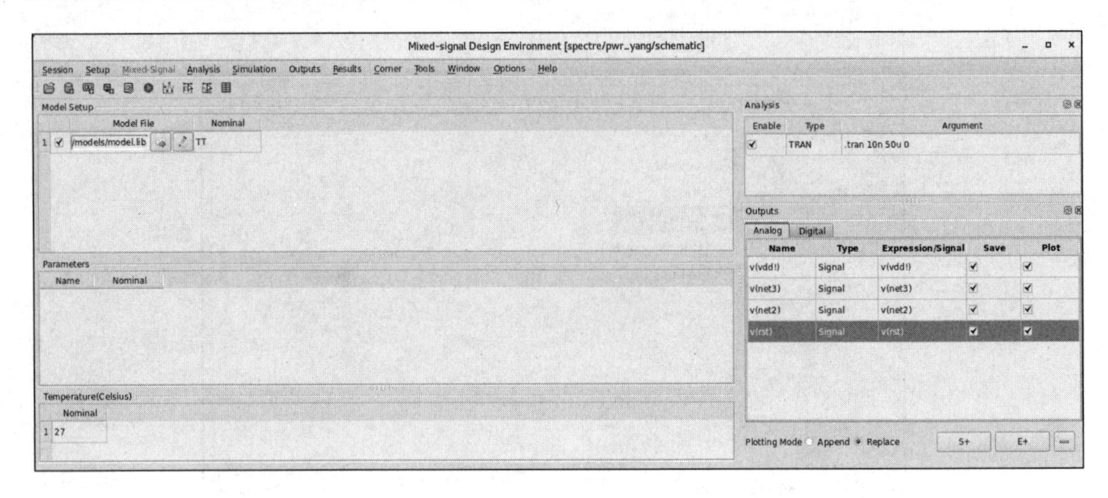

图 8.21　输出信号的选择

（5）仿真运行和波形分析

在以上准备工作完成后就可以进行仿真了，上电复位电路的仿真结果如图 8.22 所示。

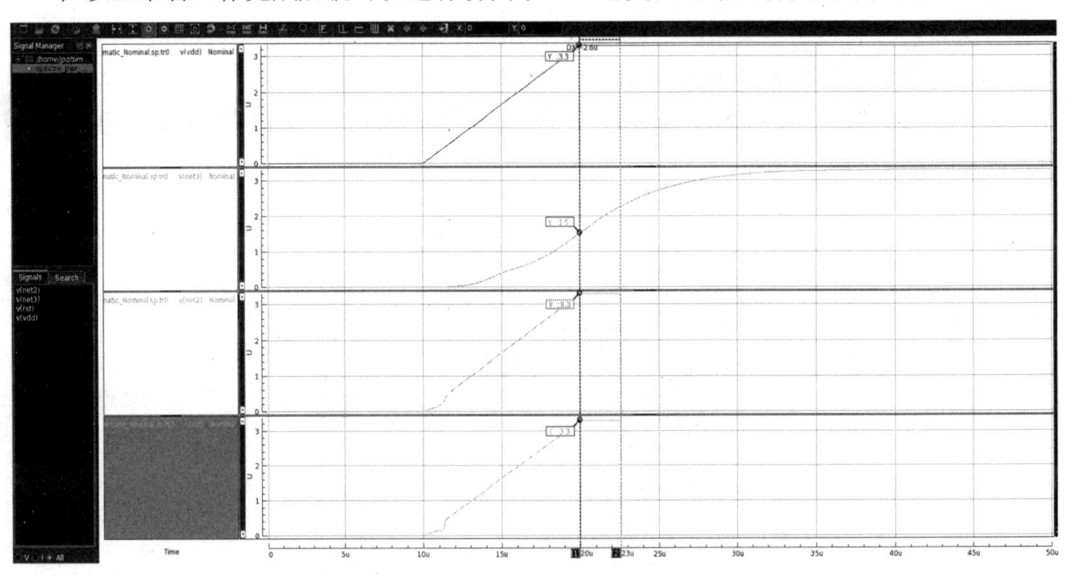

图 8.22　上电复位电路的仿真结果

通过添加 Marker 可知，rst 信号在 VDD 变为高电平（时间点为 20μs）之后，经过 3μs 变为低电平，这个 3μs 用于对整个电路进行复位，称为上电复位时间。当然，上电复位时间跟 VDD 的上升速度是有关的，并且在实际电路中不需要等到 VDD 完全上升到高电平后才开始复位。

如图 8.23 所示，单击工具栏中方框内的图标可添加 Marker。

图 8.23　添加 Marker 的方法

4. 拓展训练

（1）改变上电复位电路中的电容，重新进行仿真，测量上电复位时间。

（2）保持电容不变，将倒比管的宽长比变大，重新进行仿真，测量上电复位时间。

（3）理论加强。

MOS 管的电流-电压方程为

$$I_{DS}=\begin{cases}k\left[2\left(V_{GS}-V_T\right)V_{DS}-V_{DS}^2\right],\ 0\leqslant V_{DS}<V_{GS}-V_T\\ k(V_{GS}-V_T)^2,\ V_{DS}\geqslant V_{GS}-V_T\end{cases}$$

式中，k——导电因子，$k=\frac{1}{2}\mu_n C_{OX}\frac{W}{L}$；

μ_n——电子迁移率，$\mu_n=450cm^2/(V·s)$。

图 8.10 所示的上电复位电路中有一个 PMOS 倒比管，其导通电阻的大小决定了上电复位电路最重要的参数——上电复位时间的长短。该倒比管工作在线性区，满足 $V_{DS}\ll 2(V_{GS}-V_{TP})$的条件，假如其导通电阻大小为 16kΩ，计算其宽长比。

上述倒比管的导通电阻是一个变化值，因为在上电时对 MOS 电容充电，V_{DS}是不断变化的，所以等效的沟道电阻也是持续变化的。这里要计算的倒比管的导通电阻应该是一个平均值。由于该倒比管大部分时间工作在线性区，因此根据线性区的电流-电压方程可以得到导通电阻，即

$$R_{on}=\frac{1}{\mu_p C_{OX}\frac{W}{L}\left[\left(V_{GS}-V_{TP}\right)-\frac{V_{DS}}{2}\right]} \tag{8.2}$$

当该倒比管工作在线性区，即满足$V_{DS}\ll 2\left(V_{GS}-V_{TP}\right)$的条件时，导通电阻最小，式(8.2)可以简化为

$$R_{on}=\frac{1}{\mu_p C_{OX}\frac{W}{L}\left(V_{GS}-V_{TP}\right)} \tag{8.3}$$

式中，μ_p——空穴迁移率，$\mu_p=160cm^2/(V·s)$；

C_{OX}——单位面积氧化层电容，$C_{OX}=\varepsilon_0\varepsilon_{OX}/t_{OXn}$；

ε_0——真空介电常数，$\varepsilon_0=8.854\times10^{-12}F/m$；

ε_{OX}——二氧化硅的相对介电常数，$\varepsilon_{OX}=3.9$；

t_{OXn}——氧化层厚度，$t_{OXn}=1.25\times10^{-8}m$。

采用华润上华的 0.18μm 工艺，$V_{TP}=-0.97V$，$V_{TN}=0.72V$，定义 $V_{DD}=5V$，目前条件为$R_{on}=16k\Omega$。通过计算可得，宽长比为 1.2/34。

8.2.3　上电复位电路的版图设计与验证

1. 用于设计版图的原理图

用于设计版图的原理图如图 8.24 所示。

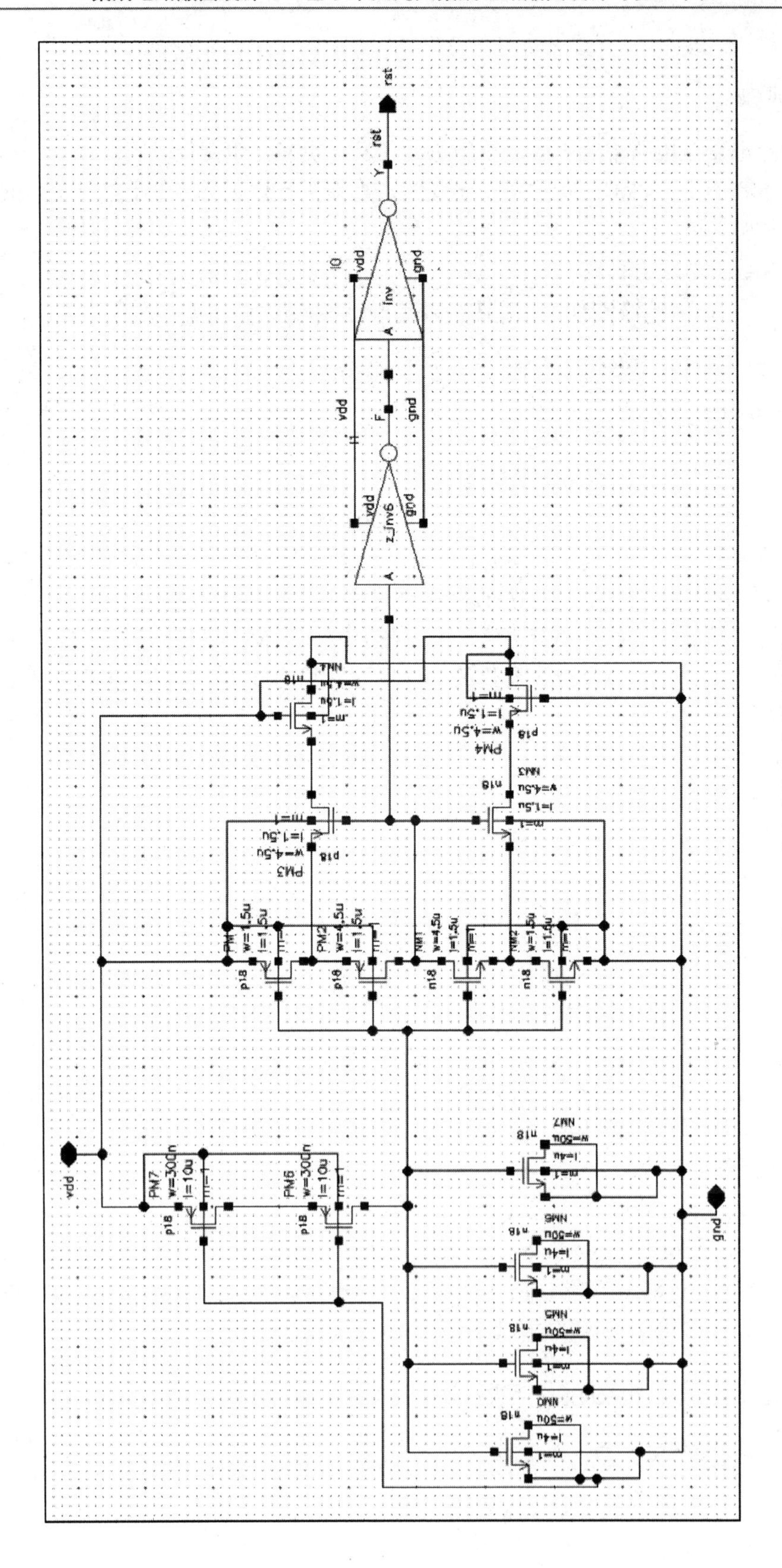

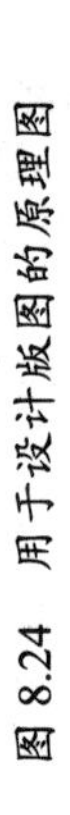
图 8.24　用于设计版图的原理图

2. 版图

上电复位电路的版图如图 8.25 所示。

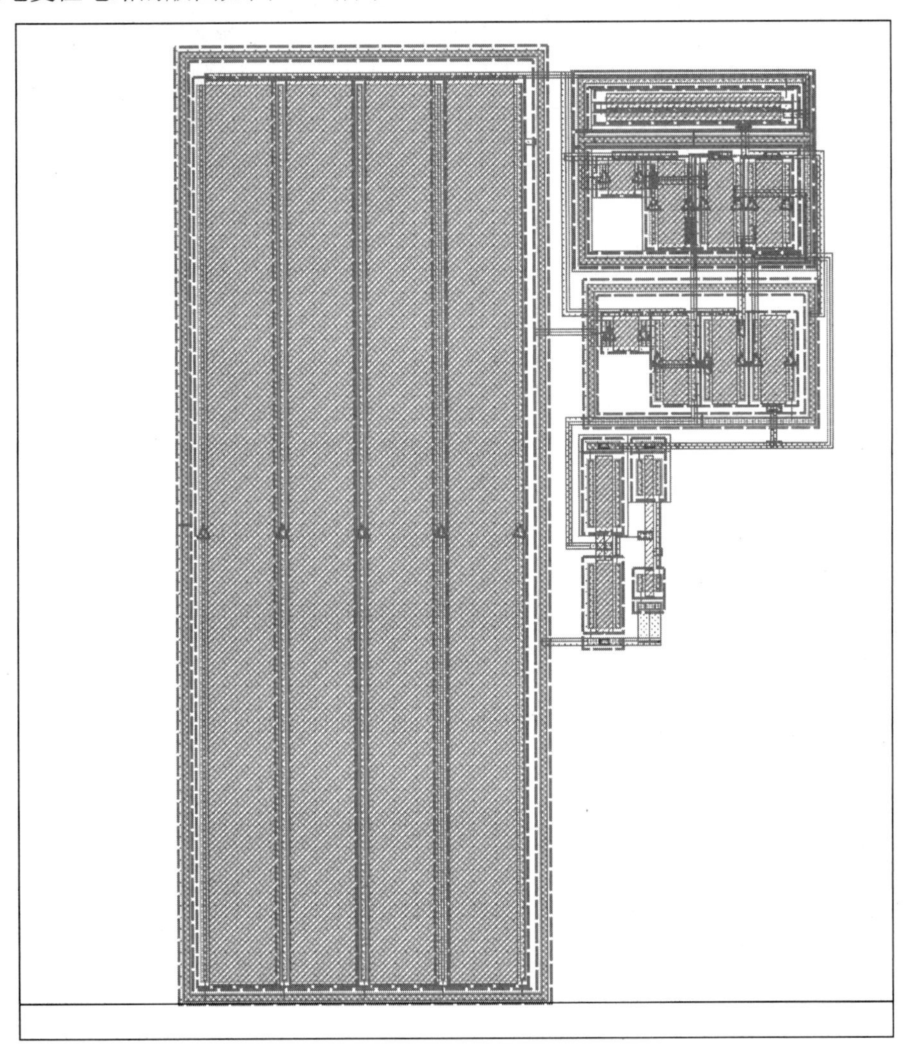

图 8.25　上电复位电路的版图

3. 版图验证

采用 SDL 工具对上电复位电路的版图进行验证。

（1）DRC 验证。

首先，在 Empyrean Aether LE 界面中，单击菜单栏中的 Verify→Argus→Run Argus DRC，弹出 Argus Interactive-DRC 窗口，如图 8.26 所示，分别对 Rules 选项卡、Inputs 选项卡中的内容进行设置。

其次，单击 Run DRC 按钮，开始运行。在弹出的窗口中，报告窗口中主要是一些报告信息，可以忽略，主要看 Argus PVE 窗口，如图 8.27 所示。

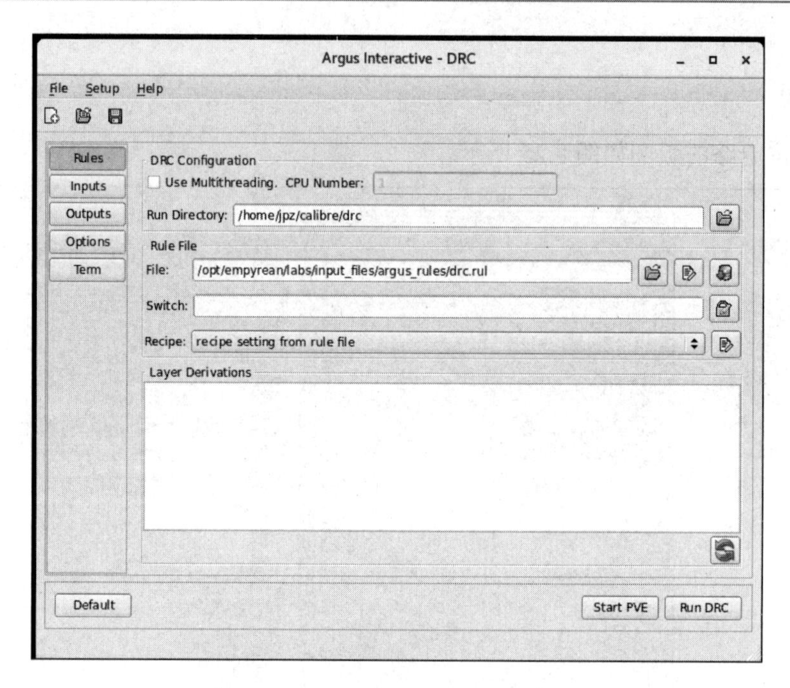

图 8.26 Argus Interactive-DRC 窗口

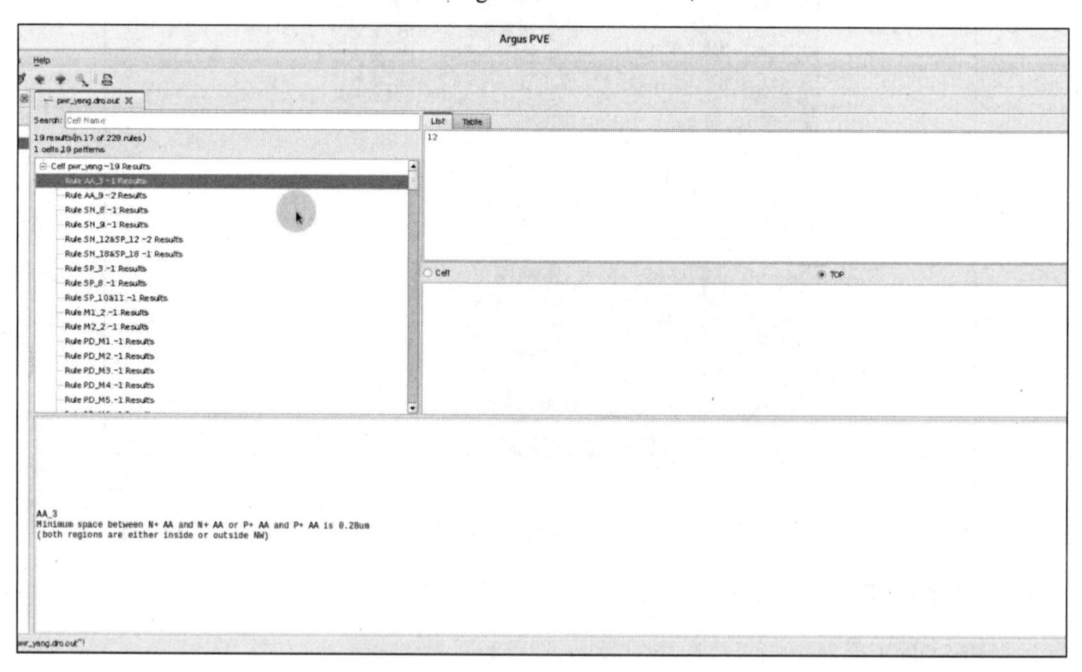

图 8.27 DRC 验证的 Argus PVE 窗口

针对每个 DRC 错误进行修改后，重新进行 DRC 验证。

（2）LVS 验证。

首先，在 Empyrean Aether LE 界面中，单击菜单栏中的 Verify→Argus→Run Argus LVS，弹出 Argus Interactive-LVS 窗口，如图 8.28 所示，分别对 Rules 选项卡、Inputs 选项卡中的内容进行设置。

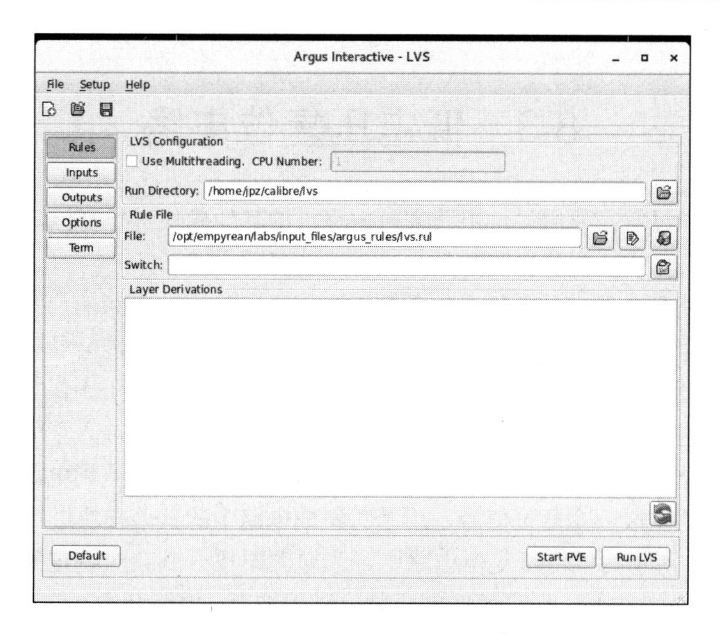

图 8.28　Argus Interactive-LVS 窗口

其次，单击 Run LVS 按钮，开始运行。在弹出的窗口中，报告窗口中主要是一些报告信息，可以忽略，主要看 Argus PVE 窗口，如图 8.29 所示。

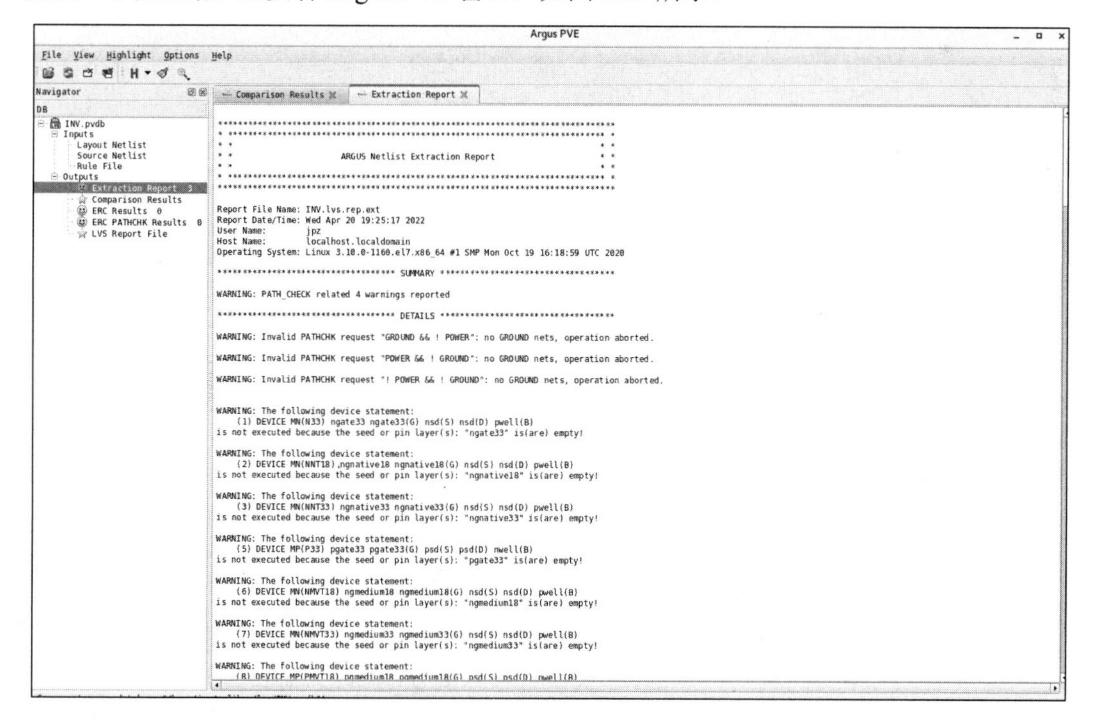

图 8.29　LVS 验证的 Argus PVE 窗口

如果没有 LVS 错误，则会露出“笑脸”；如果有 LVS 错误，则需要针对每个 LVS 错误进行修改（通常是指版图上的错误），并重新进行 LVS 验证。

8.3 低电压复位电路

在集成电路中经常需要用复位电路来对电路中的其他模块进行复位，除了 8.2 节介绍的上电复位电路，低电压复位电路也是一种常见的复位电路。

每个集成电路都必须在外部供电的条件下才能正常运行。电源的启动过程称为上电，而关闭电源的过程称为下电。在下电过程中，电源电压的变化可能会导致电路内部信号变得不确定或与预期结果不符，从而引发误操作等问题。因此，为了确保集成电路在使用过程中能够可靠地进行复位，集成电路中除上电复位电路之外，还嵌入了低电压复位电路。该电路在集成电路工作过程中持续监测电源电压的变化，一旦监测到电源电压降到某一特定阈值，该电路就生成一个复位信号，用于对集成电路中的其他模块进行复位。

在如图 8.30 所示的低电压复位电路中，当电源电压升到某一特定阈值时，复位信号 Reset 由高电平变为低电平，标志着低电压复位过程结束，电路开始正常运行。这个特定阈值通常称为低电压复位结束信号（LVRE）。相反，在下电过程中或干扰等因素导致电源电压降到另一特定阈值时，复位信号 Reset 由低电平变为高电平，触发电路复位。这个特定阈值通常称为低电压复位开始信号（LVRB）。因此，低电压复位电路能够随时监测电源电压的变化，以确保复位信号在整个工作过程中的可靠性。

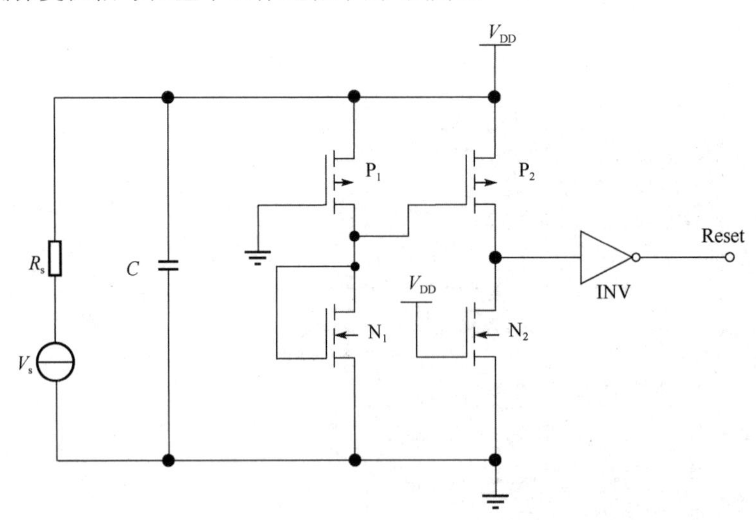

图 8.30 低电压复位电路

首先，在华大九天 EDA 软件中完成低电压复位电路原理图的输入，如图 8.31 所示。

根据上面的原理分析可知，该电路中并没有输入信号，对此只需要添加电源信号即可。将该电路做成 Symbol 后进行仿真。由于需要观察输出信号是否能够根据电源电压的变化实现复位功能，因此这里使用 pulse 信号源作为电源，并设置 pulse 信号源的延迟时间、上升时间和下降时间均为 50ms。低电压复位电路的仿真图如图 8.32 所示，pulse 信号源的设置如图 8.33 所示。

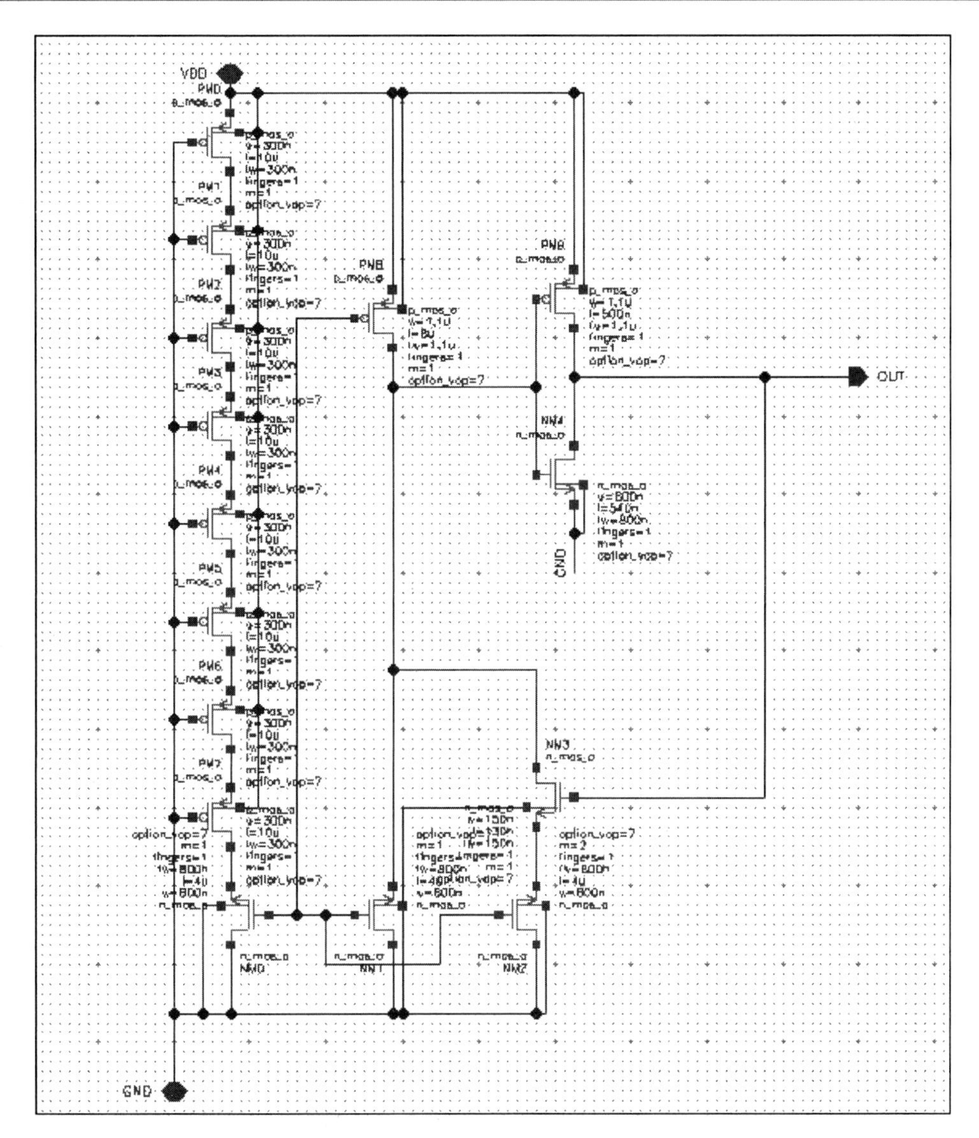

图 8.31　低电压复位电路的原理图

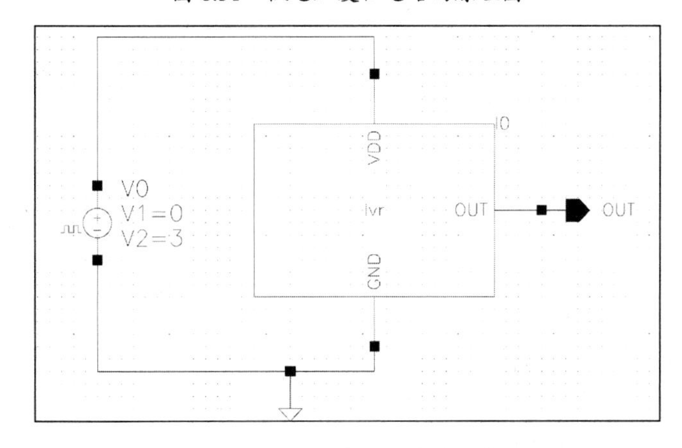

图 8.32　低电压复位电路的仿真图

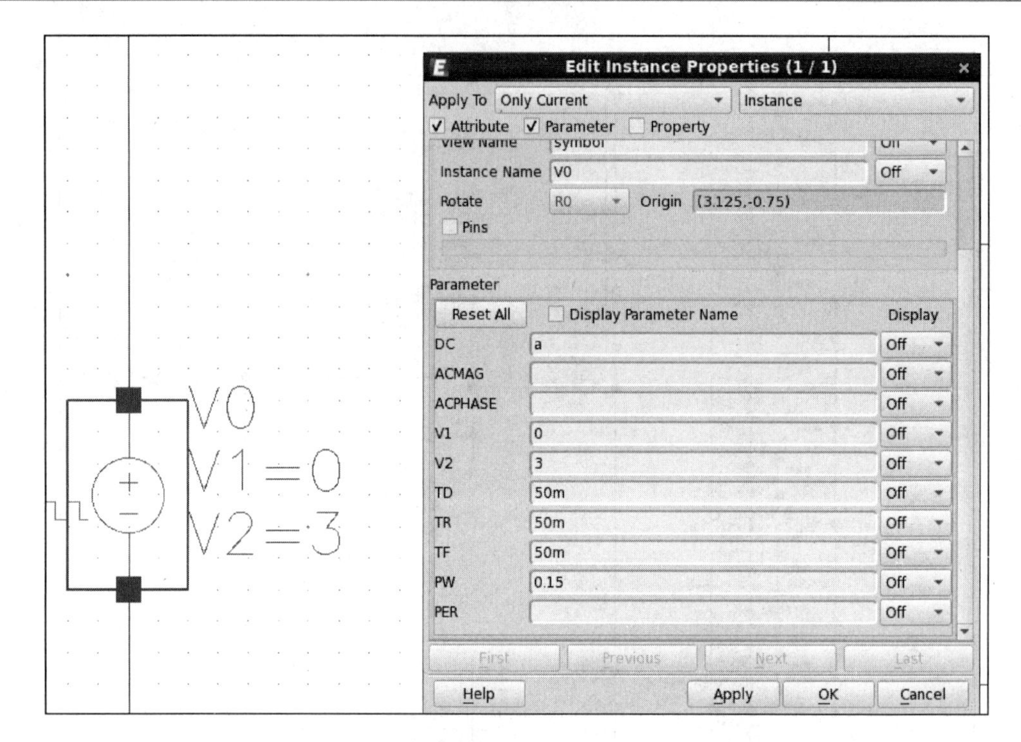

图 8.33　pulse 信号源的设置

其次，进行瞬态仿真，设置仿真时间为 300ms，将 VDD 和 OUT 作为仿真的对象，得到如图 8.34 所示的低电压复位电路的仿真结果。

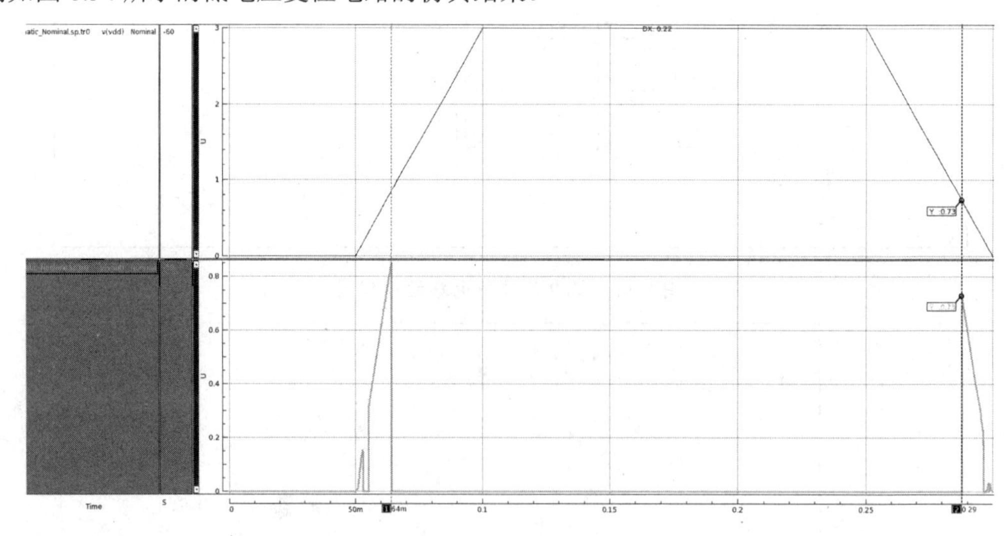

图 8.34　低电压复位电路的仿真结果

由此可以看出，当电源电压上升到 0.86V 时，复位信号 Reset 从高电平变为低电平，表示低电压复位过程结束，电路开始正常运行；当电源电压由于干扰等原因下降到 0.73V 时，复位信号 Reset 从低电平变为高电平，使电路复位，避免电路进入错误状态。

最后，根据原理图完成版图设计，如图 8.35 所示。

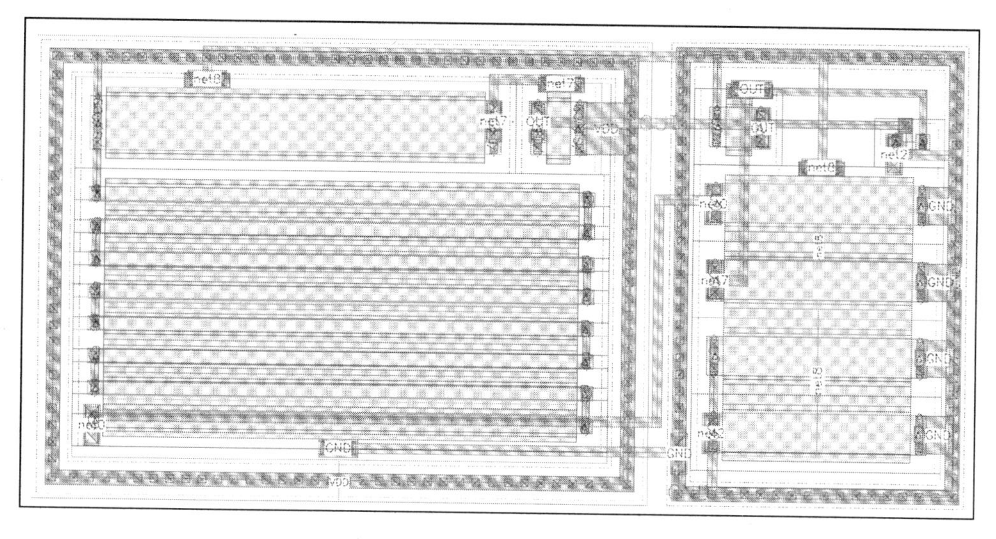

图 8.35　低电压复位电路的版图

8.4　RC 环形振荡器

8.4.1　案例简介

RC 环形振荡器是用于产生方波的多谐振荡器，由奇数个反相器首尾相连组成，也称为张弛振荡器或充放电振荡器。这种振荡器的工作特点是储能元件（通常是电容）在电路两个门限电平之间来回充电和放电。假设电路保持在一种暂稳状态，当储能元件上的电平达到两个门限电平中的某一个时，电路转换到另一种暂稳状态，储能元件上的电平往相反方向变化，当其到达另一个门限电平时，电路返回原来的暂稳状态，如此循环，形成振荡。

RC 环形振荡器作为一个专用的电路模块被广泛应用在各种集成电路中。RC 环形振荡器性能的主要衡量指标是振荡频率，其包括振荡频率的绝对值、温度系数（振荡频率随温度变化的系数）、电压系数（振荡频率随电压变化的系数）等。本节的 RC 环形振荡器将基于 CSMC 0.18μm 工艺进行设计，具体包括以下内容。

（1）RC 环形振荡器的设计与仿真，包括所用电阻、电容等元器件的选择，以及电路设计结果、仿真结果的呈现，还包括仿真过程设置，如激励信号添加、仿真类型选择、波形信号确定等，主要是为了可以重复仿真过程。

（2）RC 环形振荡器的版图设计与验证，包括给出版图数据、版图验证结果等。

在上述 RC 环形振荡器数据的基础上，可以通过适当修改电路结构中的参数，如电阻、电容等，延伸出其他设计结果，从而起到重复使用该 RC 环形振荡器的效果。

8.4.2　RC 环形振荡器的设计与仿真

1. RC 环形振荡器的基本电路结构

图 8.36 所示为常用 RC 环形振荡器的基本电路结构。基于华大九天系统，将该电路的

原理图输入到设计库 spectre 中，并将单元名称设置为 osc，其中电阻、电容选用华大九天 EDA 软件自带的 analog 库中的元器件。

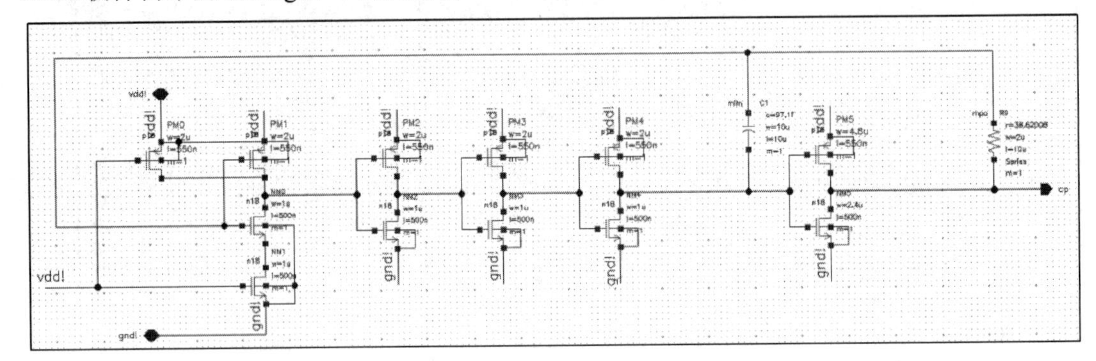

图 8.36　常用 RC 环形振荡器的基本电路结构

从图 8.36 中可以看出，该 RC 环形振荡器是一个由电阻、电容和逻辑门组成的模拟电路，电阻值为 270kΩ，电容值为 20pF。因为该 RC 环形振荡器的振荡频率与 1/*RC* 成正比，因此电阻、电容对振荡频率的绝对值及电压系数、温度系数等有直接的影响。

（1）电阻的选择。

从减小 RC 环形振荡器版图面积的角度考虑，因为电阻值较大（为 270kΩ），所以根据本案例所采用的工艺，可以选择方块电阻较大的高阻多晶电阻或阱电阻。

从减小工艺偏差对电阻进而对 RC 环形振荡器振荡频率的影响的角度考虑，可以选择高阻多晶电阻，因为这种类型的电阻工艺偏差较小，从而可以使不同工艺批次的 RC 环形振荡器的振荡频率偏差相对小一些。

从降低集成电路制造成本的角度考虑，应该选择阱电阻，因为如果选择高阻多晶电阻，则需要增加一块额外的掩膜版——高阻多晶注入版，这样会造成集成电路制造成本的升高。

从减小振荡频率的温度系数的角度考虑，单独使用高阻多晶电阻和阱电阻都不是最好的选择，因为高阻多晶电阻具有负的温度系数（见表 8.1），即随着温度的升高，电阻会变小；阱电阻具有正的温度系数，即随着温度的升高，电阻会变大。最佳方案是同时使用高阻多晶电阻和阱电阻，这样可以进行温度的补偿，从而降低整个 RC 环形振荡器振荡频率的温度系数。

表 8.1　几种电阻的方块电阻和电压/温度系数

电阻类型	电阻有关参数	电阻尺寸	单位	最小值	典型值	最大值
多晶 2 高阻（Hpoly2）电阻	方块电阻	80/10	Ω/□	1500	1900	2300
	电压系数	80/2	1/V	—	-2×10^{-4}	-1.05×10^{-5}
	温度系数	80/2	1/°C	—	-3.32×10^{-3}	-1.37×10^{-2}
N 阱（NWELL）电阻	方块电阻	100/10	Ω/□	900	1000	1100
	电压系数	100/8	1/V	—	8.24×10^{-3}	6×10^{-2}
	温度系数	100/8	1/°C	—	5.74×10^{-3}	2×10^{-2}

（2）电容的选择。

从减小振荡频率的电压系数的角度考虑，可以选择 PIP 电容，因为 MOS 电容的等效电容与两端所加偏置电压有关，稳定性较差。

从降低集成电路制造成本的角度考虑，可以选择 MOS 电容，因为其电容值较大（为 20pF），所以如果采用单位面积电容为 0.72fF/μm^2 的 PIP 电容，那么会占用比较大的集成电路面积。当然，如果集成电路中其他地方不需要用到第二层多晶，那么这里选择双层多晶电容会增加一块额外的掩膜版，这样会造成集成电路制造成本的升高。

在本案例中，因为电阻选择了高阻多晶电阻，该电阻使用了第二层多晶，所以电容可以选择 PIP 电容，以保证振荡频率的稳定性。

2. 仿真准备

对于如图 8.36 所示的电路，在开始仿真前需要添加信号源。信号源通常包括输入信号、电源信号等。由于如图 8.36 所示的电路不需要输入信号，因此只需要添加电源信号即可，添加方法如下。

（1）将 osc 单元复制成另外一个单元 osc_test。

在华大九天系统的库管理器（Library Manager）中选择设计库 spectre 中的 osc 单元，右击，在弹出的快捷菜单中选择 Copy 选项，会弹出如图 8.37 所示的对话框，在对话框中进行修改，修改完成后单击 OK 按钮。

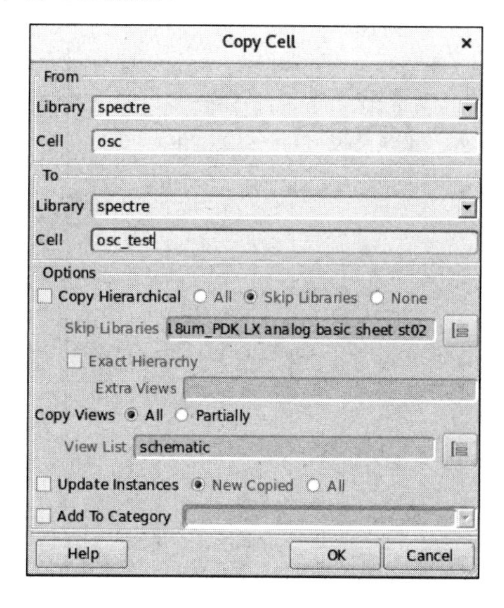

图 8.37 Copy Cell 对话框

（2）添加电源信号。

在库管理器中打开 osc_test 单元的初始原理图，如图 8.38 所示。

在 Empyrean Aether SE 界面中单击菜单栏中的 Create→Instance，弹出如图 8.39 所示的对话框。

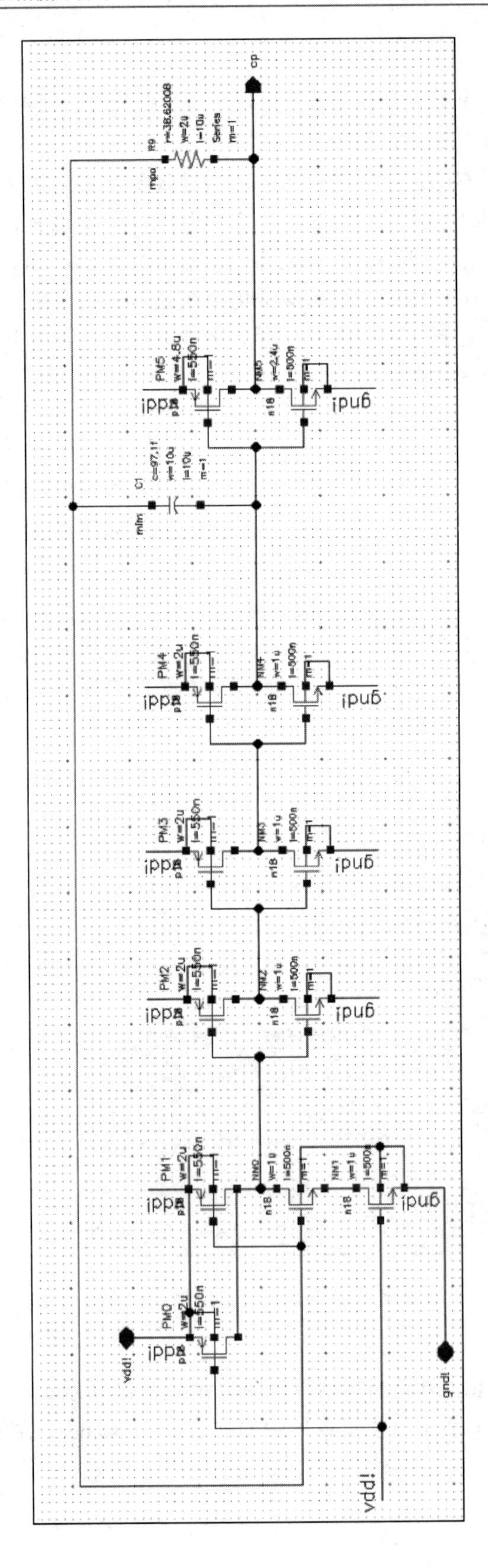

图 8.38 osc_test 单元的初始原理图

单击图 8.39 中 Library Name 右侧的按钮，选择 analog 库中 vpulse 单元的 symbol 视图，如图 8.40 所示。

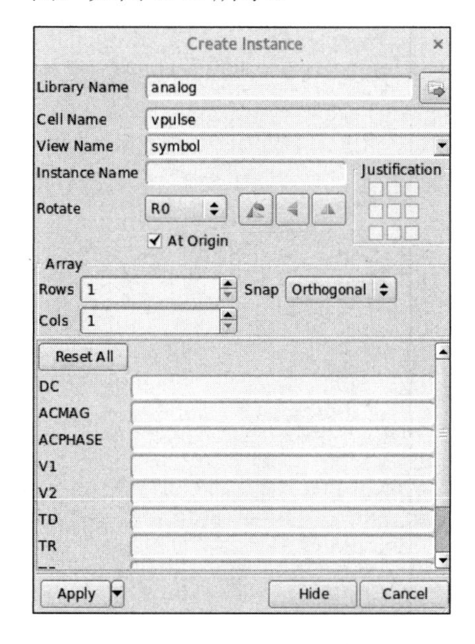

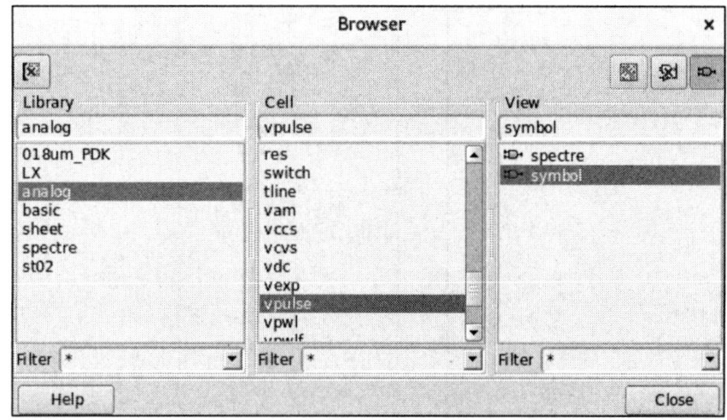

图 8.39　Create Instance 对话框　　　　图 8.40　添加电源信号

将添加的电源信号放置在如图 8.38 所示的原理图中，单击工具栏中的 Wire 图标，用线将 vdd 和 gnd 连接好。按 L 键，弹出如图 8.41 所示的对话框，在该对话框中可添加线名。仿真电路原理图如图 8.42 所示。

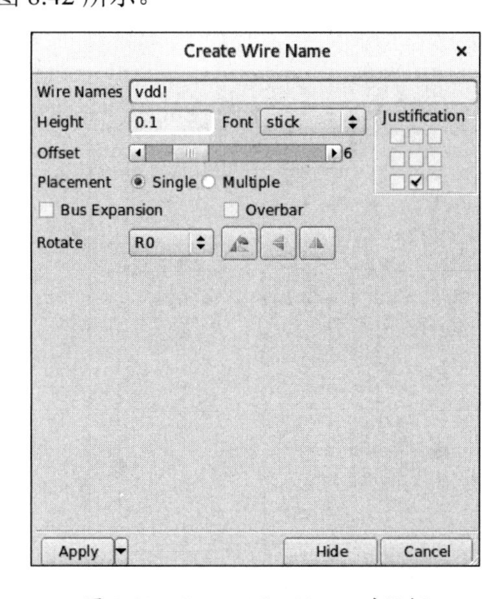

图 8.41　Create Wire Name 对话框

单击选中图 8.42 中的 vpulse，并按 Q 键，在弹出的对话框中可对 vpulse 参数进行设置，如图 8.43 所示。

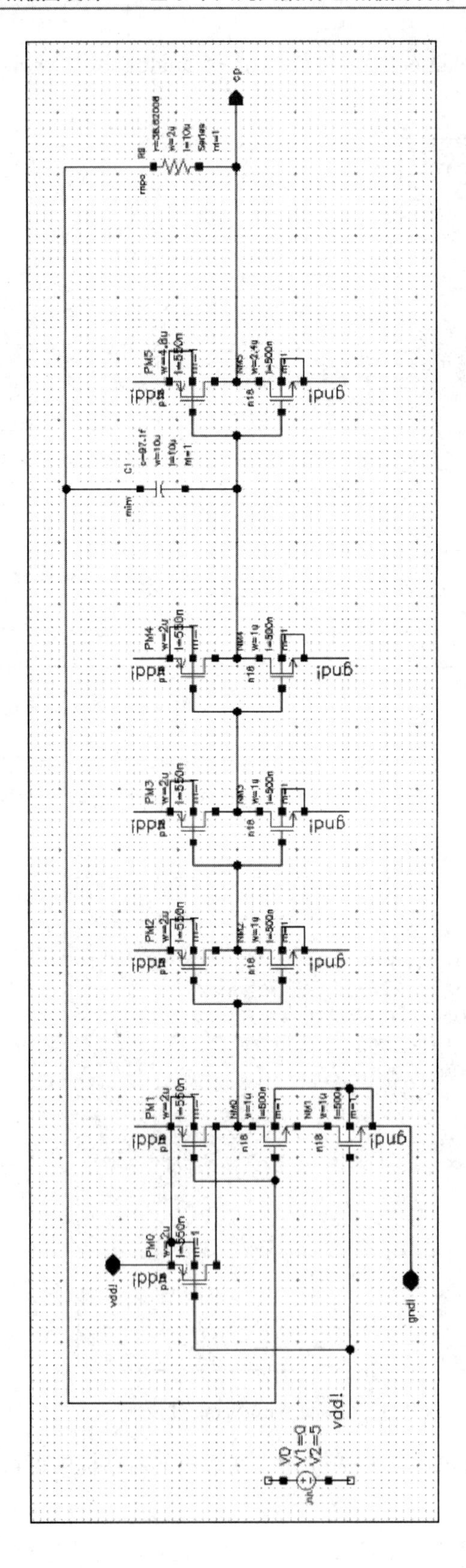

图 8.42　仿真电路原理图

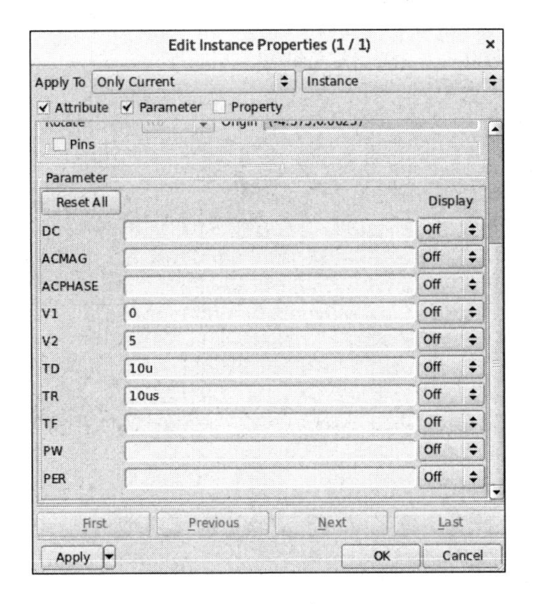

图 8.43　vpulse 参数设置

3．仿真步骤

（1）打开仿真环境。

（2）选择仿真模型文件。

（3）确定仿真类型和时间。

（4）选择输出信号。

仿真时间选择 50μs，输出信号选择 v(vdd！)和 v(cp)两条线，注意要选择线不要选择点。修改后的仿真环境如图 8.44 所示。

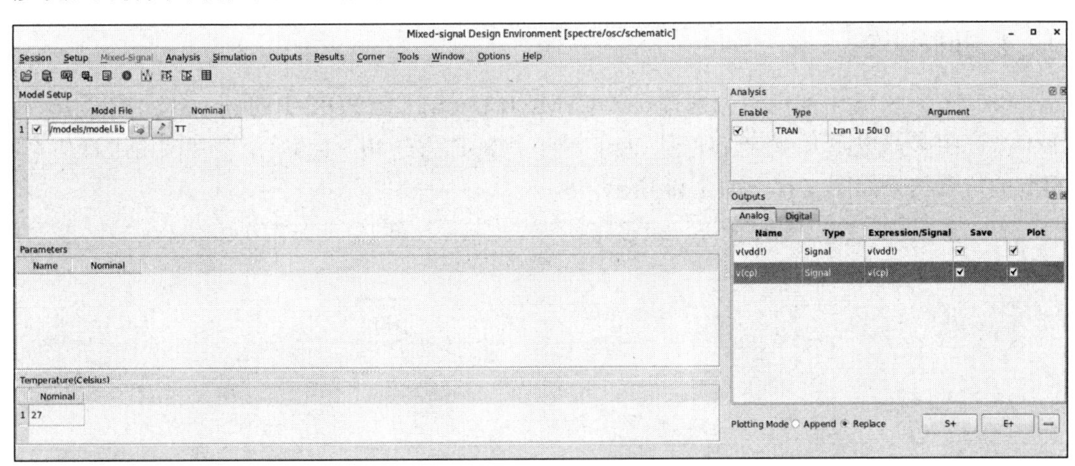

图 8.44　修改后的仿真环境

（5）运行仿真和分析波形。

在如图 8.44 所示的界面中，单击菜单栏中的 Simulation→Netlist and Run（此操作适用于原理图有修改的情况，若原理图没有修改，则可单击菜单栏中的 Simulation→Run），开始仿真，得到如图 8.45 所示的 osc_test 仿真结果。

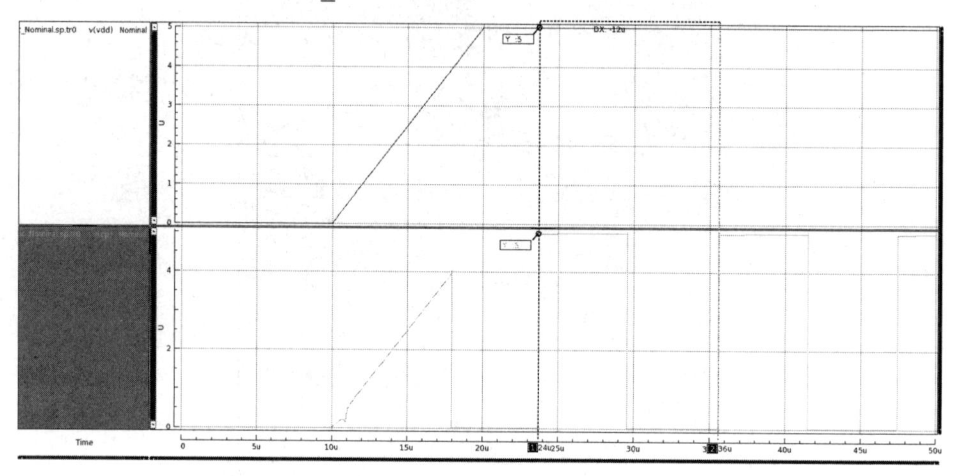

图 8.45　osc_test 仿真结果

单击如图 8.46 所示的界面中方框内的图标，可在波形图中添加一个标尺。将鼠标指针移动到该标尺上，当显示左右箭头时，表示可以左右移动该标尺；当显示上下箭头时，表示可以上下移动该标尺，显示不同信号的值。还可以再添加一个标尺，并根据标尺所显示的值计算 RC 环形振荡器的振荡周期（约为 12μs）。

图 8.46　添加标尺

由仿真得到的振荡周期，可以计算出振荡频率 f=1/T=83.3kHz。

4．拓展训练

（1）将图 8.36 中的电阻分别替换成 CSMC 0.18μm 工艺 PDK 中的 rnwell（阱电阻）和 rhr1k（高阻多晶电阻），将电容值从 20pF 减小到 8pF，在−40～120℃温度范围内进行仿真，得到的仿真结果如图 8.47、图 8.48 所示。

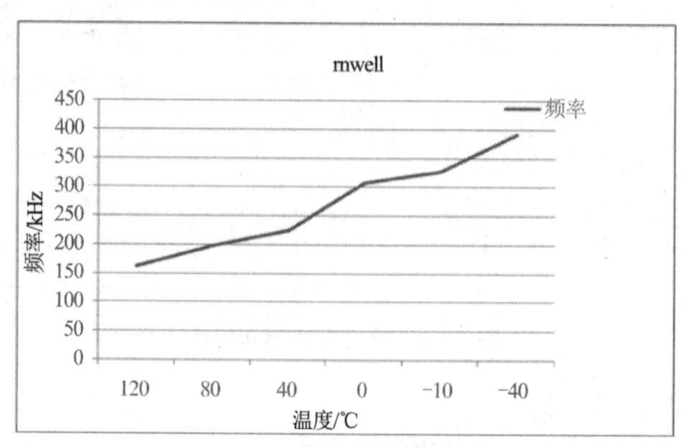

图 8.47　采用阱电阻的仿真结果

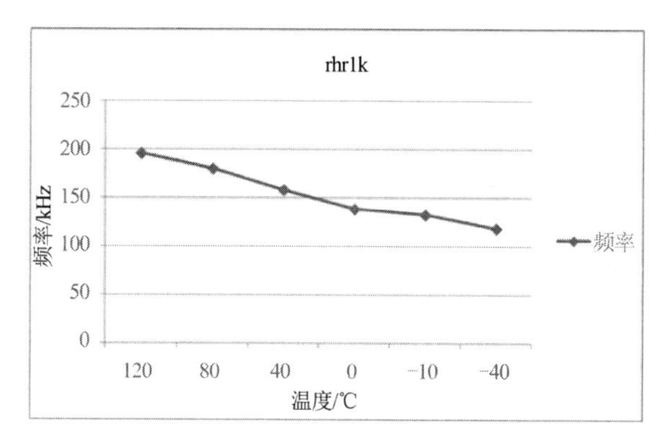

图 8.48　采用高阻多晶电阻的仿真结果

从图 8.47、图 8.48 中可以看出，采用具有正温度系数的阱电阻，随着温度升高，电阻值变大，振荡频率减小；采用具有负温度系数的高阻多晶电阻，随着温度升高，电阻值变小，振荡频率增大。

（2）将图 8.36 中的电阻替换成由阱电阻、高阻多晶电阻组合而成的电阻，并进行仿真，得到的仿真结果如图 8.49 所示。

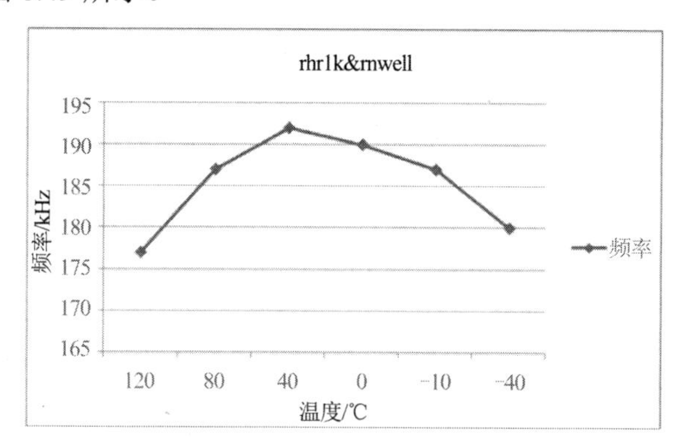

图 8.49　采用两种类型的电阻组合而成的电阻的仿真结果

从图 8.49 中可以看出，这种结构的 RC 环形振荡器振荡频率的温度系数相对较小。

其他训练项目，如将图 8.36 中的电容替换成 MOS 电容进行 RC 环形振荡器振荡频率的电压系数仿真等，这里不再详细列出，设计者可以根据实际需要增加。另外考虑到工艺批次之间的差异会影响电阻，从而影响振荡频率的精度，电阻可以设计成熔丝结构，这样可以得到高精度的振荡频率。

8.4.3　RC 环形振荡器的版图设计与验证

由于 RC 环形振荡器的版图设计增加了难度，因此将电阻设计成熔丝结构。

1．用于设计版图的原理图

用于设计版图的原理图如图 8.50 所示。

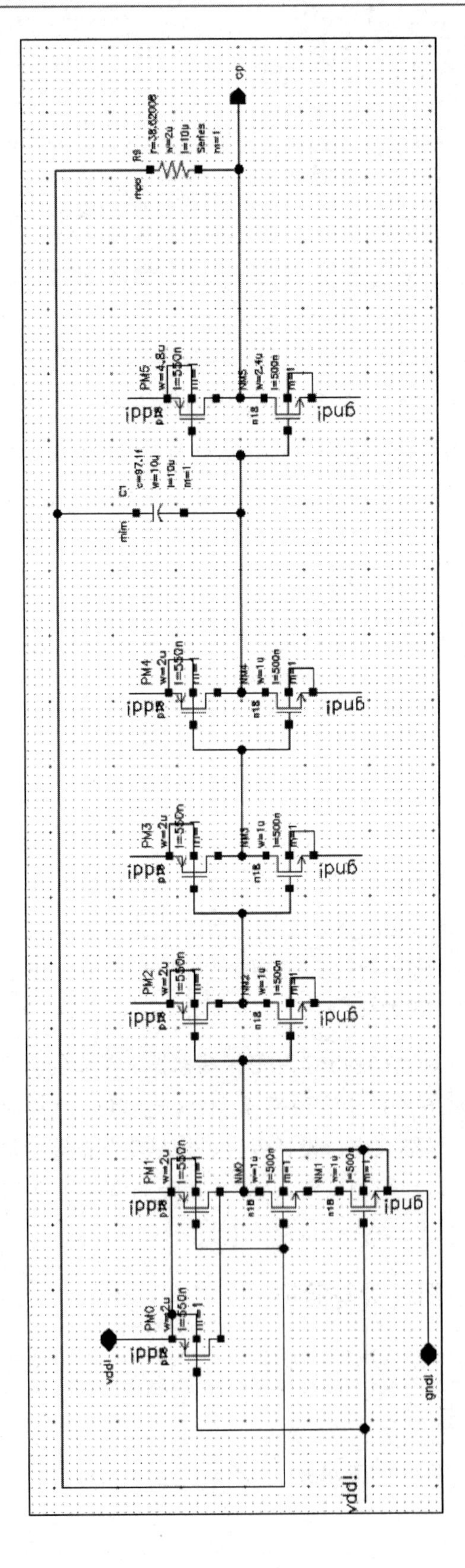

图 8.50　用于设计版图的原理图

2. 版图

RC 环形振荡器的版图如图 8.51 所示。

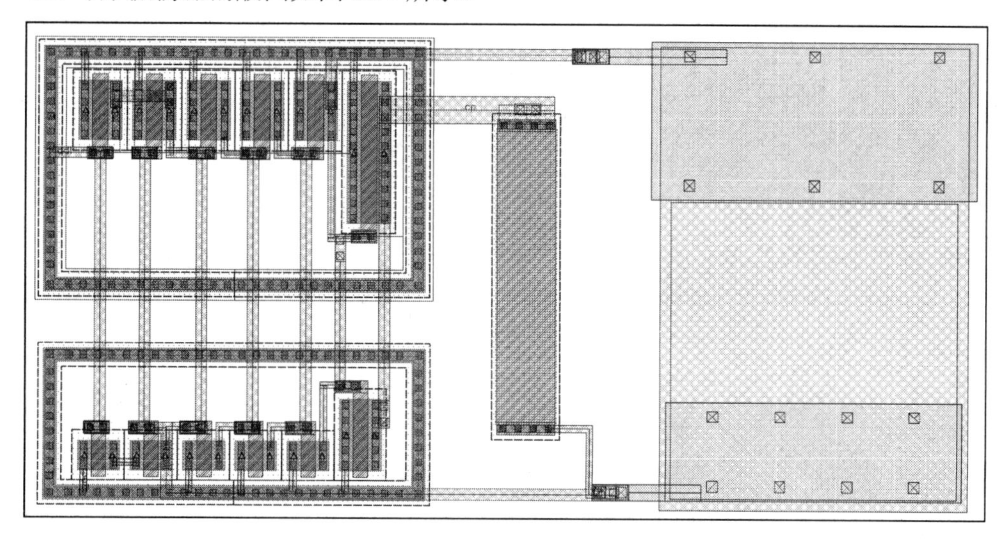

图 8.51　RC 环形振荡器的版图

3. 版图验证

采用 Argus 工具对 RC 环形振荡器的版图进行验证。

（1）DRC 验证。

RC 环形振荡器版图的 DRC 验证结果如图 8.52 所示。

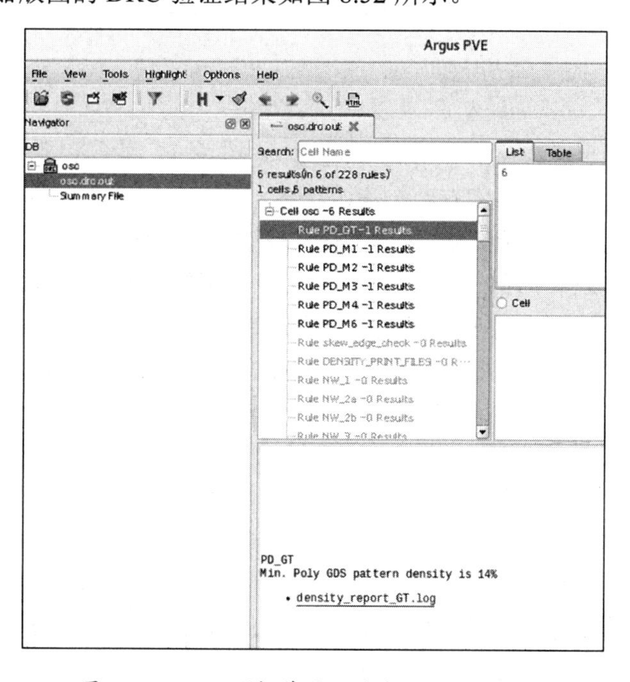

图 8.52　RC 环形振荡器版图的 DRC 验证结果

在 DRC 验证结果中，Metal 单元内部密度问题可以忽略。

（2）LVS 验证。

RC 环形振荡器版图的 LVS 验证结果如图 8.53 所示。

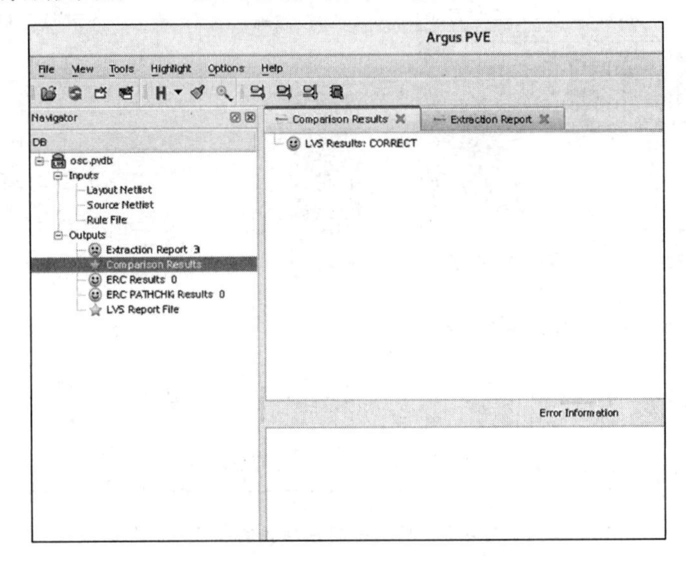

图 8.53　RC 环形振荡器版图的 LVS 验证结果

最终提供的数据中要确保版图中没有 LVS 错误。

8.5　施密特触发器

8.5.1　案例简介

施密特触发器是集成电路中常用的一种基本电路单元，它可以将非矩形脉冲信号转换为矩形脉冲信号。这种单元通常有两个稳定状态，从一个稳定状态到另一个稳定状态的转换取决于输入信号的幅度，因此施密特触发器又称为鉴幅器。

CMOS 反相器和逻辑门都有一个阈值电压 V_T，当输入电压从低电压上升到 V_T 或从高电压下降到 V_T 时，电路的状态将发生变化。施密特触发器有两个阈值电压，分别称为正向阈值电压 V_{T+} 和负向阈值电压 V_{T-}，在输入电压从低电压上升到高电压的过程中使电路状态发生变化的输入电压称为正向阈值电压，在输入电压从高电压下降到低电压的过程中使电路状态发生变化的输入电压称为负向阈值电压，正向阈值电压与负向阈值电压之差称为回差电压 V_H。图 8.54 所示为施密特触发器的电压传输特性曲线，也称为迟滞回线。

从图 8.54 中可以看出，当输入电压大于 V_{T+} 时，输出电压由低电压变为高电压；当输入电压小于 V_{T-} 时，输出电压由高电压变为低电压；当输入电压处于 V_{T+} 和 V_{T-} 之间时，输出电压是不变的，即施密特触发器具有记忆功能。由此可见，施密特触发器本质上是一种阈值开关电路，又是一种双稳态多谐振荡器，具有突变的 I/O 特性，这种特性可用于阻止输入电压的微小变化引起输出电压的变化，具体应用包括以下几种。

（1）可以把边沿变化缓慢的周期性信号变换为边沿很陡的矩形脉冲信号，即只要输入电压大于 V_{T+}，就可以在施密特触发器的输出端得到同等频率的矩形脉冲信号。

（2）当输入电压由低向高变化，达到 V_{T+}时，输出电压发生突变，当输入电压由高向低变化，达到 V_{T-}时，输出电压也发生突变，因此会出现输出电压变化滞后的现象。由此可以看出，对于要求启动具有一定延迟的电路，施密特触发器特别适用。

（3）矩形脉冲信号经传输后经常会发生波形畸变。例如，当传输线上的电容较大时，波形的上升沿将明显变缓；当传输线较长而且接收端的阻抗与传输线的阻抗不匹配时，在波形的上升沿和下降沿将产生振荡现象；当其他脉冲信号通过导线间的分布电容或公共电源线叠加到矩形脉冲信号上时，信号上将出现附加的噪声；等等。以上情形都可以通过使用施密特触发器整形得到比较理想的矩形脉冲波形。施密特触发器的整形功能如图 8.55 所示。

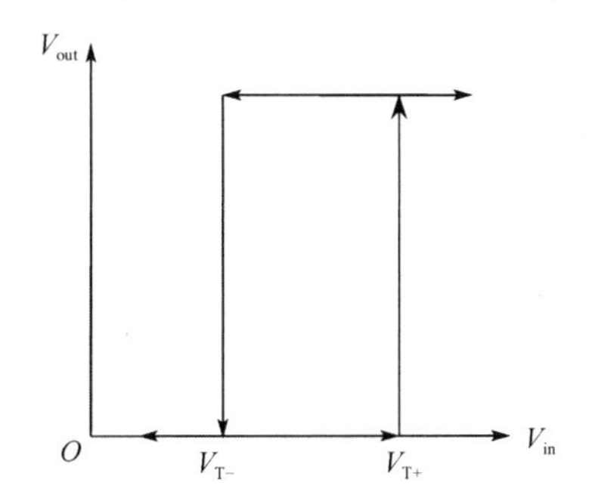

图 8.54　施密特触发器的电压传输特性曲线

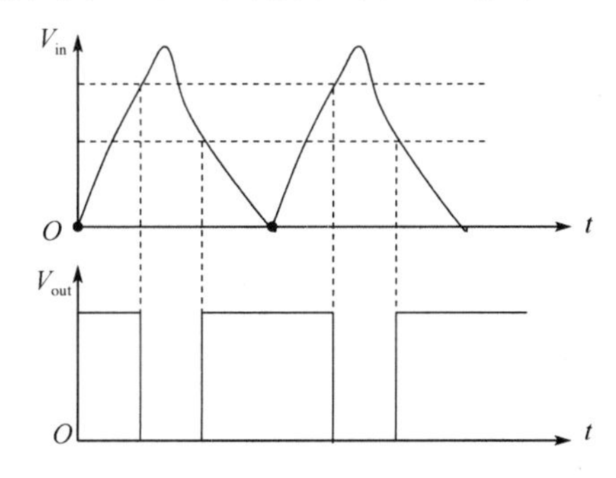

图 8.55　施密特触发器的整形功能

图 8.56 所示为常见的施密特触发器的电路结构。

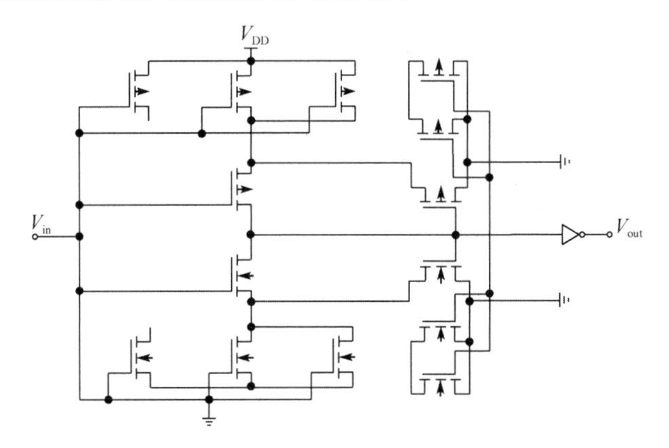

图 8.56　常见的施密特触发器的电路结构

在施密特触发器的电路结构中要注意几个 MOS 管的宽长比，如图 8.56 中设计了一些冗余的 MOS 管，主要用于调节宽长比。

8.5.2　施密特触发器的设计与仿真

1．施密特触发器的电路结构

本节设计的施密特触发器的电路结构源于 8.2 节设计的上电复位电路，如图 8.57 所示。

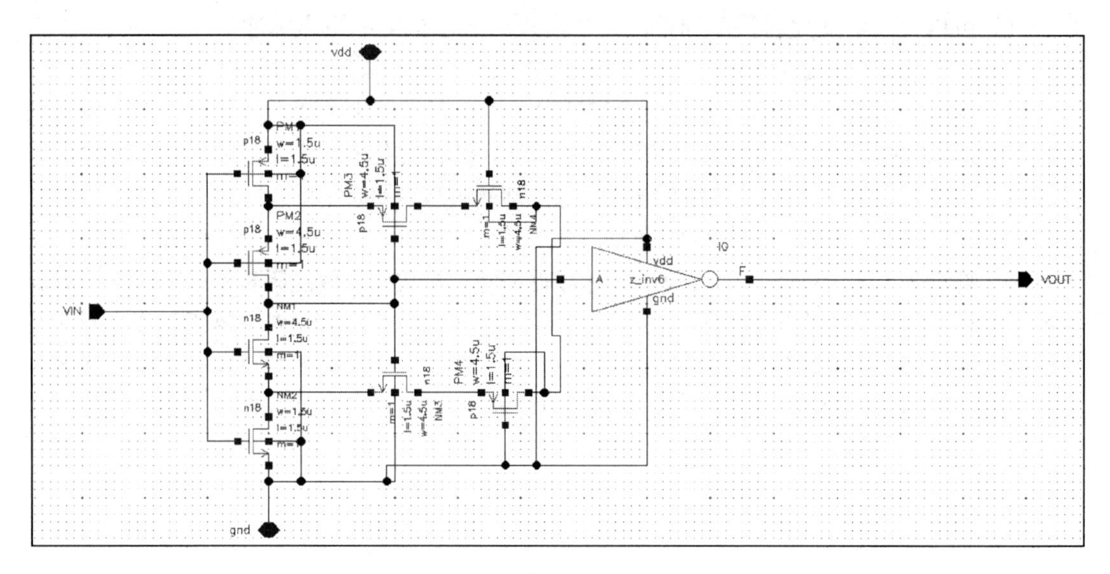

图 8.57　施密特触发器的电路结构

在图 8.57 中，施密特触发器的输出端加上了两个反相器，起到波形整形作用，还可以提高输出驱动能力。

2．仿真准备

在华大九天系统中的库管理器中选择设计库 spectre 中的 trigger 单元，右击，在弹出的快捷菜单中选择 Copy 选项，会弹出如图 8.58 所示的对话框，在对话框中进行修改，修改完成后单击 OK 按钮。

Copy Cell
From
Library spectre
Cell trigger
To
Library spectre
Cell trigger_test
Options
Copy Hierarchical　All　Skip Libraries　None
Skip Libraries 18um_PDK LX analog basic sheet st02
Exact Hierarchy
Extra Views
Copy Views　All　Partially
View List schematic state1
Update Instances　New Copied　All
Add To Category
Help　OK　Cancel

图 8.58　Copy Cell 对话框

打开 trigger_test 单元的原理图，添加电源信号，如图 8.59 所示。

添加电源信号的方法：vdd 选择 vdc，VIN 选择 vpwl，具体参数设置如图 8.60、图 8.61 所示。

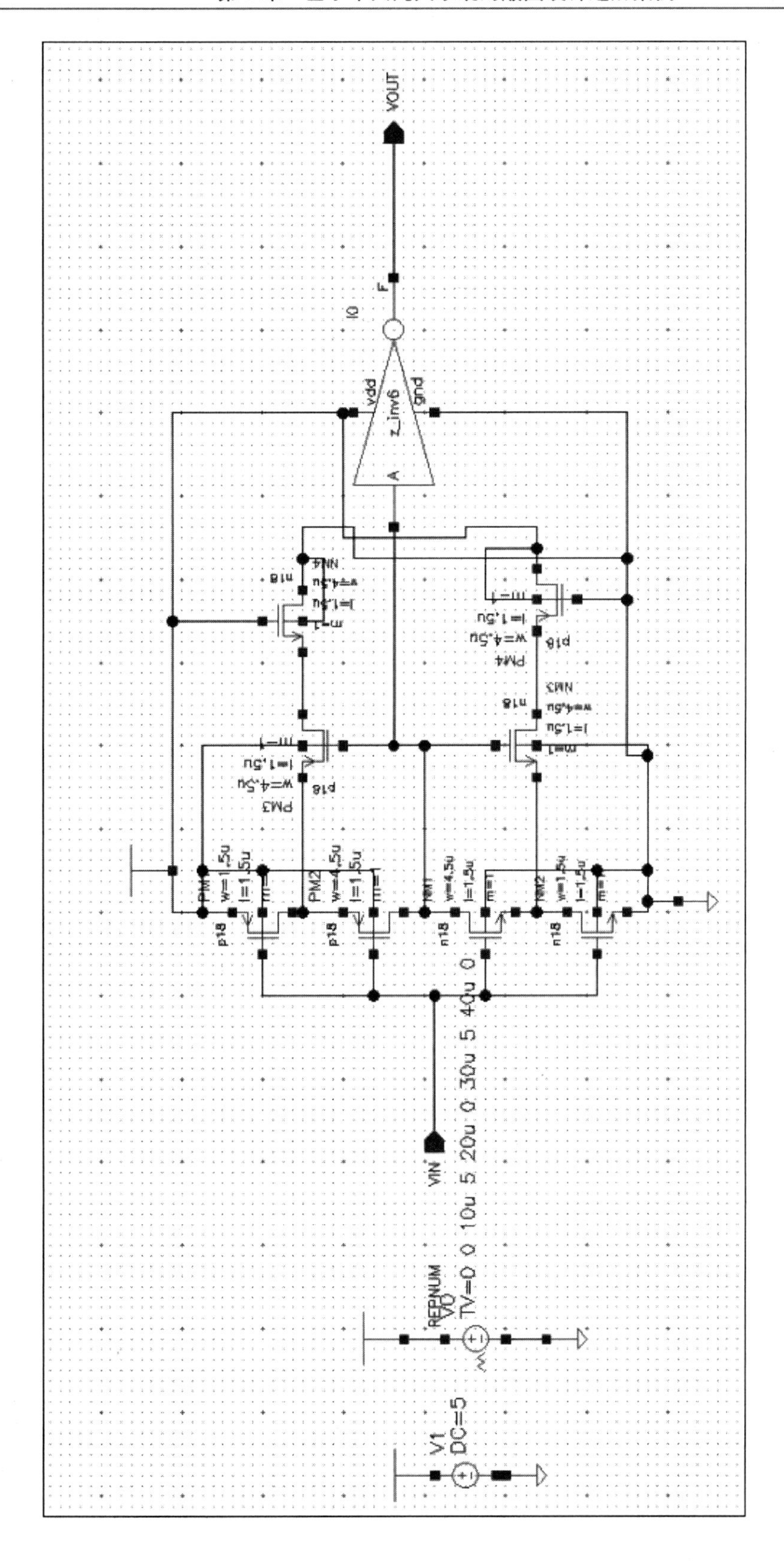

图 8.59　trigger_test 单元的原理图

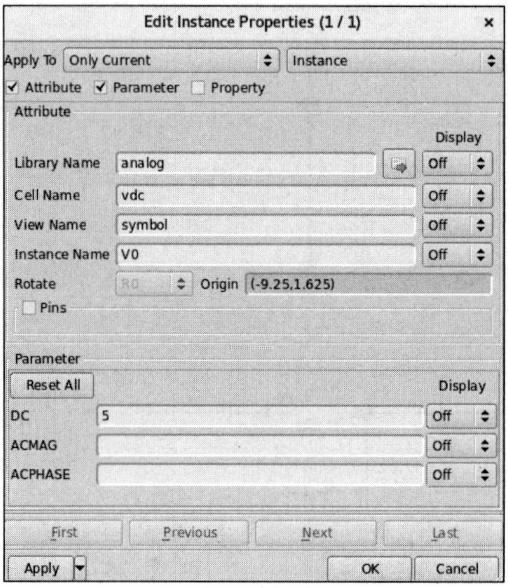

图 8.60　vdc 参数设置

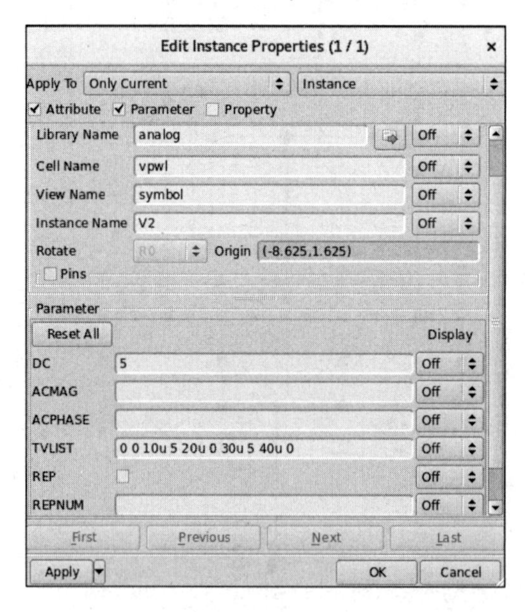

图 8.61　vpwl 参数设置

3．仿真步骤

（1）打开仿真环境。

（2）选择仿真模型文件。

（3）确定仿真类型和时间。

（4）选择输出信号。

上述仿真步骤与 RC 环形振荡器的仿真步骤相同，这里不再赘述。

仿真环境如图 8.62 所示。

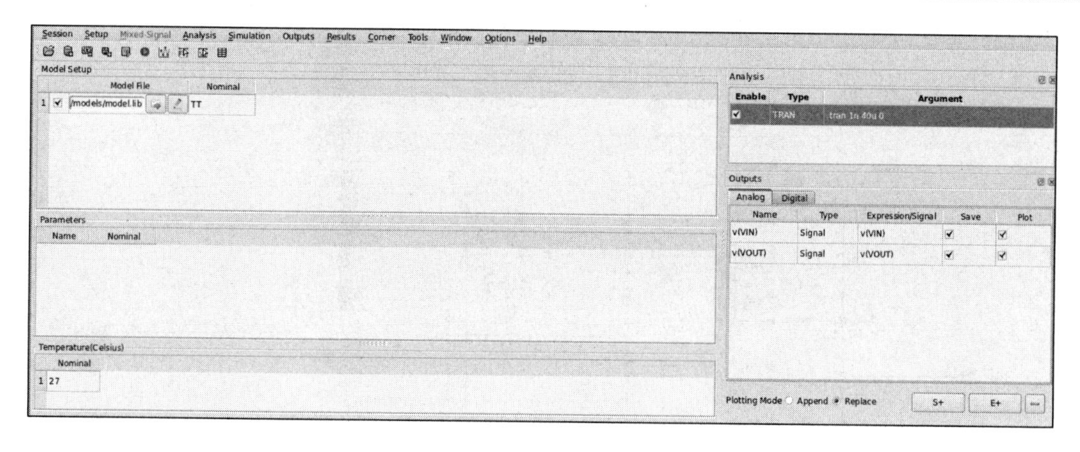

图 8.62　仿真环境

（5）运行仿真和分析波形。

以上准备工作完成后就可以进行仿真了，得到的仿真结果如图 8.63 所示。

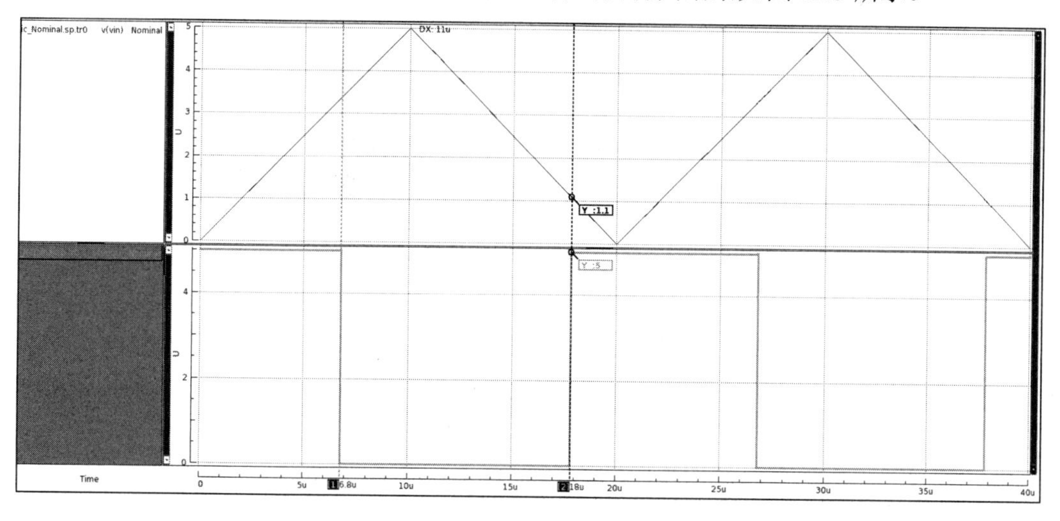

图 8.63　仿真结果

从图 8.63 中可以看出，每次发生突变的电压都保持在 3.4V 和 1.1V 左右，说明此施密特触发器的负向阈值电压为 3.4V，正向阈值电压为 1.1V。当输入电压大于 3.4V 时，输出电压由高电压变为低电压，当输入电压小于 1.1V 时，输出电压由低电压变为高电压，完成波形变换的功能。

4．拓展训练

搭建仿真平台测试施密特触发器的整流和滤波功能。

8.5.3　施密特触发器的版图设计与验证

1．用于设计版图的原理图

用于设计版图的原理图如图 8.64 所示。

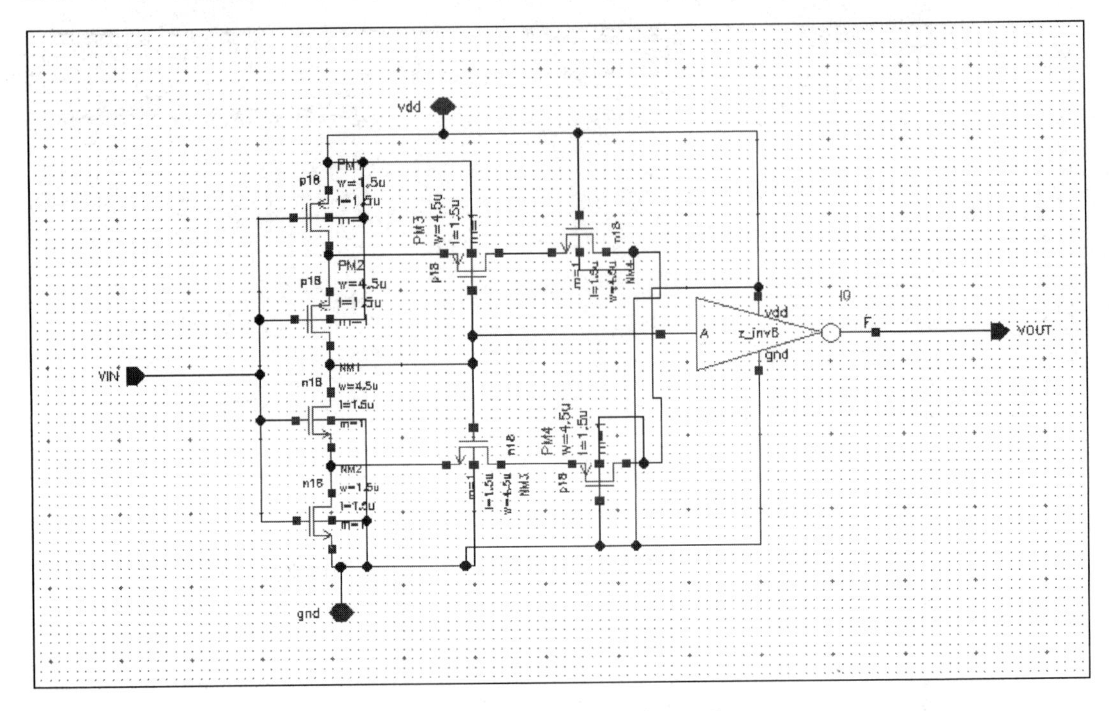

图 8.64　用于设计版图的原理图

2. 版图设计

施密特触发器版图如图 8.65 所示。

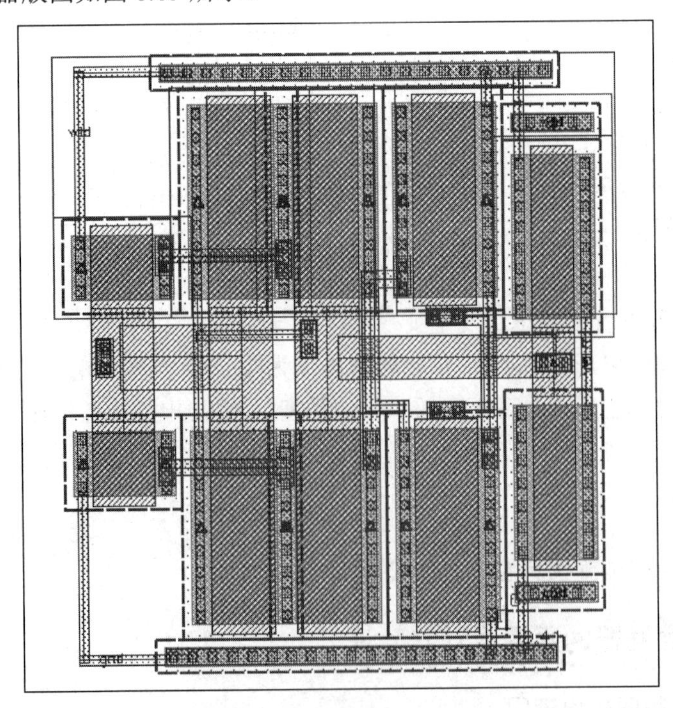

图 8.65　施密特触发器的版图

3. 版图验证

采用 Argus 工具对施密特触发器的版图进行验证。

（1）DRC 验证。

施密特触发器版图的 DRC 验证结果如图 8.66 所示。

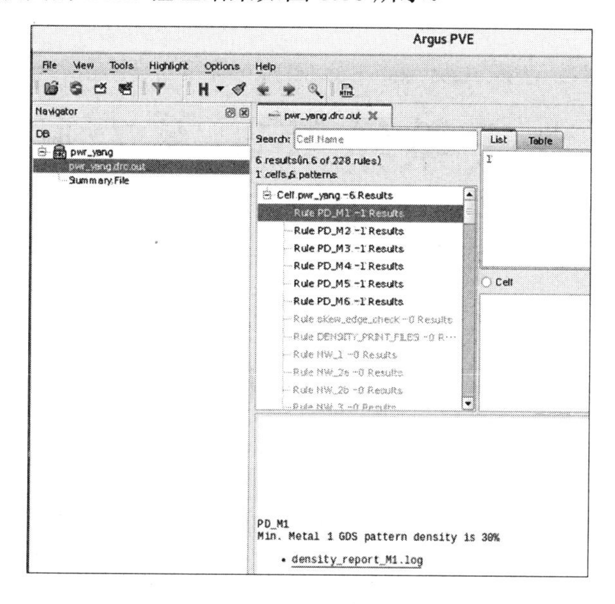

图 8.66　施密特触发器版图的 DRC 验证结果

在 DRC 验证结果中，Metal 单元内部密度问题可以忽略。

（2）LVS 验证。

施密特触发器版图的 LVS 验证结果如图 8.67 所示。

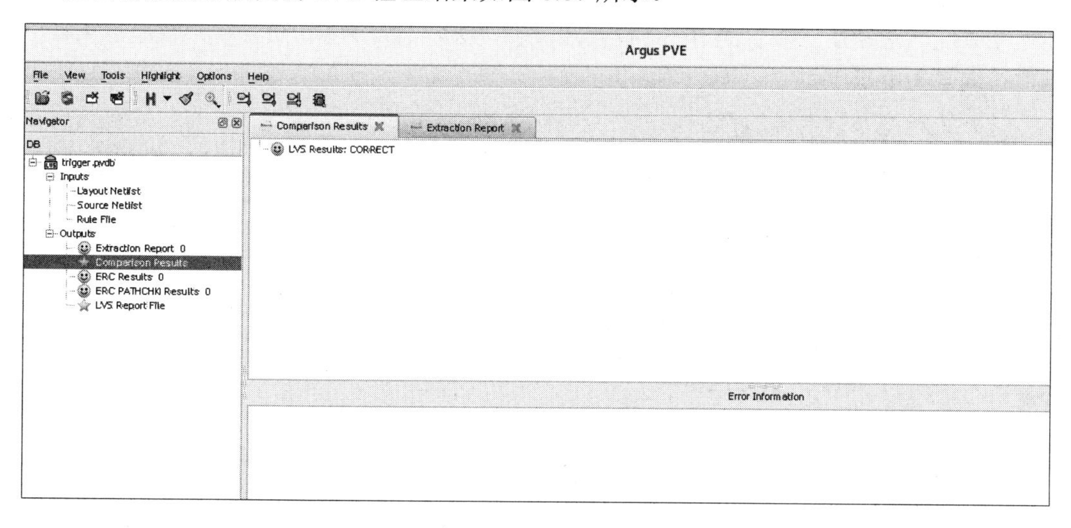

图 8.67　施密特触发器版图的 LVS 验证结果

最终提供的数据中要确保版图中没有 LVS 错误。

第 9 章

基于华大九天系统的版图设计复杂案例

9.1 带隙基准电路

9.1.1 案例简介

带隙基准电路是集成电路中常见的一个功能模块，它能提供几乎不随温度和电源电压变化而变化的基准电压，通常该基准电压约为 1.25V，该基准电压由于和硅的带隙电压相近，因此被称为带隙基准电压（Bandgap Voltage Reference）。由于不同工艺的参数及元器件的尺寸参数有差别，因此实际的带隙基准电压和 1.25V 有一定差值。

1. 带隙基准电路的原理

带隙基准电路的基本原理是将正温度系数电压和负温度系数电压叠加，产生温度系数很小的参考电压。其中，正温度系数电压来自两个不同电流密度的 PN 结之间的正向导通电压差 ΔV_{be}（通常用三极管的 BE 结替代二极管，所以记为 V_{be}），负温度系数电压来自 PN 结的正向导通电压 V_f。

（1）正温度系数电压的产生。

根据半导体元器件的原理可知，两个不同电流密度的 PN 结之间的正向导通电压差和温度成正比。如图 9.1 所示，二极管 D_0 和 D_1 的结面积之比是 1∶8，而流过 D_0 和 D_1 的电流相等，所以 D_0 的电流密度是 D_1 的 8 倍，其 PN 结之间的正向导通电压差为

$$\Delta V_{be} = \frac{kT}{q}\ln 8 = V_t \ln 8 \approx 52\text{mV} \tag{9.1}$$

式中，$\frac{kT}{q}$——热电压，记为 V_t；

k——玻尔兹曼常量；

q——电子电量；

T——热力学温度，在室温（T 为 300K，即 27℃）下 V_t 为 26mV。

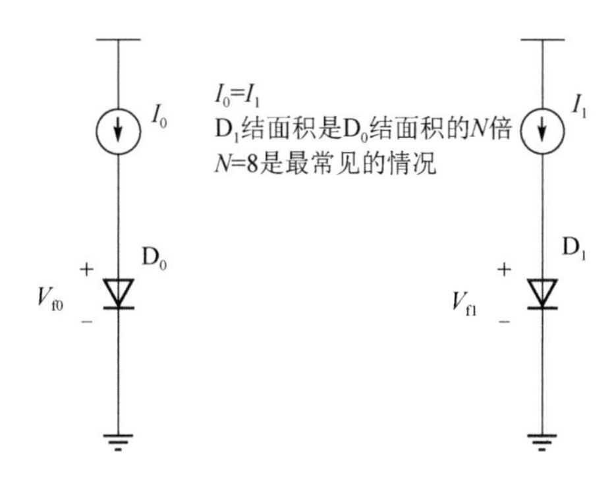

图 9.1　ΔV_{be}的产生原理图

（2）负温度系数电压的产生。

三极管的 BE 结是一个 PN 结，其正向导通压降 V_{be} 随温度升高而减小，温度上升 1K，电压下降 1.6～2mV。

在得到正温度系数电压和负温度系数电压后，把这两个电压相加，只要设计合适的系数 k，就可以得到不随温度变化而变化的电压 V_{BG}

$$V_{BG}=k\Delta V_{be}+V_{be} \tag{9.2}$$

2．带隙基准电路的结构

输出电压为 1.25V 的带隙基准电路的原理图如图 9.2 所示，将该原理图输入到设计库 spectre 中，将单元名称设置为 BGR。带隙基准电路中运放 I_{16} 的原理图如图 9.3 所示，该原理图也需要先输入到设计库 spectre 中并建好 Symbol，才能在图 9.2 中调用。

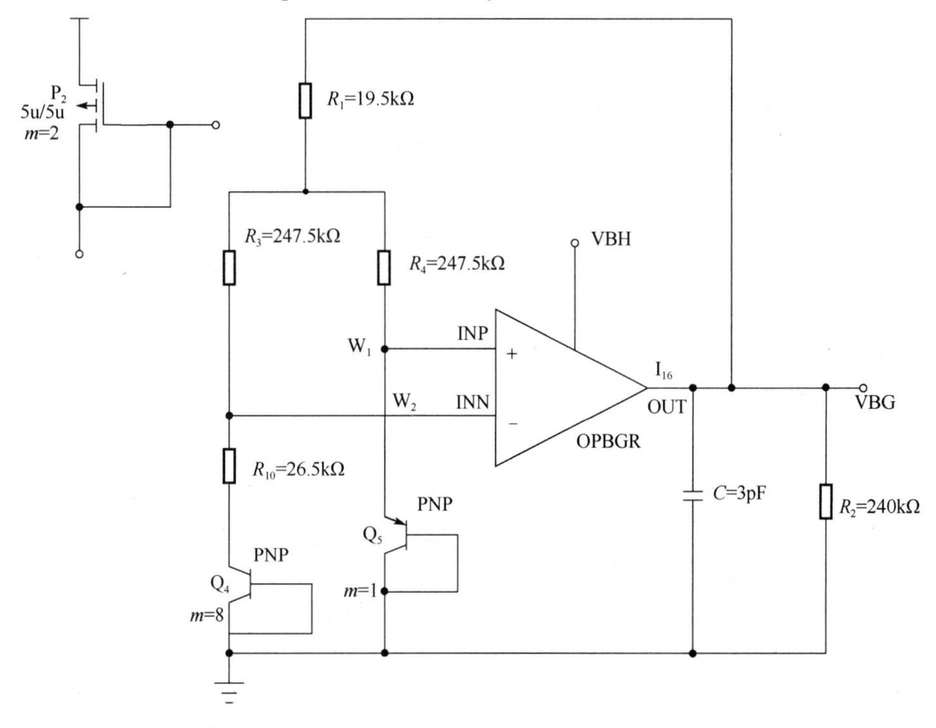

图 9.2　输出电压为 1.25V 的带隙基准电路的原理图

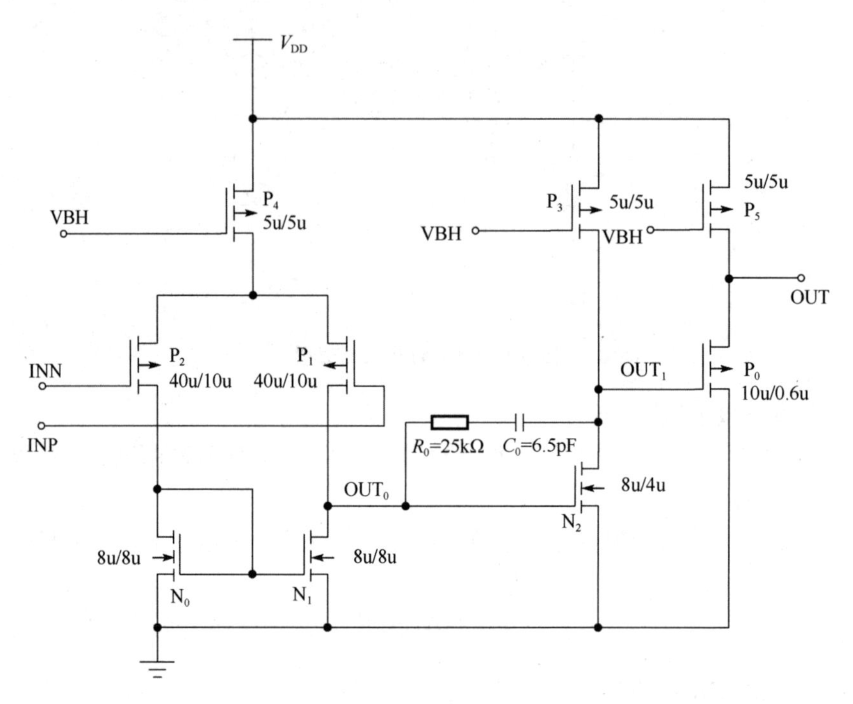

图 9.3 带隙基准电路中运放 I_{16} 的原理图

在图 9.2 中，R_3=R_4，在电路正常工作时运放 I_{16} 动态调整，使 W_1 和 W_2 的电压相等（运放的虚短原理），所以 R_3 和 R_4 的电流相等。由于运放的输入级是 MOS 管的栅极，运放没有输入电流，所以 Q_4 和 Q_5 的电流也完全相等。但是 Q_4 是由 8 个 PNP 型三极管并联而成的（逻辑输入时设置 m=8），所以 Q_4 的 BE 结电流密度是 Q_5 的 1/8。根据以上分析，R_4 的电压降就是 ΔV_{be}，只要设计 R_4 和 R_3 的比值，就可以得到几乎与温度无关的基准电压 V_{BG}。由图 9.2 还可知，输出电压 V_{BG} 是由运放 I_{16} 输出的，其只和 R_4、R_3 的比值及 Q_4、Q_5 的 V_{be} 有关，与电路的供电电压无关，所以带隙基准电压不受电源电压变化的影响。

在 VBG 和 GND 之间还有一个分压电阻，通过电阻分压，可以输出不同的基准电压。

运放 I_{16} 是一个典型的 CMOS 运放。对照“半导体集成电路原理与实践”课程中有关运放内容的介绍，对该 CMOS 运放的结构进行详细剖析。

（1）差分放大器：P_2 和 P_1 为差分输入对管，N_0 和 N_1 分别是 P_2 和 P_1 的负载管，P_4 为其电流源器件。

（2）单级放大器：N_2、P_3 构成第二级放大管，其中 P_3 为有源负载，C_0 和 R_0 构成相位补偿电路。该单级放大器就是如图 9.4 所示的基本型 CMOS 放大器。

（3）电平位移电路：P_0 构成电平位移电路，P_5 为电流源。OUT 的电压被电平位移电路抬高了 1 个 PMOS 管的阈值电压。

（4）双转单：整个运放将两个输入 INP、INN 转换成单个输出 OUT。

在以上原理图输入过程中，为了能够进行仿真，MOS 管的模型要设置成模型文件 s05mixddst02v12.scs 中的 pmos 或 nmos；三极管的模型要设置成模型文件 s05mixddst02v12.scs 中的 pnp5（根据发射区面积选择模型文件中几种 pnp 中的一种，这里选择 pnp5）。

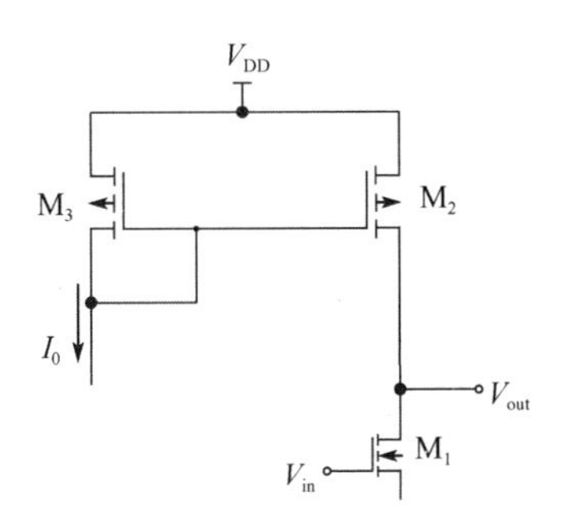

图 9.4　基本型 CMOS 放大器

在进行 Spectre 仿真时，如果采用了 sample 库中的 pmos、nmos、capacitor、resistor 等元器件，则不需要在 Schematic 视图中设置 modelname；如果采用了 pfet、pnp 等其他类型的元器件，则需要在 Schematic 视图中设置 modelname。

9.1.2　电路设计与仿真

1. 设计的准备

首先将文件 BGR 复制为 BGR_test。由于需要进行温度等参数的扫描，因此要进行直流分析，电源不能采用前面介绍的 vpulse，而应采用 vdc。直流电源 vdc 的添加方法如图 9.5 所示。

另外还需要在 IB 端口添加一个电流源，其添加方法如图 9.6 所示。

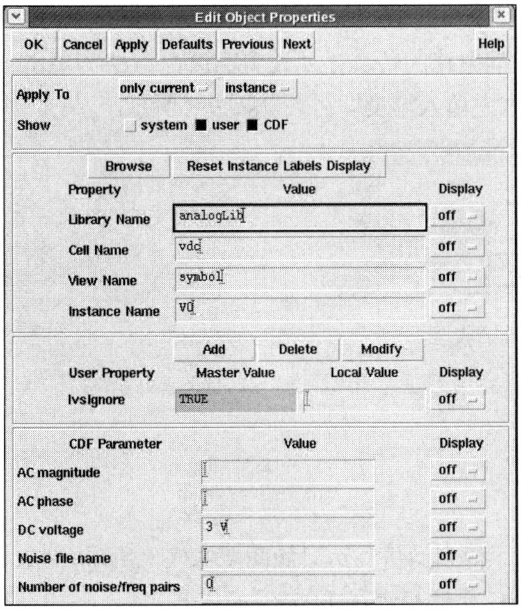

图 9.5　直流电源 vdc 的添加方法

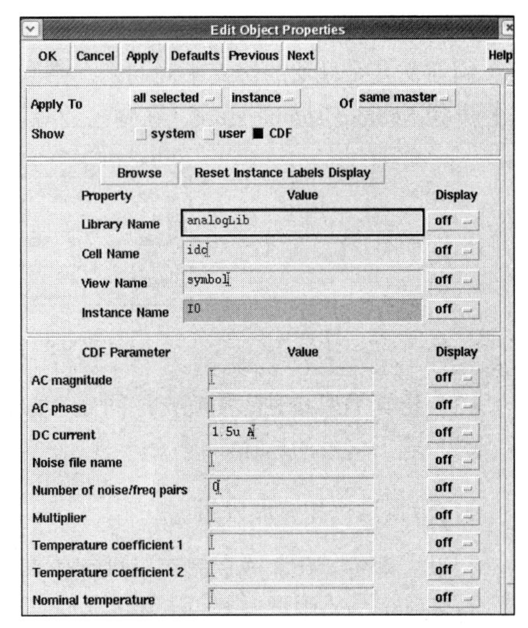

图 9.6　电流源的添加方法

添加完成后得到可用于仿真的带隙基准电路，如图 9.7 所示。

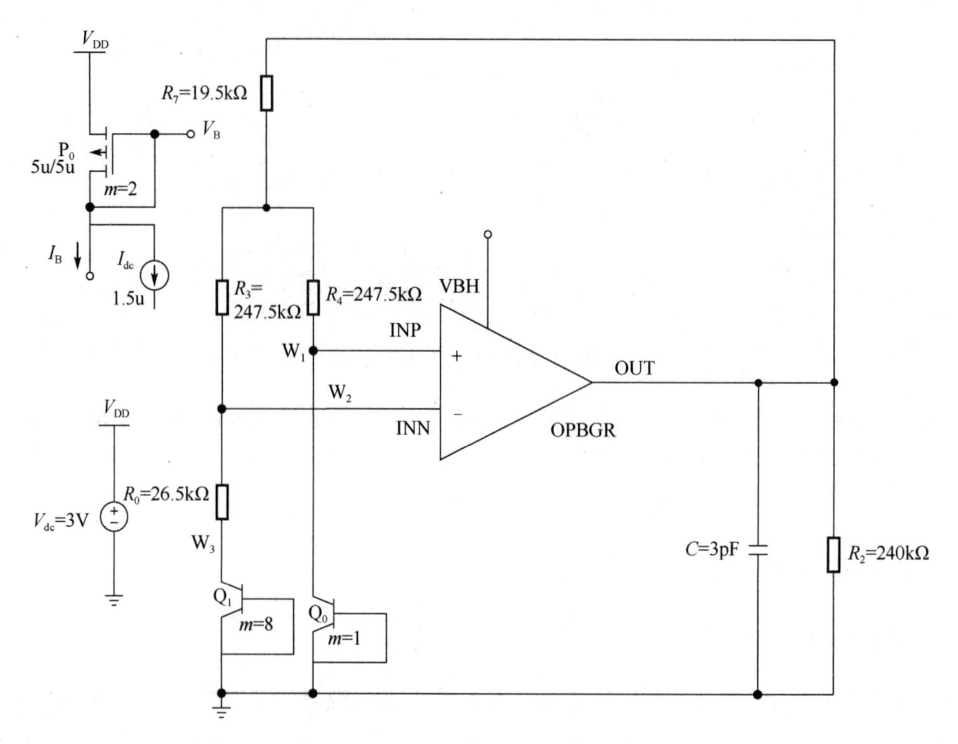

图 9.7　可用于仿真的带隙基准电路

2．仿真状态的设置

（1）仿真模型文件的选择：同 osc_test。

同前文几个模块的仿真不同的是，带隙基准电路的仿真需要设置温度，方法为单击菜单栏中的 Setup→Temperature，在弹出的对话框中填入温度即可，如图 9.8 所示。

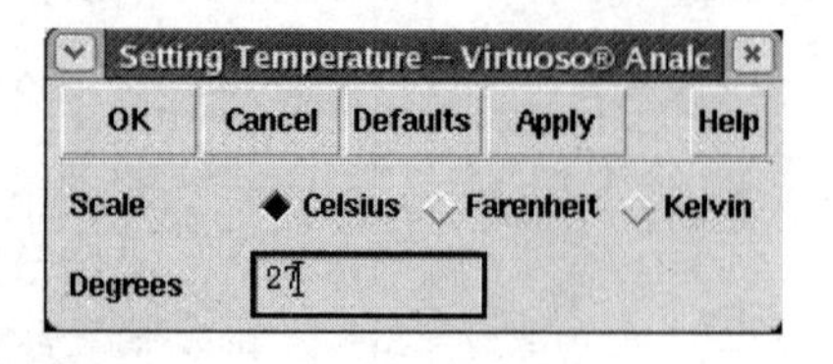

图 9.8　温度的设置

（2）仿真类型和时间的确定：同 osc_test。

（3）输出信号的选择。

3．仿真运行和波形分析

在以上准备工作完成后就可以进行仿真了，得到的仿真结果如图 9.9（a）所示。

从图 9.9（a）中可以看出，在上电后，VBG 迅速稳定在 1.25V。

观察图 9.7 中所定义的 OUT 端口的波形，如图 9.9（b）所示。

从图 9.9（b）中可以看出，P_0 的输出相对于输入来说提高了一个开启电压，约为 0.85V，这就是电平位移电路的作用。

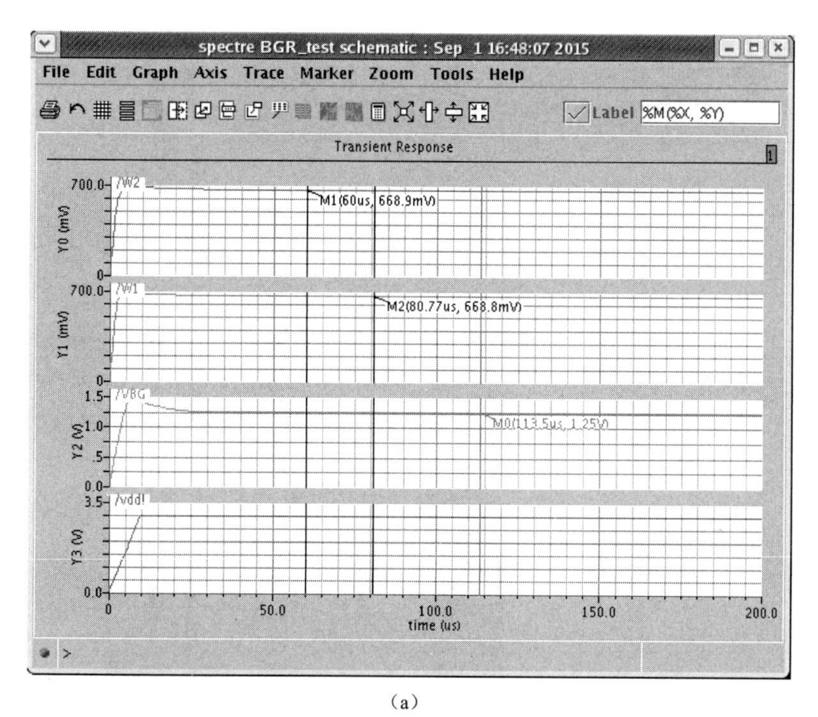

（a）

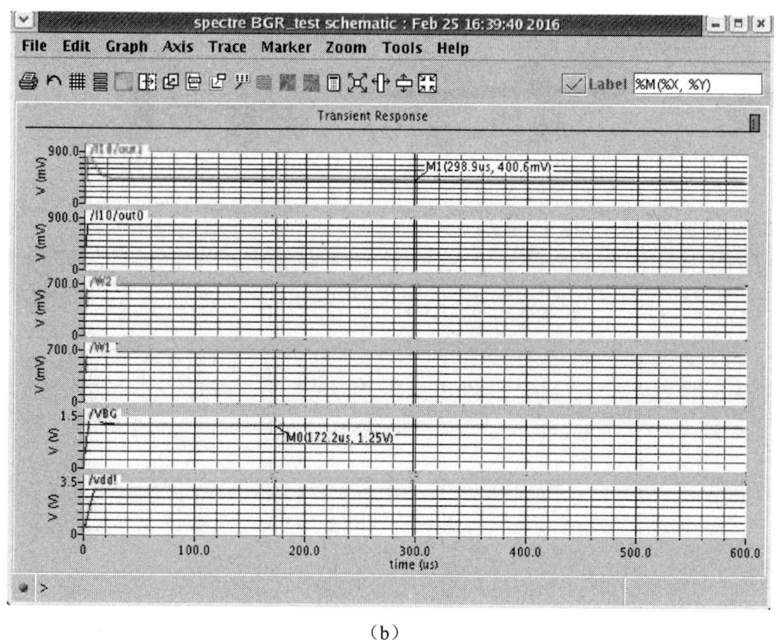

（b）

图 9.9　带隙基准电路的仿真结果

9.1.3　版图设计

带隙基准电路的版图如图 9.10 所示。

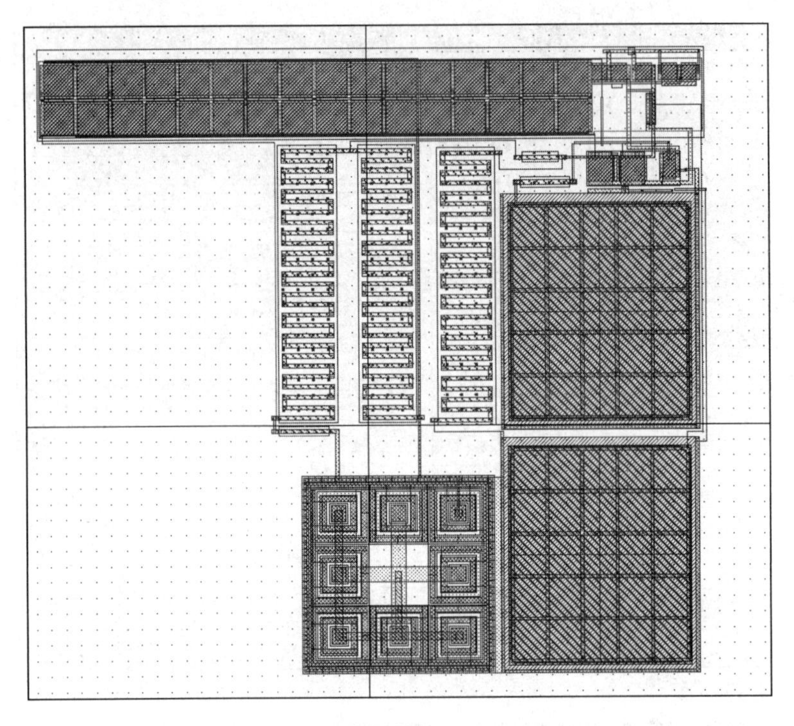

图 9.10　带隙基准电路的版图

9.2　差分放大器

共源放大器是一种典型的单端放大电路。单端放大电路的性能和它的直流偏置状态有关，在实际应用中，由于噪声等干扰信号及一些寄生效应的影响，因此很难精确控制直流偏置电压，这会直接影响单端放大电路的性能。差分放大器就是为了解决这个问题而设计的。

差分放大器一般有两个输入端和两个输出端，是一种对称的双端输入-双端输出放大电路，如图 9.11 所示。

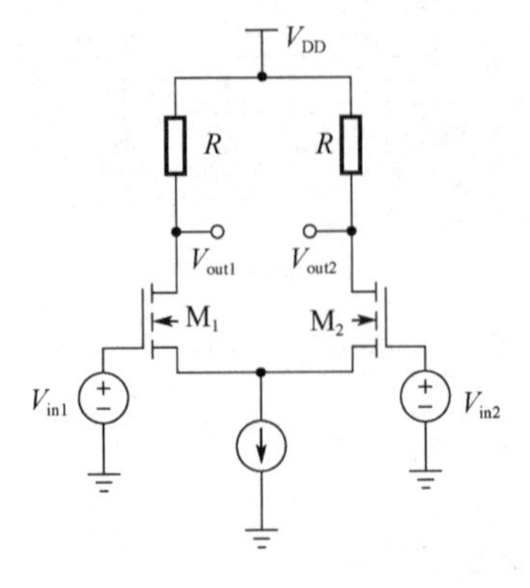

图 9.11　差分放大器的电路结构

假设输入端有干扰信号的影响，如图 9.12 所示，由于输出是 V_{out1}-V_{out2}，能相应地把干扰信号抵消掉，因此差分放大器能够很好地抑制噪声，具有良好的抗干扰能力。

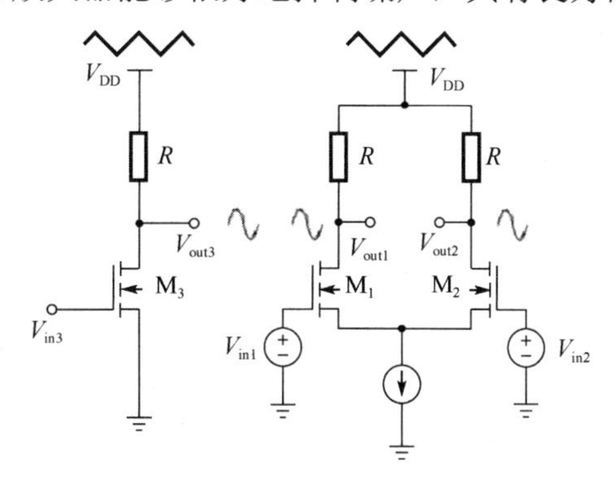

图 9.12　干扰信号对差分放大器的影响

9.2.1　差分放大器的电路仿真

首先，根据差分放大器的电路原理图，在华大九天 EDA 软件中搭建电路原理图，如图 9.13 所示，用 MOS 管提供尾电流，需要另外加偏置电路。

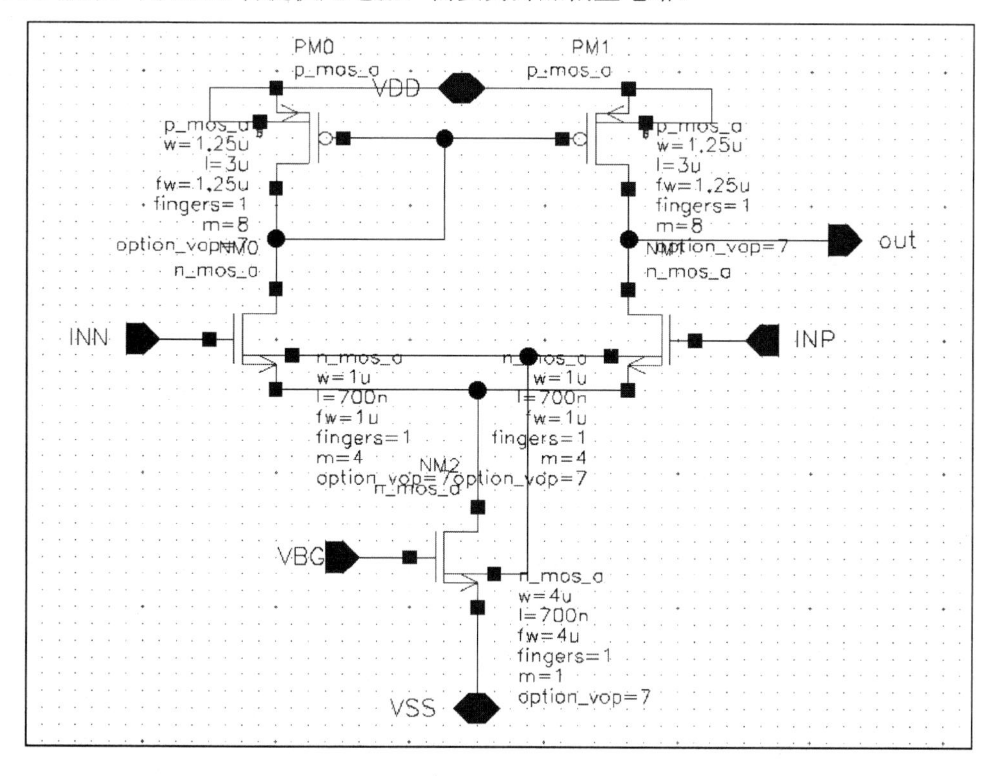

图 9.13　差分放大器的电路原理图

其次，按照前面介绍过的方法，对该电路创建 Symbol，利用 Symbol 搭建仿真电路，如图 9.14 所示。

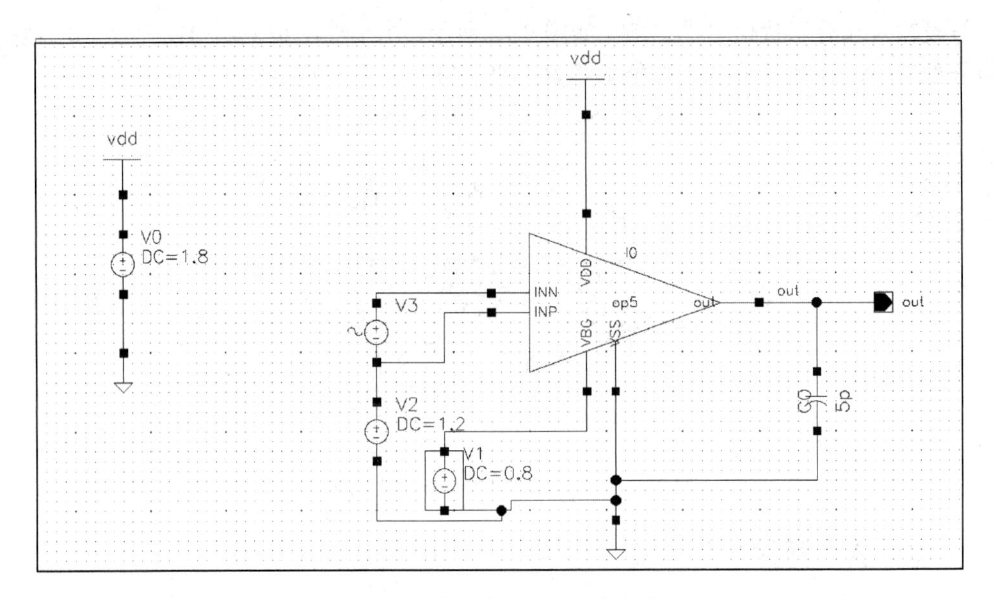

图 9.14　差分放大器的仿真电路

最后，进行交流仿真，选择 AC 仿真，设置频率变化范围为 1Hz～1GHz，得到的差分放大器的仿真结果如图 9.15 所示。

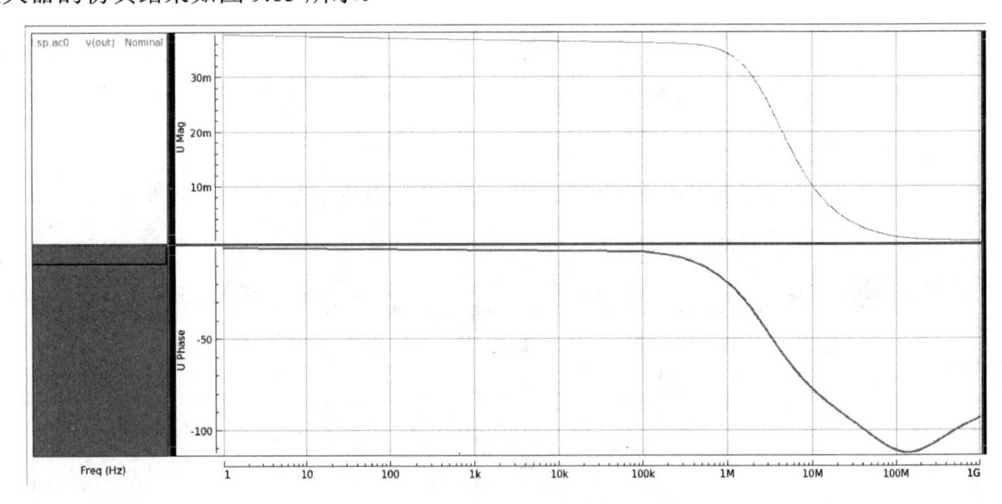

图 9.15　差分放大器的仿真结果

9.2.2　差分放大器的版图设计

为了保证差分放大器的共模抑制能力，一般要求差分对管具有良好的匹配性，也就是要求两个晶体管（通常是 MOS 管）具有相似的特性，以使差分放大器实现最佳性能。

一般来说，差分对管必须具有对称特性，这意味着两个晶体管的跨导、阈值和其他关键参数应该相同。这有助于消除差分放大器制造过程的不均匀性导致的性能差异。

在版图设计方面，差分对管的匹配性非常重要。为了确保差分对管的性能和可靠性，需要对其版图进行优化和匹配，包括确保两个晶体管的尺寸、形状和相对位置的一致性。

MOS 管的尺寸、形状和相对位置都会影响到它们的相互匹配，而且在制造过程中，MOS 管的周边或多或少地会存在一些影响匹配性的结构。例如，栅极附近如果存在多晶区，就会使多晶的刻蚀速度发生轻微变化，这种变化有可能导致 MOS 管的失配。又如，有源区有接触孔也有可能导致 MOS 管的失配。

在版图设计过程中，通常采用一系列的设计规则和约束条件来确保差分对管的匹配性。例如，要求两个 MOS 管的相对位置保持一致，其尺寸和形状也要相同或相似。此外，还需要考虑版图的对称性和布局、布线等因素。

在如图 9.16 所示的差分对管的版图中，采用了共质心布局方式，从而减小了由浓度梯度引起的失配。在该版图中，为了确保质心正确对准，采用了“$\begin{matrix}\text{ABBA}\\\text{BAAB}\end{matrix}$”的结构。将每个 MOS 管都分解成 4 段，并将其呈叉指状放置，使匹配元器件的质心与阵列对称轴对准。

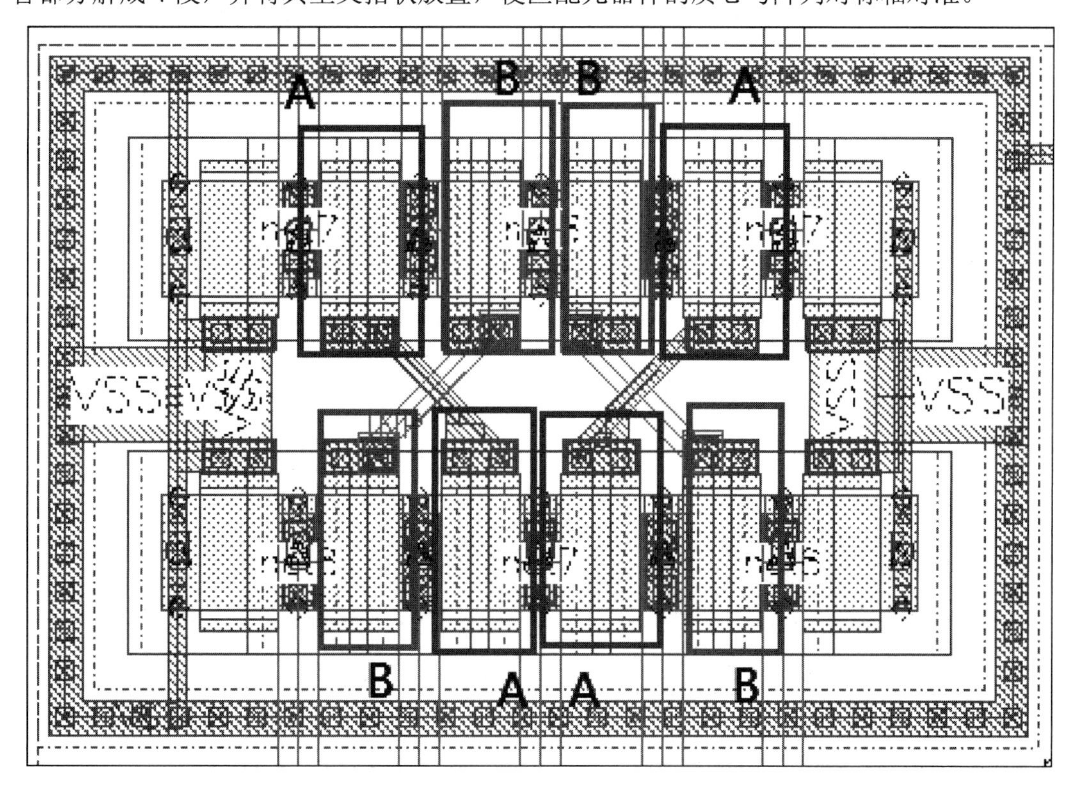

图 9.16　差分对管的版图

由于多晶的刻蚀速度不一致，因此两侧 MOS 管栅极的刻蚀速度比中间 MOS 管栅极的刻蚀程度快，这也会导致 MOS 管的失配。可以通过添加 dummy 管来解决这个问题。添加 dummy 管后的差分放大器的电路原理图如图 9.17 所示。为了不影响 LVS 验证结果，在版图中同步添加 dummy 管，如图 9.18 所示。dummy 管对电路的性能并没有影响，但是在版图中添加 dummy 管可以将需要高度匹配的差分对管保护起来，确保刻蚀的均匀性。

除差分对管外，作为偏置电路的电流镜也需要进行共质心布局。电流镜的布局如图 9.19 所示。

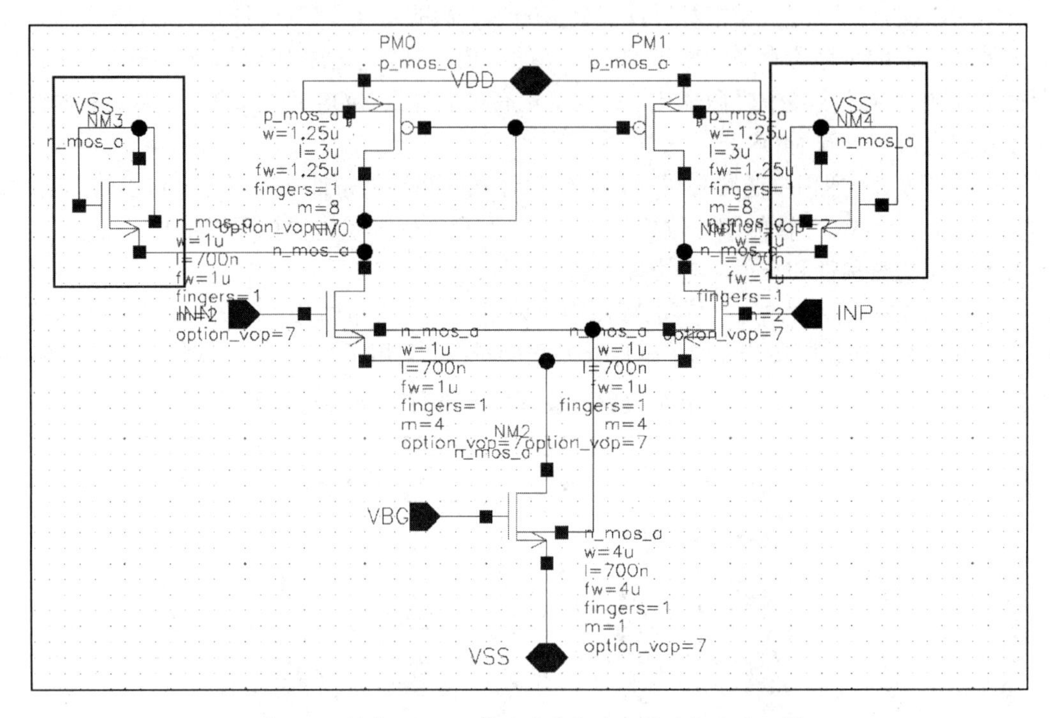

图 9.17　添加 dummy 管后的差分放大器的电路原理图

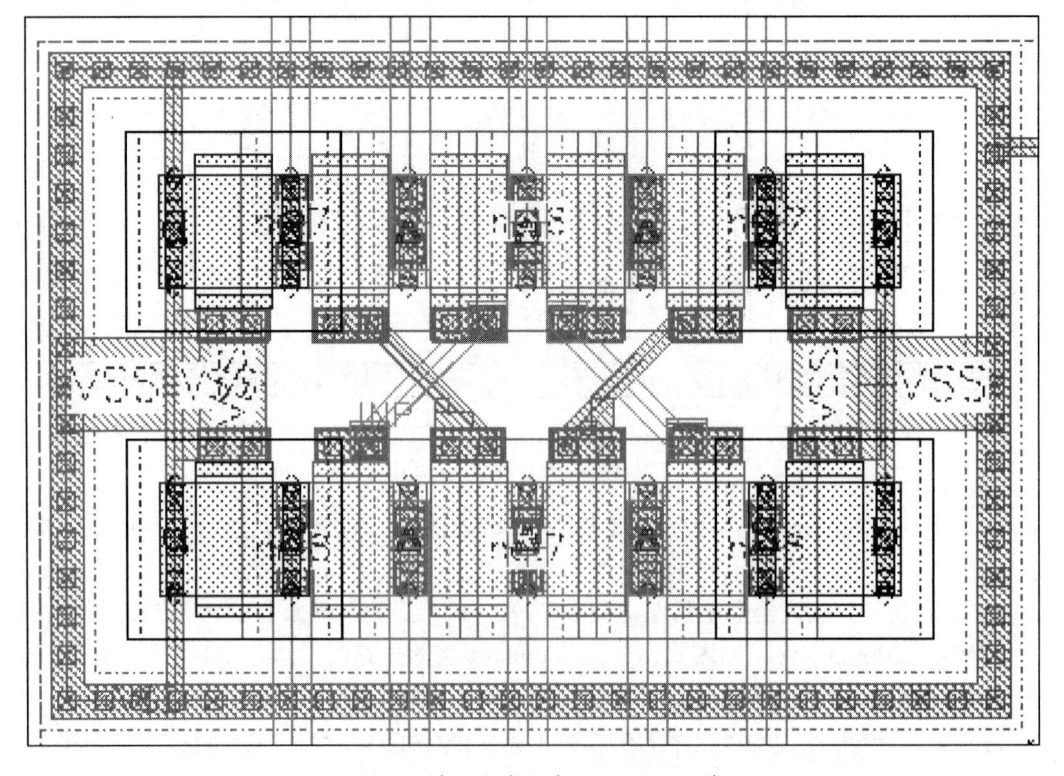

图 9.18　在版图中同步添加 dummy 管

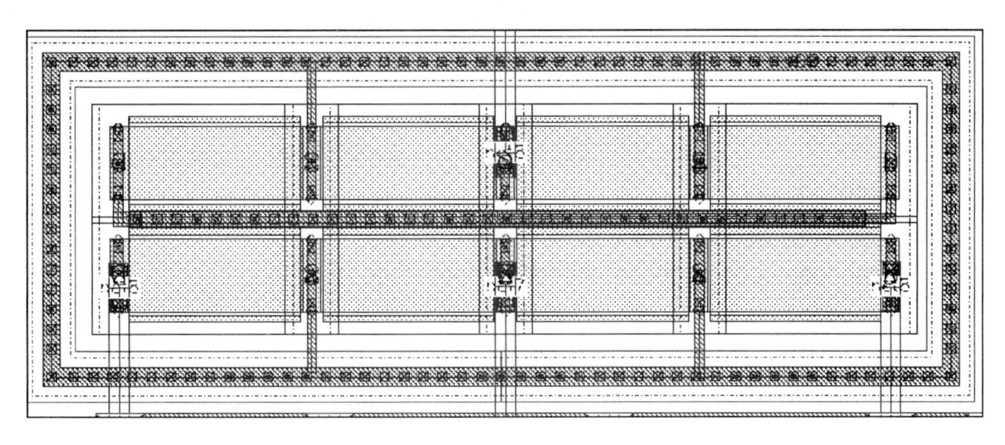

图 9.19　电流镜的布局

为了防止产生闩锁效应，往往会把易受损的元器件围在保护环内。因此，在上述版图中都做了一圈保护环。将所有需要匹配的元器件版图画好，按照电流的流向将电流镜放在上部，将差分对管放在下部，得到的差分放大器的最终版图如图 9.20 所示。

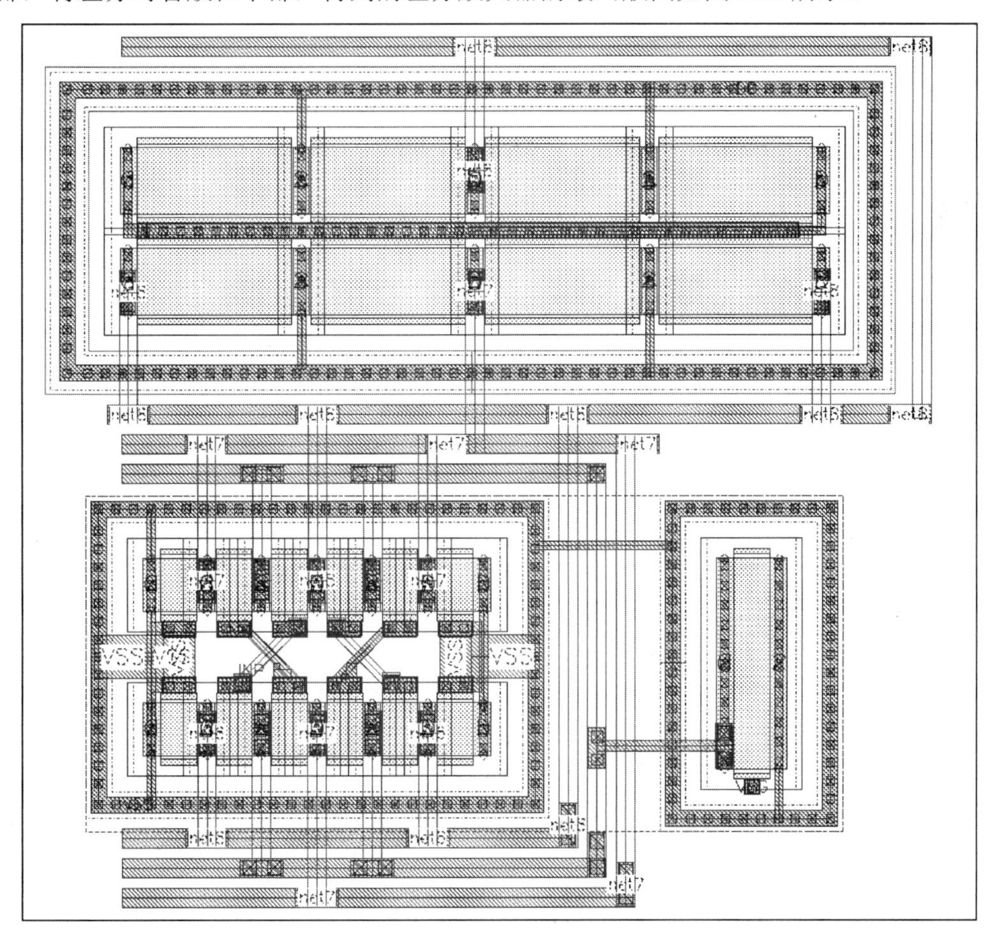

图 9.20　差分放大器的最终版图

总体来说，在进行差分放大器的版图设计时，需要注意遵守以下规则。

（1）一致性：匹配元器件的质心位置至少应该近似一致，最好能够完全重合。

（2）对称性：阵列应该同时关于 X 轴和 Y 轴对称。

（3）分散性：阵列应该具有最大程度的分散性，也就是把每个元器件的各个部分都尽可能均匀地分布在阵列中。

（4）紧凑性：阵列排布应尽可能紧凑，最好能接近正方形。

（5）方向性：每个匹配元器件中应包含等量的、朝向相反的几段。

9.3 高增益运放

9.3.1 简单运放的电路结构

图 9.21 所示为简单运放的电路结构，其中 M_1、M_2 构成输入的差分对管，M_3、M_4 构成负载电路。该电路的小信号增益为 $g_{mm}(r_{op}||r_{on})$，其中 g_{mm} 为输入 NMOS 管的跨导，r_{op}、r_{on} 分别为 PMOS 管和 NMOS 管的小信号阻抗，$r_{op}||r_{on}$ 表示运放的输出阻抗。在一般情况下，该电路的增益为 20～30dB，达不到设计要求。但是，所有运放的基本电路都是此电路。我们可以在此基础上通过增大跨导或增大输出阻抗来达到提高增益的目的。

图 9.22 所示为理想运放的电路符号，理想运放的增益通常被认为无穷大。

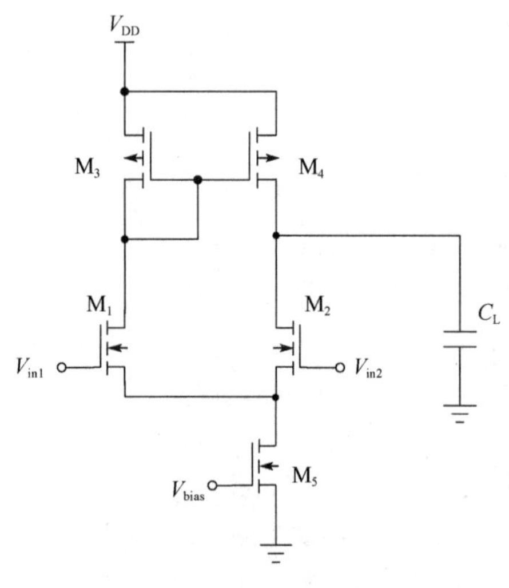

图 9.21　简单运放的电路结构

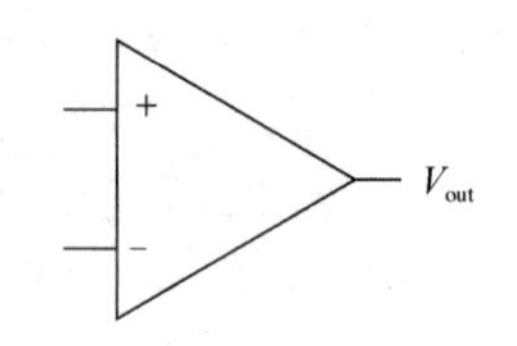

图 9.22　理想运放的电路符号

9.3.2 高增益运放的结构选取

常见的高增益运放按结构可分为三种：两级式运放、套筒式共源共栅运放和折叠式共源共栅运放。

运放的高增益可以体现它在集成电路中高速度或高精度的特性，然而同时实现高精度和高速度是相互矛盾的。两级式运放在实现高精度的情况下不能实现高速度，套筒式共源共栅运放在实现高速度的情况下不能实现高精度。两级式运放要实现高增益，就要采用频率补偿技术，引入补偿电容，该方法的缺点是电路的速度受到了影响。

套筒式共源共栅运放通过增大运放的输出阻抗来提高增益，其缺点是输出摆幅受限。例如，它的一条支路就需要层叠 5 个 MOS 管。

要想同时实现高精度和高速度，可以采用折叠式共源共栅运放，但必须引入辅助放大器来提高增益。相比套筒式共源共栅运放，折叠式共源共栅运放的输出摆幅大得多，但是电路结构比较复杂。

9.3.3　两级式运放的设计

本节选用两级式运放来提高整体增益，主要原因有两个：第一，两级式运放的电路结构比较简单，晶体管数比较少，而折叠式共源共栅运放的电路结构中引入了环路，这样会造成电路的不稳定，相对而言两级式运放的电路结构稳定许多；第二，通过两级式运放的级联能达到提高增益的目的。两级式运放的电路结构如图 9.23 所示。

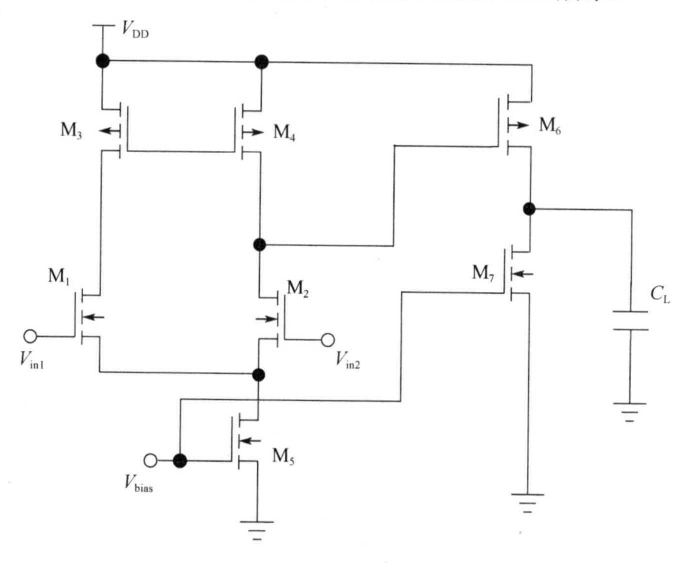

图 9.23　两级式运放的电路结构

两级式运放相比单级运放提高了增益。同样，更多级运放的级联可以实现更高的增益，这样做虽然可以提高增益，但是会带来一个问题：过多的级联会使电路的过度不稳定。因此，运放一般不会超过三级。

9.4　运放的频率补偿

9.4.1　系统稳定原理

在很多实际电路中，一般采用反馈系统来解决开环电路抗干扰性差的问题。运放的电压增益是通过反馈获取的。负反馈系统可将电路的输出反馈到输入，如果电路中有错误，负反馈就会变成正反馈。这样一来，获取到的电压增益就是错的。要使电路永远保持负反馈，就要采用频率补偿电路。引入频率补偿，电路系统便会趋于稳定。

9.4.2 米勒补偿

9.4.1 节中提到了电路的稳定性，在此论题中，第一级运放的大输出阻抗加上第二级运放的大负载电容，会使输出端产生的极点频率相差不大。这会导致电路的相位裕度变小，从而导致电路系统不稳定。因此，需要引入频率补偿来提高电路系统的稳定性。在集成电路中，最常见的频率补偿技术是米勒补偿，因为集成电路中普遍存在米勒效应。图 9.24 所示为米勒补偿后的两级式运放。

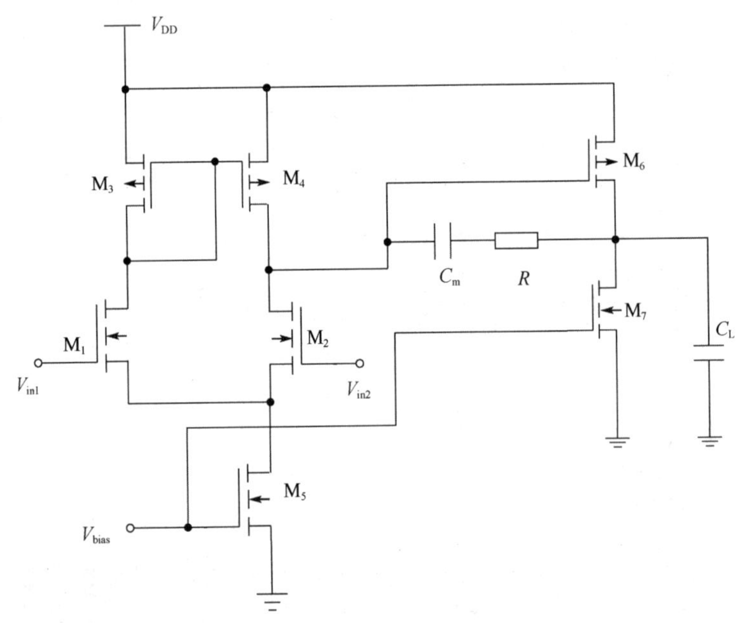

图 9.24 米勒补偿后的两级式运放

经过米勒补偿后，主极点与次极点相距很远，电路的相位裕度变大，电路系统的稳定性也就相对提高了。提高了电路系统的稳定性后，接下来要对电路进行仿真。

9.5 运放的电路仿真

9.5.1 仿真准备及仿真环境设置

本节要设计高增益 CMOS 运放，首先需要仿真出高增益曲线。那么怎样才知道设计的两级式运放实现了高增益呢？先测出简单一级运放的增益曲线，然后测出两级式运放的增益曲线，将它们进行对比就能看出增益是否有所提高。一级运放和两级式运放的电路原理图如图 9.25、图 9.26 所示。两级式运放中元器件的参数如表 9.1、表 9.2 所示。

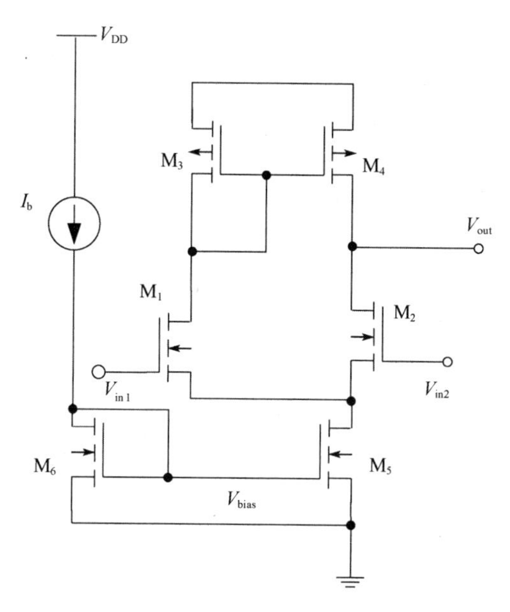

图 9.25　一级运放的电路原理图

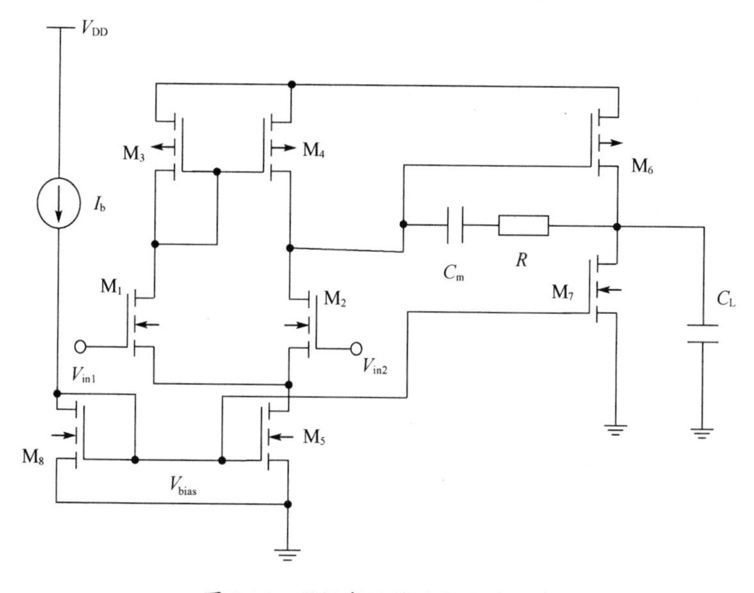

图 9.26　两级式运放的电路原理图

表 9.1　MOS 管的参数

MOS 管	W/μm	L/μm	Multiplier	MOS 管	W/μm	L/μm	Multiplier
M_1	12.5	3	1	M_5	25	3	1
M_2	12.5	3	1	M_6	219	3	1
M_3	16.5	3	1	M_7	177	3	1
M_4	16.5	3	1	M_8	25	3	1

表 9.2 其他元器件的参数

元器件	参数
C_m	1μF
C_L	10μF
R	1Ω

在图 9.25 和图 9.26 中加入了偏置电路，为运放提供电源电压、共模电压和偏置电流。这三个参数可以确定运放的直流工作点。为了使输出电压和增益一致，把输入电压加在运放的两个输入之间，设置交流电压为 1V。在仿真分析窗口中，选择 AC 仿真，变量选择频率，频率范围设置为 0.1Hz～1GHz。仿真的工艺文件是 0.18μm 工艺的文件，设置完成后运行仿真。

9.5.2 仿真结果读取

首先对简单的一级运放进行仿真，在运行仿真之后，得到如图 9.27 所示的一级运放的增益幅频特性曲线。该曲线中直接显示的是增益幅值与频率的关系。为了更直观地显示增益曲线，对幅值进行 20lg*n* 变换。

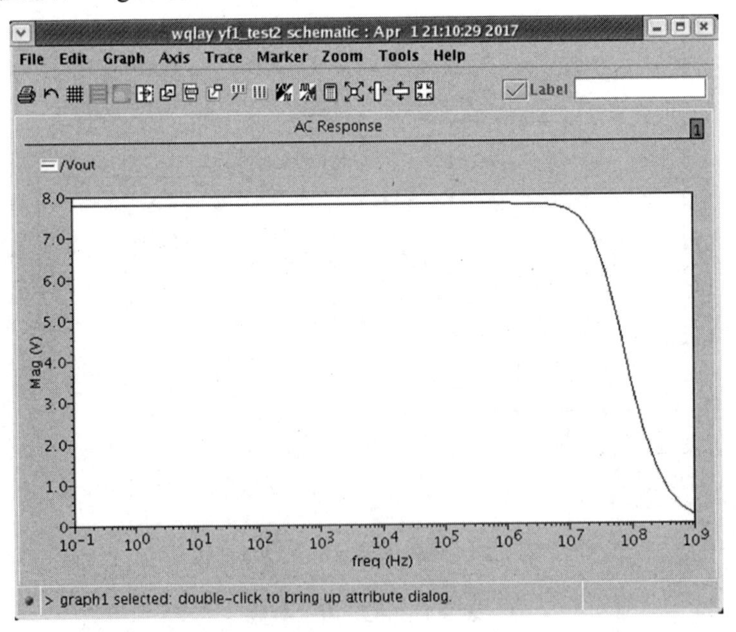

图 9.27 一级运放的增益幅频特性曲线

在仿真结果界面中，单击菜单栏中的 Tools→Result Browser，弹出一个函数窗口，双击“ac-ac”函数的功能选择“dB20”选项，导出 V_{out} 的曲线。图 9.28 所示为一级运放的增益曲线。

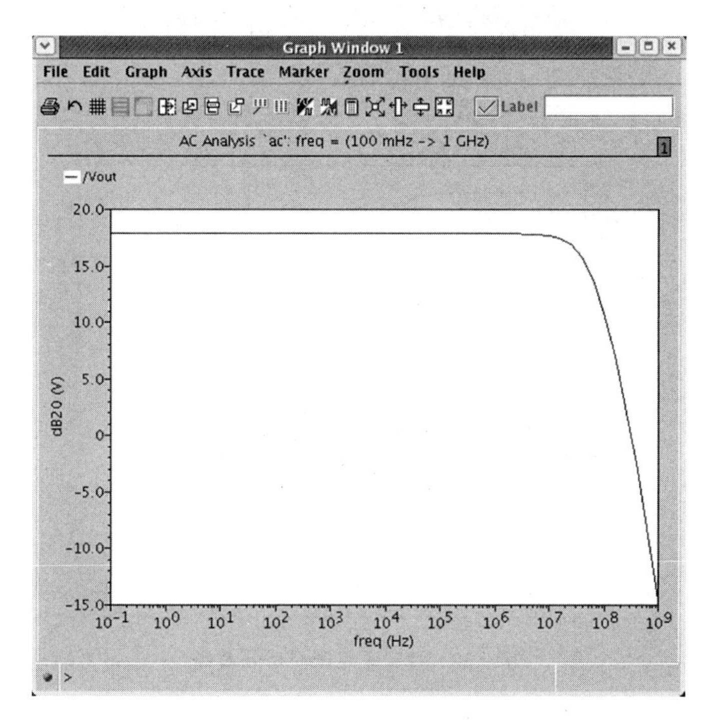

图 9.28　一级运放的增益曲线

完成一级运放的仿真后，开始对两级式运放进行仿真。仿真结果读取步骤和一级运放一样。图 9.29 所示为两级式运放的增益幅频特性曲线，图 9.30 所示为两级式运放的增益曲线。由图 9.30 可知，两级式运放的增益幅值约为 82dB，达到了设计要求。

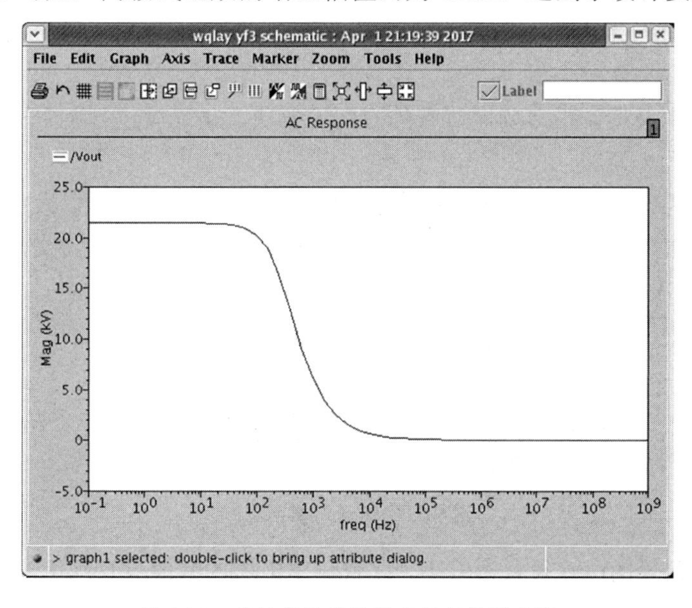

图 9.29　两级式运放的增益幅频特性曲线

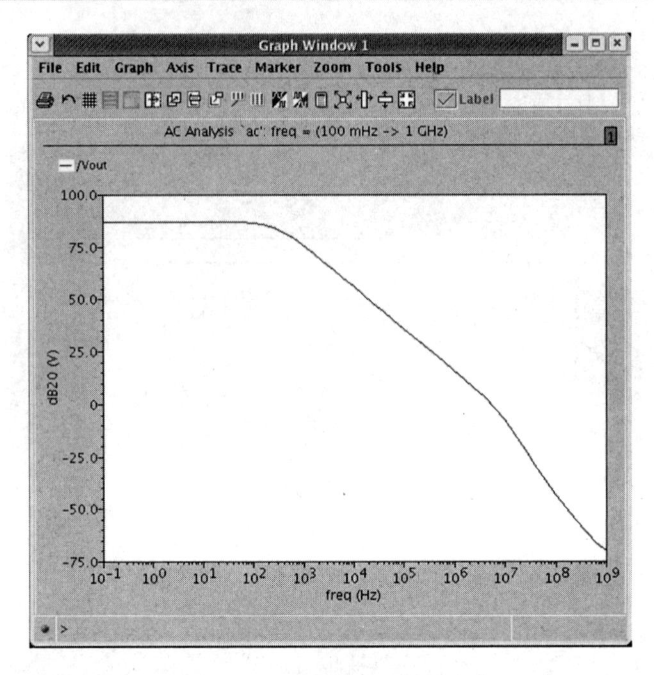

图 9.30　两级式运放的增益曲线

9.5.3　仿真结果分析

由图 9.28 和图 9.30 可知，一级运放的增益幅值仅为 17dB 左右，而两级式运放的增益幅值约为 82dB，达到了设计要求，实现了增益的提高。

在仿真初期，增益并没有达到预期效果。在此情况下，可以从某些方面来提高增益。例如，修改 idc，通过增大流入输入管的电流来增大跨导，或者增大二级放大管的长度并保持宽长比不变。

在仿真过程中会遇到很多问题，有的问题不解决，仿真就进行不下去。下面简要列出此次仿真遇到的几个问题。

（1）起初把两个输入端的电压设置成了直流电压（见图 9.31），以致仿真出来的输出电压波形都是一条直线。经长时间研究以后，才知道要进行交流仿真。将交流电压设置为 1V，直流电压设置为 0V。

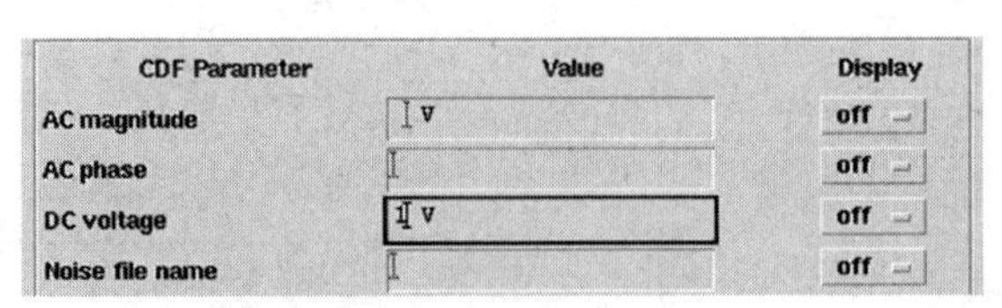

图 9.31　错误的输入电压

（2）流入输入管的电流设置得太小，以致输出电压的幅值只有几伏，增益并没有提高。之后改为 25μA，输出电压就正常了。

（3）各个 MOS 管的尺寸不能随便设计，特别是在两级式运放中，要增大 MOS 管的长度并保持宽长比不变。

9.6　运放的版图设计

9.6.1　电流源版图

在原理图中有流入输入管的电流源，而在版图中不能绘制出电流源，所以将 idc 改为镜像电流源，如图 9.32 所示，这是由电阻、栅源短接的两个 PMOS 管构成的镜像电流源。

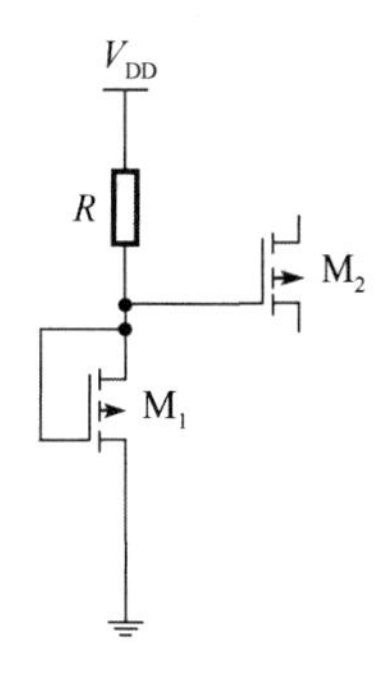

图 9.32　镜像电流源

9.6.2　MOS 管版图

运放中 MOS 管的宽长比尤为重要，其影响着运放的性能。本案例中的 MOS 管尺寸比较大。图 9.33 所示为宽长比为 219/3 的 MOS 管版图。

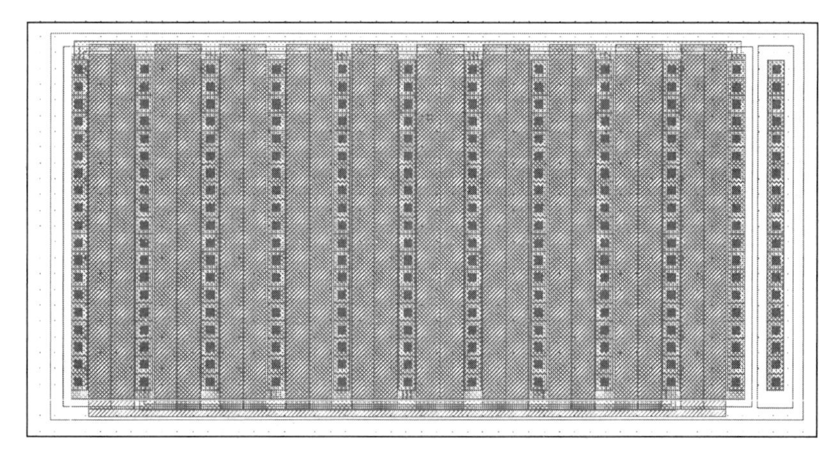

图 9.33　宽长比为 219/3 的 MOS 管版图

以如图 9.33 所示的宽长比为 219/3 的 MOS 管版图为例，如果直接按照一般小宽长比的 MOS 管版图来绘制，则版图将变得很长。图 9.33 中采用折叠宽度的方法将 MOS 管版图变为一个矩形的版图，将 MOS 管版图的宽度变为 21.9μm，画出 10 个 3μm 的 poly，并将 poly 连接起来。用金属线一隔一地将接触孔连接起来，上端为源极，下端为漏极，形成一个回路。根据相关的工艺条件，要在 PMOS 管上加上 N 阱区，通过“伪接触孔”，形成 N 阱区，接 vdd。同样地，要在 NMOS 管上加上 P 衬底，接 gnd，完成衬底接触，为衬底添加相应的偏置电压。最后记得要在 PMOS 管外加一层阱。这样宽长比较大的 MOS 管版图也能进行优化。

9.6.3　电阻版图

在集成电路版图中有两种电阻类型：有源电阻和无源电阻。本案例中采用的是无源多晶电阻，因为多晶是一种绝缘材料，电阻率很大。

图 9.34 所示为多晶电阻版图。层次采用 PC 多晶层，画好后在外面套上一层 RES，以便验证文件识别。

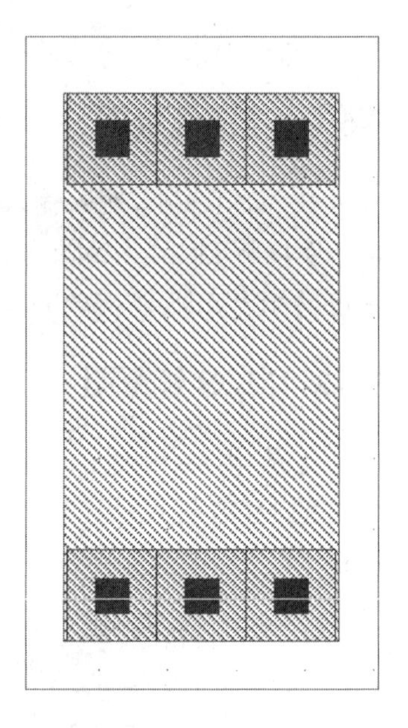

图 9.34　多晶电阻版图

9.6.4　电容版图

电容在很多集成电路中起着重要的作用，在本案例中用来补偿反馈网络。电容通常用来储存静电场电量，一般体积很大。在版图中，电容的面积会受到限制，容量一般为 fF 级别，这在本电路中已经足够了。电容的表达式为

$$C = C_0 A = \frac{\varepsilon}{d} A = \frac{\varepsilon_0 \varepsilon_{\mathrm{OX}}}{T_{\mathrm{OX}}} A = \frac{\varepsilon_0 \varepsilon_{\mathrm{OX}}}{T_{\mathrm{OX}}} WL \qquad (9.3)$$

式中，C——电容；

C_0——单位面积电容；

A——电容版图面积；

ε_0——真空介电常数；

$\varepsilon_{\mathrm{OX}}$——二氧化硅的相对介电常数；

T_{OX}——氧化层厚度；

W、L——电容版图的宽度、长度。

经粗略计算，将 W、L 都设置为 18μm 左右。

本案例中采用双层多晶电容，其版图如图 9.35 所示。多晶 2 作为电容的上极板，多晶 1 作为电容的下极板，在周围进行布孔。需要注意的是，接触孔要均匀摆放。poly1 上的接触孔 W1 与 poly1 的最小间距为 1.8μm，poly2 上的接触孔 W1 与 poly2 的最小间距为 0.6μm，以通过 DRC 验证。最后在周围圈一层 cap，以使软件更易识别电容。

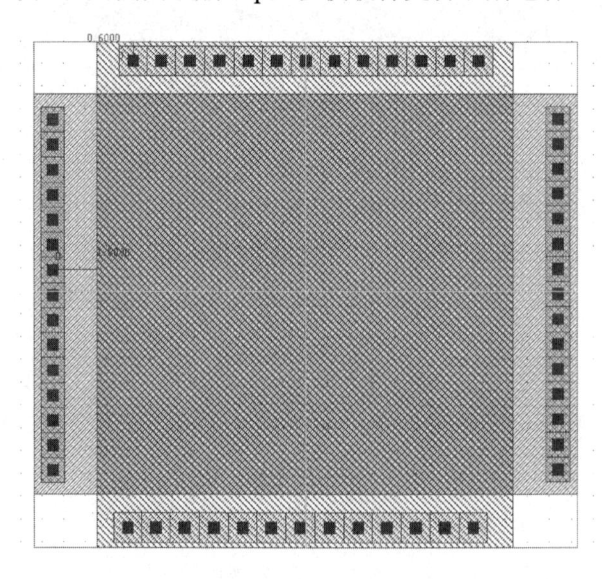

图 9.35　双层多晶电容的版图

9.6.5　总体版图与版图优化

所有的元器件版图设计完成后，要对版图进行总拼。在进行版图总拼时要合理地摆放元器件，尽量将总体版图设计成一个矩形，还要使总体版图的面积尽量小，以便为其他电路节省空间。图 9.36 所示为总体版图。

vdd、gnd 要分别放在版图的最上面和最下面。这样做的好处是能将所有元器件的范围缩小在一定的宽度之内，还有利于与其他电路结构共用电源和地，大大减小集成电路的面积。

版图中最大的两个元器件是二级放大管，将它们上下放置在右边，其他的元器件均放在左边。由于一级放大的元器件比较小，电容比较大，所以将电容放在中间，NMOS 管全体放在下面，PMOS 管围绕电容摆放，这样可以节省空间。

相近元器件用一铝连接，距离较远的模块用二铝连接。要注意层次间的连线，摆放正确的通孔。最后完成版图总拼。

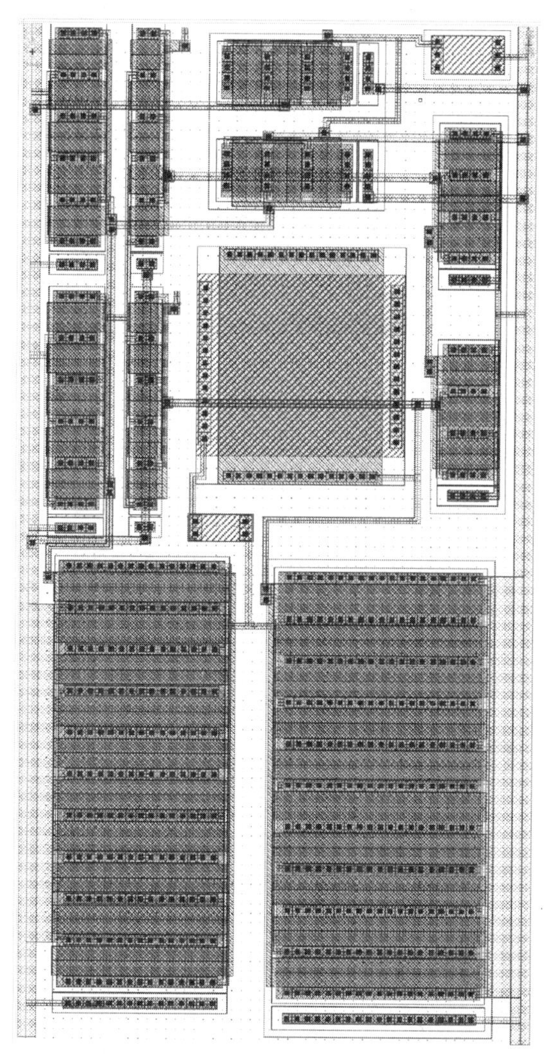

图 9.36　总体版图

9.7 运放的版图验证

9.7.1 DRC 验证

版图验证采用 Calibre 工具，验证的工艺文件是 csmccalibre.drc。

设置好验证文件后进行验证，DRC 验证结果如图 9.37 所示。

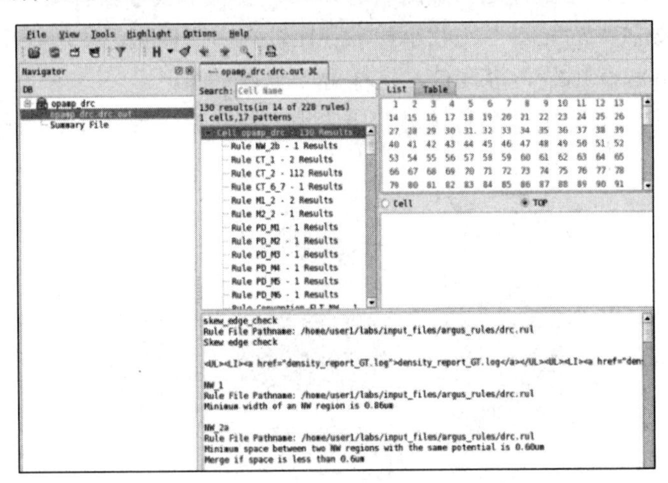

图 9.37　DRC 验证结果

1. CT_2

图 9.38 所示的错误类型：外部电压没有连 P 衬底，元器件内部也没有连 P 衬底。

产生此类报错是因为在画 MOS 管时没有在 MOS 管上添加衬底。在添加衬底以后将不会再有此类报错。

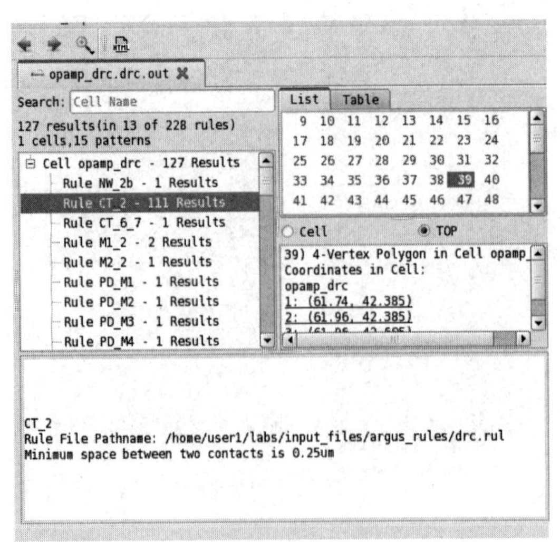

图 9.38　CT_2

2. NW_2b

图 9.39 所示的错误类型：PMOS 阱的间距小于 4μm。

版图修改之前 4 个 PMOS 管都是单独添加的阱，在版图总拼时因为靠得近，所以间距小于 4μm。将靠得近的 PMOS 管用一个阱圈起来就不会再有此类报错。

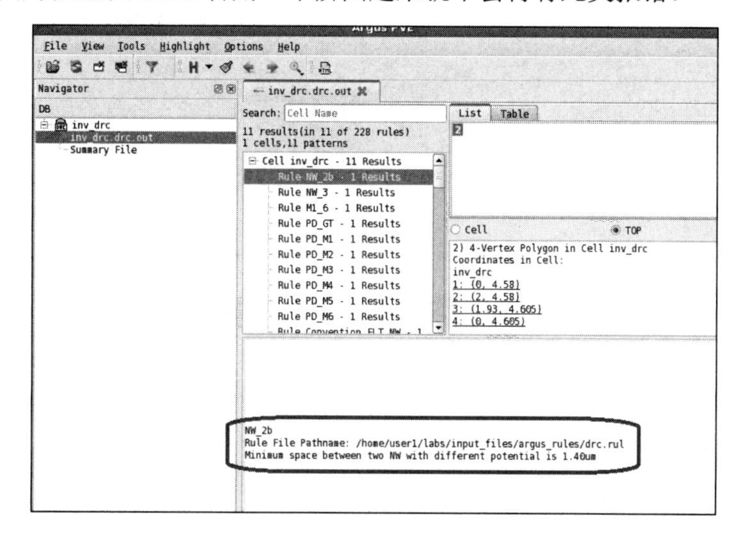

图 9.39　NW_2b

3. A1、A2

图 9.40 所示的错误类型：金属 A1 和金属 A2 的间距问题。

铝的间距问题是版图中非常普遍且难以避免的问题。从图 9.40 中可以看出，接下来的错误都是此类问题。在画版图时一定要注意铝的间距，金属 A1 与金属 A1 之间相距 0.6μm，金属 A2 与金属 A2 之间相距 0.8μm。在铝线转弯连接金属孔时，要注意金属孔与铝线的间距，如图 9.41 所示。

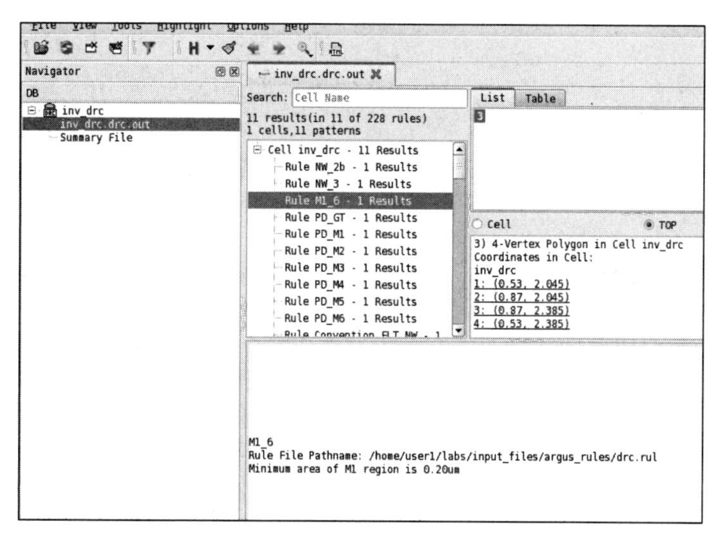

图 9.40　A1、A2

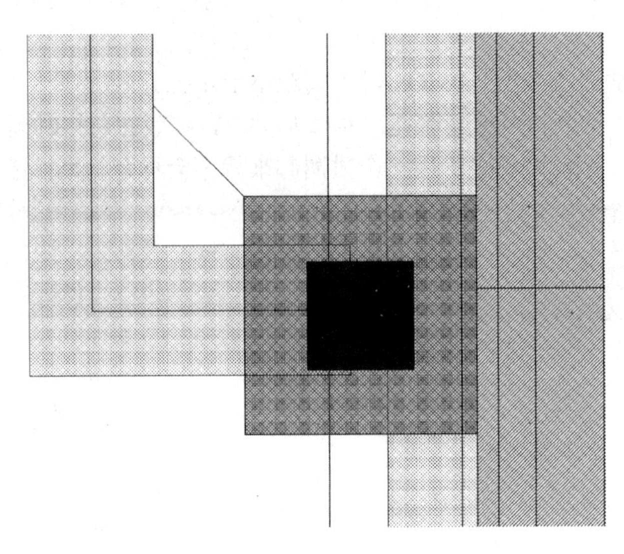

图 9.41　金属孔与铝线的间距

4. 金属密度

图 9.42 所示的错误类型：金属密度的问题。
最后两个错误是金属密度的问题，影响不是很大，可以不进行修改。

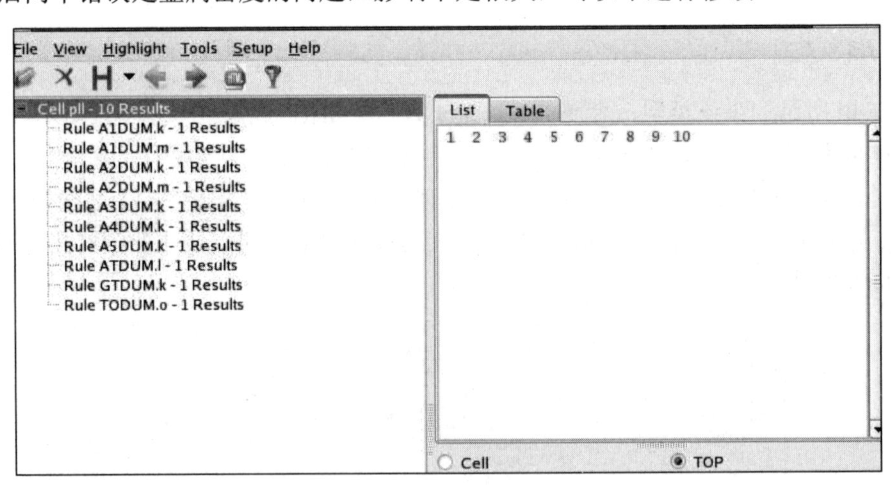

图 9.42　金属密度

经过上述修改，版图的 DRC 验证通过。接下来进行 LVS 验证。

9.7.2　LVS 验证

DRC 验证完成以后，要进行 LVS 验证。需要明确的是，一定要将 DRC 错误改完才能进行 LVS 验证。

在进行 LVS 验证前先导出用于设计版图的原理图的网表，然后设置 LVS 验证文件 calibre.xrc.lvs。设置好验证文件后进行 LVS 验证。LVS 验证结果如图 9.43 所示。

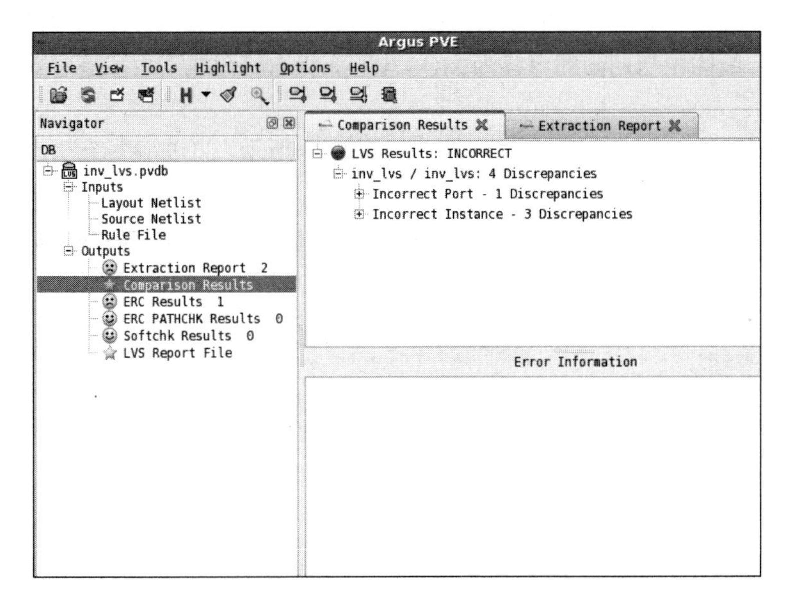

图 9.43　LVS 验证结果

LVS 验证结果出来后，先看元器件的错误，再看连线错误。

1．Port Error

图 9.43 所示的错误类型：对比错误为版图中的端口和原理图中的端口不一致。

对比错误显示为版图中的 PMOS 管尺寸和原理图中不一样，一般是画图粗心导致的，重新修改一下即可。

2．Incorrect Instance

图 9.44 所示的错误类型：元器件的类型不对。

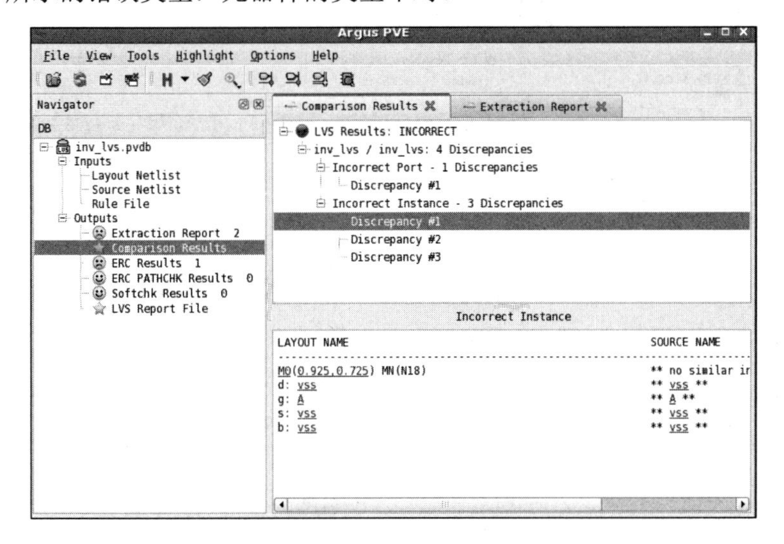

图 9.44　Incorrect Instance

Discrepancy #8、#9 显示的坐标都一样。查看版图发现它把电容识别成了 NMOS 管，识别不了电容。版图中初期画的电容为 MOS 电容，将它修改成双层多晶电容，错误就不会显示了。

Discrepancy #10、#11 是识别不了电阻。如图 9.45 所示，将电阻重新设计以后就可以识别了。

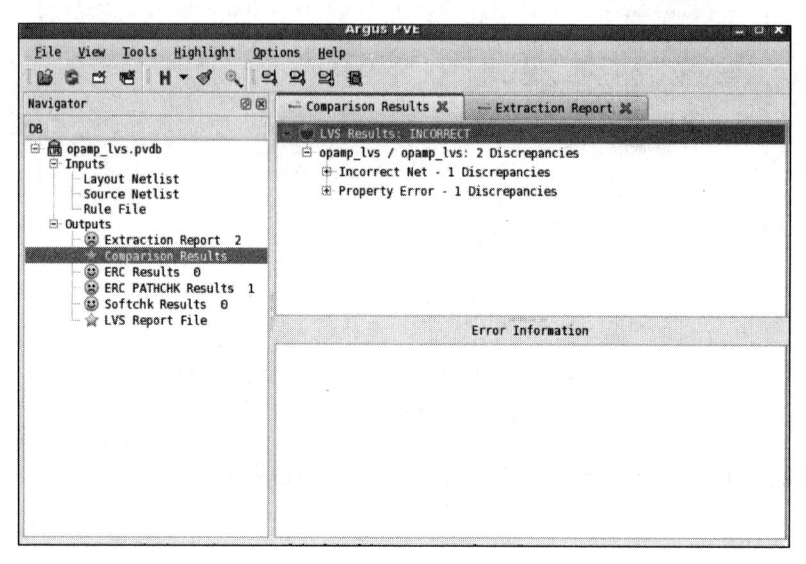

图 9.45　重新设计电阻之后的验证结果

3．Incorrect Net

图 9.46 所示的错误类型：连线错误。

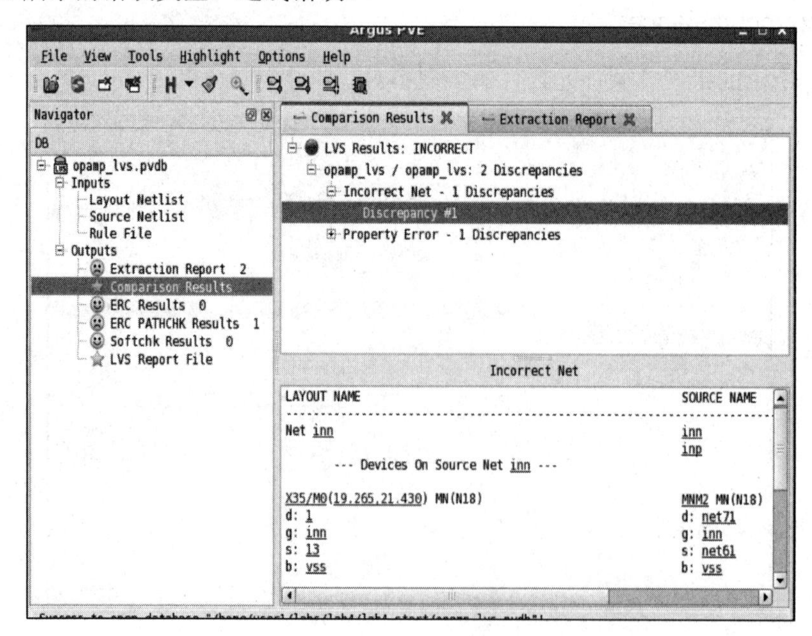

图 9.46　Incorrect Net

图 9.46 中显示版图中的 Net8 在原理图中没有相似的线。找到坐标可看见（见图 9.47）两个 PMOS 管的衬底相连后并没有连到 vdd，将它们用二铝连到 vdd 即可。

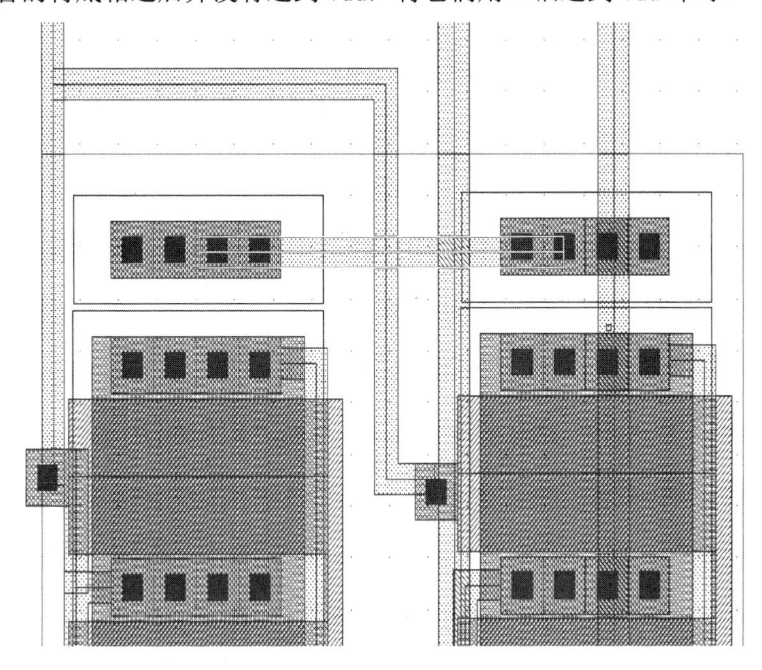

图 9.47　错误版图

如图 9.48 所示，产生连线错误都是因为识别不了电容和电阻，将它们修改以后这些错误就不会显示了。

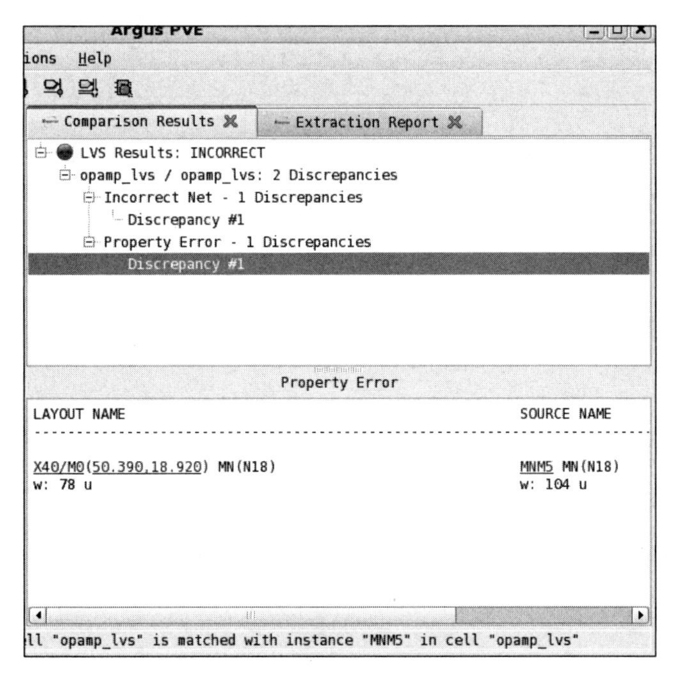

图 9.48　修改元器件参数之后的验证结果

将所有的 LVS 错误修改完之后再运行一遍 LVS 验证，会得到图 9.49 的笑脸图。

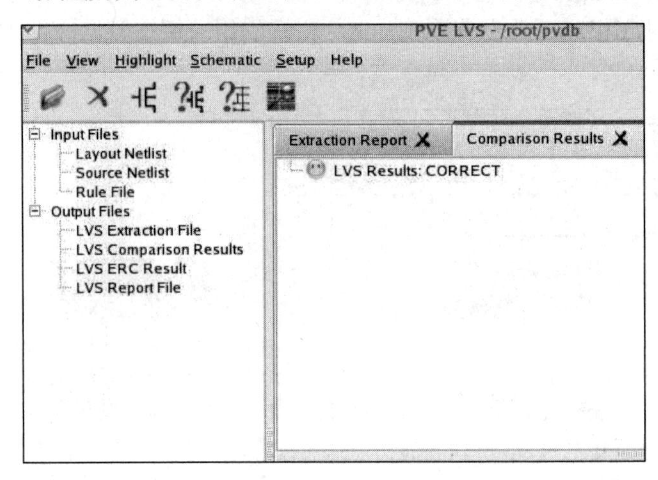

图 9.49　LVS 验证正确